U0179774

6

Catalysts

of

Social Change

社会
变迁
的

Print Media in
16th Century England

催化剂

16 世纪英格兰的印刷媒介

张　炜　著

社会科学文献出版社
SOCIAL SCIENCES ACADEMIC PRESS (CHINA)

目　录

第一章　绪论：媒介与社会是
相互连接的整体

第一节　在社会变迁视角下评估印刷
媒介的社会影响力

身处 21 世纪的人们，可以时常感受到媒介技术日新月异的变化对个人乃至整个社会生活造成的影响，更有人将当前人类的生存状况形象地称为"媒介化生存"。由此说来，大众传播媒介对人们社会生活的影响是毋庸置疑的。然而，媒介发挥影响的方式及程度，却始终难以达成共识。因此，要解决这样的问题，就有必要对媒介与社会的关系构建出一种历史的认识维度。只有透过对历史经验的爬梳，才能抓住其中具有规律性、长期性的面向，也就能更准确地把握当前媒介发展变化的情势，这便是大众媒介社会史兴起与发展的现实意义。

在过去三十年中，有关"媒介与社会"的研究成果如雨后春笋般涌现，提供了以历史视角研究媒介问题的基石，并开创了一个视野开阔的大众媒介社会史领域。而就大众媒介社会史的研究内容而言，大致可以进行如下的概括，即在较为宏观的历史架构中，在政治、经济、社会、文化等背景下，探讨大众媒介如何发展和被塑造、新科技与社会变迁的互动关系、媒介机制和国家主权的密切关系，以及不同种类媒介间的相互影响等。[①] 这一研究理路已经得到国内外相关领域专家学者的普遍认可。譬如，就印刷出版史研究而言，我国学者在21世纪初叶即指出，应该将印刷出版看作社会大系统中的一个小系统，不能离开具体的社会环境而对印刷出版业的发展演变作孤立研究。可以说，一部印刷出版史也就是一部印刷出版与社会的关系史，只有突出对这一问题的研究，才能对印刷出版史有更深层次的认识，才能对具体的社会现实提供借鉴，所以学者们常将二者的关系视为印刷出版研究中的一个关键问题。[②]

印刷术是人类文明史上的一项重要发明。从技术源流的角度来看，中国人毕昇最先发明了活字印刷术，金属活字印刷术（以下简称印刷术）则最早出现在朝鲜半岛地区。但是，欧洲人对这一媒介技术的运用在世界历史进程中产生了更为显著的影响。通常来说，自15世纪后半期这项印刷技术在欧洲出现并运用以后，现代意义上的大众传播便开始逐渐登上历史舞台。我们现今常用的印刷媒介（Printing Media）一词便是一个来自传播学的概念。从广义上说，媒介是一种能够使传播得以发生的中介，但在实际

---

① 〔澳〕林恩·高曼、戴维·麦克林恩：《大众媒介社会史》，林怡馨译，韦伯文化国际出版有限公司，2007，第1~2页。

② 肖东发、全冠军：《出版与社会：出版史研究的基本问题》，《中国出版》2003年第8期。

应用中该词的词意有其特定指向，用来表示实现大众传播的技术形式、方式和手段。[①] 在本书中，印刷媒介指人们使用印刷术生产出的印刷品，而我们重点关注的则是其制作、销售与接受的全过程。

应该说，出现在欧洲大陆的印刷术着实是一次巨大的突破，是自中世纪末期以来许许多多技术发明的巅峰之举。[②] 它通常被认为是由德意志地区的约翰·古腾堡（Johann Gutenberg）最先发明的，时间在 1440～1450 年。古腾堡的成就不仅是单项发明，而且是整个印刷的新技术，包括金属活字、油墨、纸张及印刷机。若从一个较长时段来看，印刷术的出现极大地改变了人类文明的载体——媒介的存在形态，使传播媒介在信息传递方式、传播速度和范围上有了实质性的改变。这些不寻常的"抄本"虽然在外观上与传统的手抄本相去不远，然而字迹却是利用印刷机器的技术，以活字"压印"在纸上。印制的过程固然简单，却还是令人相当惊奇。对于欧洲而言，活字印刷技术出现的时代正是一个充满变化的创新年代，而且由于其随后在世界范围内的广泛影响力，所有现存的文明都曾历经这个时期。[③]

在不到 50 年的时间里，这项新技术被印刷商和技工传遍了欧洲大部分地区。1476 年，英格兰人威廉·卡克斯顿（William

① Tim O'Sullivan ed., *Key Concepts in Communication and Cultural Studies*, 2nd ed., London: Routledge, 1994, p. 176.

② 〔英〕凯文·威廉姆斯：《一天给我一桩谋杀案——英国大众传播史》，刘琛译，上海人民出版社，2008，第 21 页。需要特别强调的是，本书所探讨的金属活字印刷术最早出现的问题，仅限于欧洲范围内。

③ 〔法〕费夫贺、马尔坦：《印刷书的诞生》，李鸿志译，广西师范大学出版社，2006，第 2～3 页。

Caxton）在威斯敏斯特建立了英格兰历史上第一家印刷所，至此，印刷术被正式引入英格兰。在此后的一百年间，英格兰印刷出版业不断发展壮大，印刷书籍的品种显著增多，数量迅速增长；同时，与欧洲大陆的书籍贸易也呈现出繁荣景象。而此时的英格兰社会正在经历政治、经济、文化等诸方面的巨大变迁。这一时期出现的资本主义工商业的萌芽与兴起、宗教改革、政府机构与职能的变革、以人文主义思潮带动的教育变革等构成了英格兰历史上较为典型的社会变迁时期。这一变迁过程对印刷媒介自身的兴起和发展有怎样的推动和促进作用？印刷媒介在多大程度上参与了这一变迁过程，其社会影响力的范围和实质到底如何？这些都是传统印刷出版史研究较少涉及而又颇令人着迷的问题。

　　数十年来，西方学术界关于印刷术与近代早期欧洲社会的关系问题尚存在不同看法。通常来说，传播技术的改进所产生的不同媒介形态，都有各自独特的信息处理模式与传播方法：它们以新的手法撩拨欲望、创造愉悦、涉入人们的生活。事实上，新的媒介均以新的方式创造出新的意义，并将意义传播出去，而机械性复制的诞生是传播技术的关键特征。[1] 印刷术作为真正意义上的第一种机械性复制传播技术，其对人类文明发展的贡献，受到马克思、恩格斯等经典作家的积极肯定，[2] 他们指出："印刷术的推广，古代文化研究的复兴，从 1450 年起日益强大和日益普遍

　　① 〔美〕罗杰·西尔文斯通：《媒介概念十六讲》，陈玉箴译，韦伯文化国际出版有限公司，2003，第 29~34 页。
　　② 〔德〕马克思、恩格斯：《马克思恩格斯全集》第 41 卷，中央编译局译，人民出版社，1982，第 41~50 页；〔德〕马克思、恩格斯：《马克思恩格斯全集》第 47 卷，中央编译局译，人民出版社，1979，第 472 页。

的整个文化运动，所有这一切都给市民阶级和王权反对封建制度的斗争带来了好处。"① 而其后的很多西方印刷出版史学者，则更加强调印刷术的社会影响力。如爱森斯坦（Elizabeth L. Eisenstein）在其代表性著作中便鲜明地提出，印刷是一场"未被承认的革命"，人们传统上对文艺复兴、宗教改革和科学革命的解释中，低估了印刷所扮演的"变迁的触媒"之角色。② 她延伸麦克卢汉等人的看法，强调印刷术的发明造成了两个长远影响：首先，印刷将知识标准化，并得以保存下来；其次，印刷激起人们对权威的批判，让人们更能获得相同事物相互矛盾的观点。③

爱森斯坦的论述在很大程度上深化了传统上对印刷术的认识，但在其著作问世之后的数十年中，也不断受到学者的质疑和反驳。这些学者运用新材料、新方法，提出了被称为修正主义及后修正主义的观点，从而将这一问题引向深入。一般说来，他们都接受"媒介的变革带来了重大的社会与文化影响"这一观点，然而，他们觉得其结果的本质和所及的范围则没有先前想象的那么大，印刷术被人们接受并广泛运用经历了一个相当长的历史时期，是一种渐进的变化过程，而非"革命"。面对修正派学者的诸多批评意见，持传统观点的学者也不断通过新的证据为自身观点辩护，从而形成了西方史学研究的热点之一。

---

① 〔德〕马克思、恩格斯：《马克思恩格斯全集》第 21 卷，中央编译局译，人民出版社，1965，第 457 页。

② Elizabeth L. Eisenstein, *The Printing Revolution in Early Modern Europe*, Cambridge: Cambridge University Press, 1983.

③ 〔英〕阿萨·布里格斯、彼得·伯克：《大众传播史：从古腾堡到网际网路的时代》，李明颖等译，韦伯文化国际出版有限公司，2004，第 24 页。

要想对上述问题获得一种相对全面的认识，就不能忽视对传播媒介与社会变迁互动关系的观照。笔者认为，媒介既受技术力量的推动，同时也与社会变革紧密相连。如若没有社会需求，技术也将成为无源之水，所以，媒介、技术与社会是一个相互连接的整体，这应看作媒介史研究的一个根本指针。因此，本书以印刷术被引入英格兰之后一个多世纪的变化情况为个案，力图站在更广阔的社会背景之下，透过纷繁复杂的历史现象，清理出这一时期英格兰印刷出版业的发展如何受到社会环境变化的影响，以及这一新兴媒介形态在近代早期英格兰社会中发挥的作用，从而对印刷媒介与社会变迁之间的互动关系有一个更为精准的理解。同时，从印刷媒介的视角出发，或可对更好地理解英格兰近代早期的社会变迁有所助益，这便是本书力图解决的主要问题。

第二节　渐成热点的印刷媒介史研究

　　上文已经简略提到，有鉴于印刷媒介在人类文明发展历程中的独特作用，自其出现以来便一直吸引着众多研究者的目光。马克思、恩格斯等经典作家曾对出版自由、人类精神生产与精神交往、书与报刊等传播媒介的社会地位和作用等问题做过精辟的阐述，并形成了马克思主义对印刷出版问题的一系列观点。有学者统计，在《马克思恩格斯全集》中有三十多次提到了古腾堡和他的印刷术以及后来的印刷机。[1] 印刷术被马克思誉为 "最伟大的

---

[1]　项翔：《近代西欧印刷媒介研究——从古腾堡到启蒙运动》，华东师范大学出版社，2001，第163页。

发明"；① 恩格斯不仅指出了印刷术在商业、宗教、政治等领域的作用，而且还曾参加了当时的印刷工人古腾堡节的庆典，并翻译了西班牙诗人和政治活动家、法国启蒙学派的追随者曼努埃尔·霍赛·金塔纳的诗《咏印刷术的发明》。②

进入 20 世纪，欧美学术界的相关研究也取得了令人瞩目的成就。根据研究内容和方法的不同，或可分为两个阶段。第一阶段遵循传统的印刷出版史的研究方式，主要是以印刷术的演变历程为主线的专业史研究，同时也是考据版本及文献学者的研究领域。自 20 世纪中后期以来，得益于法国年鉴学派史学家倡导的社会史理论，研究者开始通过对原始档案材料的大规模统计，试图重建书籍的流通过程，了解不同群体对书籍的拥有情况，据此对普通人的精神世界甚至整个社会文化思潮和民众精神状态进行探讨。因此，也有学者将其归类为"新心智史学"。③ 其中，尤以费夫贺、马尔坦、孚雷、夏蒂埃和罗歇等人的成果显著，这可看作此项研究的第二阶段。

法国学界的研究路径，在很大程度上影响了英语国家的研究。美国学术界不管所研究的印刷出版物形态如何，都将这方面的研究统称为"书史研究"（Book History），上文提及的爱森斯坦以及罗伯特·达恩顿（Robert Darnton）是其中的代表人物。近

---

① 〔德〕马克思、恩格斯：《马克思恩格斯全集》第 47 卷，中央编译局译，人民出版社，1979，第 472 页。
② 〔德〕马克思、恩格斯：《马克思恩格斯全集》第 41 卷，中央编译局译，人民出版社，1982，第 41~50 页。
③ 田晓文：《从精英文化到大众文化——西方新心智史学的研究动向》，《史学理论研究》1992 年第 2 期。

年来，英国学术界也相继出版了数量可观的学术著作，在牛津大学等高等学府里，每年会定期举行书籍史研讨班，而与此相关的学术会议也呈发展壮大之势。

此外，欧美学者相继创办了新的专业杂志，如《出版史》《书目通讯》等。1998 年，这一领域诞生了一本标志性刊物——《书籍史》（*Book History*）。该杂志宣称，所有有关"书面交流的全部历史"的文章都是可被该刊采纳的论题。① 由此可见，该杂志视野极为宽广。毫不夸张地说，在短短数十年里，书籍史研究已成为欧美学术界一个丰富而又多产的学科领域，以至达恩顿认为，"这块领地的富饶程度已经使它不再像是有待开垦的处女地，而更像是枝繁叶茂的热带雨林。探险家到了这儿就会流连忘返，每向前走一步他都会有新的发现，都会让他有文章可做"。②

目前，学术界普遍接受的书籍史的定义是，以书籍为中心，研究书籍创作、生产、流通、接受和流传等书籍生命周期中的各个环节及其参与者，探讨书籍生产和传播形式的演变历史和规律，以及与所处社会文化环境之间的相互关系。③ 在此种视域下，若以印刷媒介的历史演进为主要研究对象，就必定是一个跨学科的研究领域。其中既有由来已久的印刷技术史、出版史、书目

① 〔英〕戴维·芬克尔斯坦、阿利斯泰尔·麦克利里：《书史导论》，何朝晖译，商务印书馆，2012，第 16 页。

② 〔美〕罗伯特·达恩顿：《拉莫莱特之吻》，萧知纬译，华东师范大学出版社，2011，第 87 页。

③ 何朝晖："译者前言"，见〔英〕戴维·芬克尔斯坦、阿利斯泰尔·麦克利里《书史导论》，何朝晖译，商务印书馆，2012，第 6 页。

学、图书馆学的传统方法，也有社会史、文化史、心态史、经济学、传播学、计量史学、文学批评等众多相关学科的积极介入，唯有如此，才可能对印刷品从写作、编辑、复制、传播、收藏、阅读进行较为全面的观照。

正是由于书籍史的主题和涉及面愈发宽泛，书籍史研究者也越来越喜欢以"媒介"这一概念来设定其研究工作。前文已述，从广义上来讲，媒介是一种能够使传播得以发生的中介，但在实际应用中该词的词意有其特定指向，用来表示实现大众传播的技术形式、方式和手段。就书籍史研究而言，这个概念可以覆盖书籍从生产、制作到流通、阅读的全过程。两位英国学者戴维·芬克尔斯坦和阿利斯泰尔·麦克利里在《书史导论》中就指出，"媒介"是一个关键性概念，它强化了书籍史和印刷文化含义的当代解释。此外，活跃于美国学术界的琼·谢莉·鲁宾在论文《什么是书籍史的历史？》（2003 年）中也认为，"该术语摈弃了印刷品仅仅是作者文字的体现的观点，而表明了影响文本流传的诸多因素"。①

但是，这一概念的运用也引起了一些学者的质疑：既然传播媒介史可以囊括书籍史，那么书籍史是否还有作为独立学科存在的必要？这一争论激发了学者们对于书籍自身特性的追问，从而提醒人们要充分考虑包括书籍在内的不同媒介形态的完整意义，即关注不同媒介在人类传播交流中所发挥的某些不可替

---

① 〔英〕戴维·芬克尔斯坦、阿利斯泰尔·麦克利里：《书史导论》，何朝晖译，商务印书馆，2012，第 50 页。

代的作用。

印刷媒介因其相比于手抄本而言显著的效率优势，而备受学者们的关注。在多学科的相互影响与不断融合下，与印刷媒介相关的史学研究在西方史学界长期占据引人注目的位置，新材料、新视角、新观点不断涌现。20世纪后半期欧美学界在该领域所取得的学术成就，国内学界已有数篇文章予以介绍。21世纪以来，这项研究极为活跃，尤其是对印刷术出现后三个多世纪内（即15世纪后半期至18世纪）的社会文化影响给予了较多关注。值得一提的是，研究者讨论的议题或显或隐地都集中于书籍与不同社会历史时期的信仰、制度以及与权力变迁的关系上，并最终转向基本的政治发展演进问题（包括意识形态、权力支配与参与方式以及解决可能出现的争议的途径等），笔者认为这构成了21世纪以来书籍史研究的核心议题，也彰显出这项研究最富魅力的一面。

一　原始资料的整理

近年来，欧美学术界对近代早期印刷品原始资料的汇编出版可谓不遗余力，这为学者进行深入细致的研究提供了充分而便利的条件。尤其是"早期英文图书在线"（Early English Books Online，EEBO）对近代早期英文印刷品进行了全面整理，旨在勾勒出1473年至1700年英国及其殖民地所有纸本出版物，以及这一时期世界其他地区纸本英文出版物的概貌，是留存至今的早期英语世界全部出版资料的汇总。该项目全部完成以后，将收录

125000 种著作，包含超过 22500000 页纸的信息。该数据库包括许多文史资料，如王家条例和公告、军事、宗教和其他公共文件；年鉴、练习曲、年历、大幅印刷品、经书、单行本等。另外，圣安德鲁斯大学教授安德鲁·佩蒂格里（Andrew Pettegree）创立了一个名为"通用短标题目录"（Universal Short Title Catalogue，USTC）的数据库，其中收录了从印刷术出现到 16 世纪末之间在欧洲出版的各类书籍。

　　值得注意的是，近十多年来，有关犹太文化的书籍资料备受学界关注。里瑟·舒瓦茨（Lyse Schwarzfuchs）和马文·J.赫勒（Marvin J. Heller）考察了 16 世纪希伯来文书籍。舒瓦茨的《十六世纪巴黎的希伯来文书籍》，旨在列出 16 世纪在巴黎印刷的希伯来文或使用了希伯来文字母的其他语言书籍的完整书单。[1] 许多出现在舒瓦茨目录中的书也出现在了赫勒的《十六世纪的希伯来文书籍》中。他从 2700 个版本中挑选出 455 种进行介绍和描述，并以翔实的资料表明，许多被后世奉为经典的作品在很大程度上是通过 16 世纪的印刷活动而显现出其重要性的。[2] 这两部作品无疑为从事犹太研究的其他领域专家打开了 16 世纪希伯来语印刷书籍世界的大门。另外，杰罗德·弗里克斯（Jerold C. Frakes）主编的《早期意第绪语文本》是一本中世纪和近代早期意第绪语的文本选集，弥补了这一领域的一项空白。[3] 该书收

[1]　Lyse Schwarzfuchs, *Le Livre Hébreau à Paris au XVIe Siècle: Inventaire Chronologique*, Paris: Bibliotheque Nationale de France, 2004.

[2]　Marvin J. Heller, *The Sixteenth Century Hebrew Book: An Abridged Thesaurus*, 2 Vols, Leiden and Boston: Brill Academic Publishers, 2004.

[3]　Jerold C. Frakes ed., *Early Yiddish Texts 1100-1750*, Oxford: Oxford University Press, 2004.

入了从1100年到1750年的132种文本，全部按照年代排列，从大约1100年的《圣经》和塔木德注释开始，以伊萨克·委兹拉的《情书》（1749年）作为结束。此外，作者还收入了非文学类作品，如医学书籍及书信，再加上原有的大量宗教和文学文本，使得这一选集包含了大量关于中世纪和近代早期犹太人生活和文化的内容，这些对研究早期意第绪语的学者而言都是极为有用的资料。

同时，近些年来关于欧洲各国近代出版企业历史的研究也方兴未艾，整理出了很多较为完整的书籍出版目录，如《西班牙朱厄蒂（集团）印刷家族史及其出版书目》[1]、《十六至十九世纪希腊语印刷书》[2] 等，这类成果同样值得学者注意。

二　研究视角与方法

在研究视角方面，21世纪以来的研究表现出三大特点。

第一，传统的政治、宗教视角依然盛行，但是都从不同面向有所突破。基奥德·雷蒙德（Joad Raymond）的著作《近代早期英国的小册子及其撰写》看到了政治与印刷媒介关系的一个不同侧面，即观念是如何通过16世纪和17世纪的小册子传播的。[3] 在他的书里，雷蒙德讨论了从1580年到1700年小册子发展的复

---

① William Pettas, *A History & Bibliography of the Giunti（Junta）Printing Family in Spain 1526-1628*, New Castle: Oak Knoll Press, 2005.

② Triantaphyllos E. Sklavenitis and Konstaninos Sp. Staikos, *The Printed Greek Book 15ᵗʰ - 19ᵗʰ Century*, New Castle: Oak Knoll Press, 2004.

③ Joad Raymond, *Pamphlets and Pamphleteering in Early Modern Britain*, Cambridge: Cambridge University Press, 2003.

杂性，强调了小册子在社会拥有重要影响的三个特定时期：
1588 年、1642 年和 1688 年。以这三个时间节点为其叙事的基
础，雷蒙德重点描述了内战、复辟和光荣革命期间小册子的使用
情况，以及随着小册子出版的衰落而兴起的报纸文化。与此同
时，有一种观点认为，17 世纪 40 年代英国内战见证了审查制度
的崩溃和印刷出版的开放，而这又带来了小册子的空前泛滥。然
而，这些基本的假定大部分似是而非，难以被验证。贾森·皮西
（Jason Peacey）的专著《政治家与小册子作者：英国内战和空位
时期的宣传》，帮助我们重新思考了内战期间印刷与政治相互连
接的世界。① 另外，基里安·布里南（Gillian Brennan）的《爱国
主义、权力与印刷：都铎时期英格兰的国家意识》也关注了印刷
与政治情感的联系。该书基于一种语义上的辨析，提炼了"爱国
主义"与"国家主义"之间的不同。②

　　宗教与近代早期欧洲印刷媒介具有天然联系，而宗教改革更
是离不开印刷媒介的推动，二者关系极为紧密。论文集《加尔文
之前的法语福音派书籍》涉及了许多宗教出版问题，所有作者都
能够以宽广的视角，在各自具体的语境中凸显了 16 世纪福音书
的重要性。③ 凯特·彼德斯（Kate Peters）的《印刷文化与早期
教友派信徒》考察了教友派信徒利用小册子建立"基督教王国"

---

① Jason Peacey, *Politicians and Pamphleteers*: *Propaganda During the English Civil Wars and Interregnum*, Aldershot: Ashgate, 2004.

② Gillian Brennan, *Patriotism*, *Power and Print*: *National Consciousness in Tudor England*, Pittsburgh: Duquesne University Press, 2003.

③ Jean-François Gilment and William Kemp, eds., *Le Livre Evangelique en Francais Avant Calvin*, Turnhout: Brepols, 2004.

的过程，并且对印刷品在这一成功的民族运动发展过程中发挥的作用进行了评估。[①] 身处当今后修正主义的学术时代，学者们意识到有必要考察同时代人对印刷品的接受情况。因此，彼德斯的研究扩大了我们观察 17 世纪欧洲宗教、文学和政治的视野。

印刷媒介甫一出现，便受到来自各种权力机构的控制，统治者与被统治者双方的博弈互动一直是该领域研究的出彩之处。戴维·克莱西（David Cressy）的《都铎与斯图亚特王朝时期英格兰的书籍焚烧》论述了 16 世纪 20 年代到 17 世纪 40 年代作为近代早期国家传播控制手段的书籍焚烧与审查制度问题。[②] 克里夫·格里芬（Clive Griffin）以其对 16 世纪西班牙印刷业的缜密研究而著称，在《十六世纪西班牙的印刷工、异端与宗教裁判所》中，他对宗教法庭记录进行了新的挖掘，而且认识到，西班牙宗教裁判所的档案文献可以用来重构那些没有记录而又恰巧在那里工作的印刷工人的生活。此外，他还探讨了印刷者与异端之间危险的联合，彰显了印刷技术对政治的影响力。[③]

第二，除了上述非常显著的有关政治、宗教与书籍关系的成果外，近年来研究者也特别属意于书籍在维持和建构阶级、族裔以及性别认同上的作用，这些成果则较为隐蔽地触及了书籍与信仰、制度以及与权力变迁的关系。美国两家大学出版社出版的

① Kate Peters, *Print Culture and the Early Quakers*, Cambridge：Cambridge University Press, 2005.

② David Cressy, "Book Burning in Tudor and Stuart England", *The Sixteenth Century Journal*, Volume XXXVI, No. 2, Summer 2005.

③ Clive Griffin, *Journey-Printer, Heresy, and the Insuisition in Sixteenth-Century Spain*, Oxford：Oxford University Press, 2005.

《英国工人阶级的智识生活》① 与《被遗忘的读者：找回非洲裔美国人识字社团丢失的历史》② 分别关注了书籍在英国工人阶级以及非洲裔美国人社会生活中扮演的角色。此外，21 世纪以来学术界对与印刷媒介有关的性别问题尤其关注，多部成果专论了女性与印刷媒介的生产与接受的关系。英国书籍史研究新锐海伦·史密斯（Helen Smith）探讨了近代早期英格兰女性作为一个独特的性别群体与书籍制作的关系。③《近代早期英格兰的阅读材料：印刷、性别与识字能力》将人们对书籍文本和非文本的各种反应整合到阅读史中，考察那些更多出于愉悦而非行动目的而阅读的人，聚焦女性阅读这一现代学术研究非常薄弱的主题。④ 珍尼·多纳沃兹（Jane Donawerth）的论文《17 世纪英格兰妇女的阅读行为：玛格丽特·费尔的〈女性的优雅谈吐〉》，通过对《女性的优雅谈吐》（1666 年）一书的考察，发现在该书和其他小册子中，作者费尔引用了国王詹姆斯一世钦定的《圣经》版本，但并不准确。这些错误是由口头传播造成的，书籍作者是靠记忆力记住了《圣经》的诸多内容。⑤ 这个发现意在提醒人

① Jonathan Rose, *The Intellectual Life of the British Working Classes*, New Haven: Yale University Press, 2001.

② Elizabeth McHenry, *Forgotten Readers: Recovering the Lost History of African American Literacy Societies*, Amherst: University of Massachusetts Press, 2002.

③ Helen Smith, *Grossly Material Things: Women and Book Production in Early Modern England*, Oxford: Oxford University Press, 2012.

④ Heidi Brayman Hackel, *Reading Material in Early Modern England: Print, Gender and Literacy*, Cambridge: Cambridge University Press, 2005.

⑤ Jane Donawerth, "Women's Reading Practices in Seventeenth-Century England: Margaret Fell's Women's Speaking Justified", *The Sixteenth Century Journal*, Volume XXXVII, No. 4, Winter 2006.

们，在近代早期的英格兰，口语、手抄本和印刷品三者之间是相互补充的关系，而非相互对立。《近代早期英格兰的妇女、阅读和文化的政治》一书关注的同样是性别领域，该书探讨了妇女阅读所体现的政治含义，作者斯努克重点研究了这一时期女性作者如何在其文本中构筑性别和公共的身份。①

第三，注重从个人与印刷媒介关系的角度进行深入研究。《约翰·加尔文与印刷书》的作者让·弗朗索瓦·吉尔蒙德强调了加尔文与书籍的相互影响，重在考察印刷文字在加尔文神学体系中的地位，着眼点并非新教教理。作者特别关注了加尔文如何利用印刷书籍，以及在该派书籍的写作、出版及其发行中出现的复杂关系网络。② 因此，该书对于我们理解新教背景下的印刷文化大有助益。

私人收藏和阅读的历史也成为学者们的热议话题。《费迪南德·哥伦布的印刷品收藏：一名塞维利亚的文艺复兴收藏家》一书考察的是克里斯托弗·哥伦布的私生子费迪南德·哥伦布的印刷品收藏。③ 而《亨利八世及其妻子们的书籍》则将目光对准都铎时期的英格兰宫廷书籍，但该书并不是关于国王及其妻子们每日阅读的一份简单书单，而更侧重于透过书籍以观察他们的思想兴趣，从更广泛的意义上也可说是一部近代早期英

① Edith Snook ed., *Women, Reading and the Cultural Politics of Early Modern England*, Aldershot: Ashgate, 2005.

② Jean-François Gilment, *John Calvin and the Printed Book*, Trans Karin Maag, Kirksville: Truman State University Press, 2005.

③ Mark P. McDonald, *The Print Collection of Ferdinand Columbus（1488-1539）: A Renaissance Collector in Seville*, London: British Museum Press, 2004.

格兰的书籍史。① 艾米·格拉尼（Amy Golahny）的《伦勃朗的阅读：艺术家书架上的古代诗歌与历史》以画家伦勃朗的阅读为核心，试图将艺术史（特别是伦勃朗的生活和作品）与书籍史融合起来。② 不过，政治话题依然是研究阅读史的重头戏。《阅读的革命：近代早期英格兰的阅读政治》是此中代表，该书以斯图亚特王朝时期威廉·德里克爵士的普通藏书为依据，结合斯图亚特王朝政治权力斗争的背景，力图找出其阅读方式中隐含的政治因素。③

在研究方法上，21世纪以来的研究延续了由来已久的多学科特性。《英格兰近代早期对过去的图解：印刷书中的历史画像》就是一个典型的跨学科尝试，融合了文学理论、艺术史、历史编纂学以及书籍史等众多内容。④ 作者奈普论述了近代早期英语文本中图像与文字的关系，指出伊丽莎白一世统治的头二十五年是英格兰视觉文化的重要变迁时期，并将这些视觉图像既与文艺复兴诗歌理论做了联系，又与路德维格·维特根斯坦、雷蒙德·威廉斯及其他人的现代性理论连上纽带。

我们透过上述这本书可以进一步发现，与印刷媒介相关的史学研究离不开西方社会理论的发展壮大，这在很大程度上提升了该领域研究旨趣和学术品格，诸如法兰克福学派、文化研究学派

---

① James P. Carley, *The Books of King Henry VIII and His Wives*, London: British Library, 2004.

② Amy Golahny, *Rembrandt's Reading: The Artist's Bookshelf of Ancient Poetry and History*, Amsterdam: Amsterdam University Press, 2003.

③ Kevin Sharpe, *Reading Revolutions: The Politics of Reading in Early Modern England*, New Haven: Yale University Press, 2000.

④ James A. Knapp, *Illustrating the Past in Early Modern England: The Representation of History in Printed Books*, Aldershot: Ashgate, 2003.

中不少著述都有许多涉及书籍、杂志等传播媒介的经典论断，并被很多研究者作为理论方法广为应用。例如，在阿萨·布里格斯与彼得·伯克曾合作完成的《大众传播史：从古腾堡到网际网路的时代》一书中，作者以哈贝马斯的公共领域理论为标杆，分析了从 1450 年到 1790 年发生的一系列在历史上为人熟知的重要事件，如宗教改革、宗教战争、英国内战、1688 年光荣革命以及 1789 年法国大革命，都旨在强调一个主题，即近代早期欧洲公共领域的兴起，或称政治文化的兴起。透过传播与政治互动的视角，作者意在彰显欧洲一些特定国家、政治或宗教群体怎样共享了政治信息、政治态度与政治观，以翔实的史料分析了传播在其中发挥的突出作用。同时，作者也对传统理论概念提出了很多自己的独特见解。例如，在讨论公共领域兴起过程时，作者将公共领域在欧洲出现的时间由 17 世纪后期提前至 17 世纪前期，甚至 16 世纪中后期，而且对公共领域进行了进一步区分，将其分为暂时性与永久性的，或者说结构性与因缘际会性（conjunctural）的公共领域。① 伊丽莎白·雷恩·富德尔（Elizabeth Lane Furdell）的《近代早期英格兰的出版与医学》也吸收了关于公共领域与不断增长的出版之间紧密关系的理论。②

此外，社会语境问题也是近年来西方学术界渐趋关注的主题。《近代早期英格兰的阅读、社会和政治》一书的作者强调，

---

① 〔英〕阿萨·布里格斯、彼得·伯克：《大众传播史：从古腾堡到网际网路的时代》，李明颖等译，韦伯文化国际出版有限公司，2004，第 89 页。

② Elizabeth Lane Furdell, *Publishing and Medicine in Early Modern England*, Rochester, New York and Woodbridge, Suffolk: The Folger Shakespeare Library, 2002.

所处政治语境是解读一部书籍的重要因素。例如，约翰·弥尔顿的作品可以在复辟时期被视为激进的共和主义作品，而当脱离了特定语境后，也可以在后来的几个世纪中被看作诗歌杰作。作者发现，在近代早期，一些人已经感到，革命是由于人们阅读甚或误读了印刷作品而导致的结果。然而，适时印制的契约文书则可以尽快将新的有利于社会大众的法案规则公布于众，从而避免潜在的暴力冲突，如1688年的光荣革命即是如此。总之，一个健全的民主体制需要依赖民众的识字能力与阅读实践。①

三 新观点

前文已经简略提到，爱森斯坦在其代表性著作《近代早期欧洲的印刷革命》中鲜明地提出，印刷是一场"未被承认的革命"。作者强调，过往人们对文艺复兴、宗教改革和科学革命的解释中，低估了印刷所扮演的"变迁的触媒"之角色。她延伸麦克卢汉等人的观点，强调印刷术发明所造成的两个长远影响，即印刷将知识标准化，并将其保存下来；同时，印刷激起人们对权威的批判，让人们更能获得相同事物相互矛盾的观点。

阿萨·布里格斯与彼得·伯克重新梳理了所谓印刷革命的脉络，认为爱森斯坦所列出的变迁，从古腾堡的《圣经》到狄德罗的《百科全书》，发生的时期至少历经了三个世纪，说明人们对

① Kevin Sharpe and Steven N. Zwicker, eds., *Reading, Society and Politics in Early Modern England*, Cambridge：Cambridge University Press，2003.

新媒介的采用是逐渐发生的。因此，两位作者提出，如果革命的速度不快，那么是否仍可视之为革命是值得考虑的；再者是关于触媒动力（Agency）的问题，以爱森斯坦为代表的技术流派认为印刷是变迁的触媒，这一观点太过于强调传播媒介，而忽视了那些为了各自目的使用这项新技术的作者、印刷者和读者；另外，传统观点把印刷视为相对独立的个体，然而，如果要评估印刷术发明对社会文化的影响，就必须把媒介视为一个整体，所有不同的传播工具皆为相互依赖的关系，须视它们为一组事物、一个曲目、一个系统。①

另一部引人关注的成果是约翰·伯纳德（John Barnard）和 D. F. 麦肯齐（D. F. McKenzie）共同主编的《剑桥不列颠图书史》（第四卷，1557~1695 年）。②约翰·伯纳德在"引言"中以广义上的修正主义观点为该卷奠定了基调，他既反对目的论的观点，即反对"必胜主义者相信新教文化所主导的本国文化在不断进步"的论调，同时也不认同技术决定主义，不同意将印刷看作能够创造出思想、宗教联系或文化模式的独特结构。戴维·麦基特里克（David McKitterick）的《印刷、手稿和对秩序的探求（1450-1830）》是修正主义观点的又一力作。作者主要研究的是手动操作印刷机时代的书籍制作问题，通过对近代早期印刷书自身物质证据的关注，旨在说明在这项新技术问世初期，人们对

---

① 〔英〕阿萨·布里格斯、彼得·伯克：《大众传播史：从古腾堡到网际网路的时代》，李明颖等译，韦伯文化国际出版社有限公司，2004，第 89~123 页。

② John Barnard and D. F. McKenzie, eds., *The Cambridge History of the Book in Britain*, Vol. 4, 1557-1695, Cambridge: Cambridge University Press, 2002.

其抱有犹豫的态度，属于有保留的接受。①

诸如此类具有一定颠覆性的观点还有不少。如前文提及的《政治家与小册子作者：英国内战和空位时期的宣传》就反对那种关于内战带来事实上的出版自由的假设。作者认为，尽管在1642年出现了相对开放的局面，但议会马上转向控制，到1643年，"越来越多的印刷商被关进了伦敦的监狱"。皮西提出的这一论断至今尚没有得到学术界的普遍认可，不过其观点毕竟部分矫正了对这一问题的传统看法。另外，像凯特·彼德斯的《印刷文化与早期教友派信徒》、陶厄斯（S. Mutchow Towers）的《英格兰斯图亚特王朝早期对宗教印刷的控制》② 以及克里克与沃尔山姆合著的《手稿和印刷品的使用，1300~1700年》③，也都对传统观点予以有力的驳斥或矫正。总体而言，修正主义以及后修正主义观点在如今的欧美史学界异常活跃，因其将矛头对准了学者们普遍沿用的一些传统论点，因而容易在学术界引起争论，具有十足的冲击力。当然，面对修正派历史学者的诸多批评意见，持传统观点的学者也并非保持沉默，而是不断通过新的证据为自身观点进行辩护，如爱森斯坦在其著作《近代早期欧洲的印刷革命》出版二十余年后，针对其后的争论话题，填充了大量材料，出版

①　David McKitterick, *Print, Manuscript and the Search for Order 1450 - 1830*, Cambridge: Cambridge University Press, 2003.

②　S. Mutchow Towers, *Control of Religious Printing in Early Stuart England*, Woodbridge: Boydell, 2003.

③　Julia Crick and Alexandra Walsham, *The Uses of Script and Print, 1300 - 1700*, Cambridge: Cambridge University Press, 2003.

了该书第二版，便是回击修正派挑战的典型一例。[①]

综上所述，书籍史研究作为文明传播交流史的重要组成部分，已成为汇集历史学、社会学、传播学等多学科理论方法的交叉研究领域，得到学术界的广泛认可。美国学者帕特里克·格里就曾指出，过去几十年欧洲中世纪史领域里最优秀的学术成果都有一个共同特征，即对手抄本文化的重视。同理，我们也可以说，在当今学术环境下，若想在近代早期欧洲史领域取得突破性成就，离开对印刷文化的关注是不可能的。因为在书籍史研究者看来，历史上的各种书籍绝不仅仅是历史学家探讨其他问题时所依赖的基本资料，书籍本身的变化（不论是形态还是内容）就隐含着极为重要的信息，能够帮助我们更加全面完整地认识人类历史发展进程。

21世纪以来，欧美学术界在与印刷媒介有关的史学研究方面取得了显著成绩，在原始材料的整理上迭出新品；在研究方法、视角上，其多学科背景的特点十分显著，并更加注重从性别和个人角度提出问题；此外，学者们对传统观点不断提出挑战，修正主义占据了显要位置。

欧美学术界的研究无论在资料上还是在研究方法与视角上，都为我国学术界提供了有益的参照。不过，目前的研究也有需要补足之处。首先，学科整合问题。与印刷媒介相关的史学研究对象虽然是确定的，但多学科研究路径所呈现的纷繁复杂现

---

① Elizabeth L. Eisenstein, *The Printing Revolution in Early Modern Europe*, 2nd ed., Cambridge: Cambridge University Press, 2005.

象未有大的改变，各个学科之间的壁垒导致的对话不畅通仍是
研究者面临的最大问题。其次，对照比较问题。在欧美学者建
立的书籍史研究框架里，西方之外的各种书籍文化所受关注有
限。事实上，以中国为代表的东方书籍文化的特点，恰好能在
很多方面对其诸多书籍史理论予以修正或提供更加全面的观察
视角。例如，爱森斯坦提出的"印刷革命论"，若能更多关注
到中国雕版印刷与传统社会的融合情形，则可以更好地理解传
播技术与社会变革之间的互动关系。反之，虽然很多学者通过
新近发现的资料，对她的观点提出了有力挑战，但有些结论难
免矫枉过正。例如，虽然印刷术在近代早期欧洲的影响可能很
难用"革命"一词形容，但是其影响力毕竟是广泛而又深远
的。所以，笔者认为，对此问题的探讨，确实需要增加印刷术
在其他文明地区的运用情况的综合对比研究。最后，对书籍史
核心议题的挖掘问题。在对书籍史核心议题的挖掘方面，欧美
学者的相关研究都有意无意地避开了对人类社会发展更具决定
意义的社会形态问题的探讨。上述这些缺憾，其实正是具备唯
物史观与中国传统文化双重素养的中国学者应努力探究的方向。
此外，有关族裔、阶级、女性视角的运用在某些方面也有将不
同肤色和性别的读者群体进行刻意区分之嫌。这些问题都需要
通过更加全面客观地审视相关材料，方能得出更符合历史逻辑
与实际情况的论断。

第三节　彼得·伯克：架起多学科对话的桥梁

一　彼得·伯克的学术贡献

进入 20 世纪中后期，印刷术的社会影响问题受到越来越多学者的关注，其中包括最近三十多年来在西方学术界占有重要地位的新文化史学者。

"新文化史"（New Cultural History）一词从 20 世纪 80 年代起就有人使用。到现在，新文化史已经成为文化史实践的主要形式，甚至把它说成历史学实践的主要形式也不过分。[①] 在讨论新文化史的特点和变化时，英国文化史家、剑桥大学教授彼得·伯克（Peter Burke）是一个无法避开的重要代表人物。[②] 他本人对文化史研究进行了大量实践，把文化放在社会的框架中进行考察，讨论二者的相互关系。他是西方史坛最为活跃的积极倡导新文化史研究，并从史学史和史学理论的角度对（新）文化史进行整理和总结的一位历史学家。[③] 伯克认为，这一史学流派的共同特征是，他们所研究的内容相对于学院派历史学家来说是全新的。这些主题可以大致分为五个方面：①物质文化的研究；②身体、性别研究；③记忆、语言的社会历史；④形象的历史；⑤政

---

① 〔英〕彼得·伯克：《什么是文化史》，蔡玉辉译，杨豫校，北京大学出版社，2009，第 57 页。

② 这一流派的主要成员还包括娜塔莉·泽蒙·戴维斯、丹尼尔·罗什、罗伯特·达恩顿、卡罗·金兹堡等。参见〔英〕玛利亚·露西娅·帕拉蕾丝-伯克编《新史学：自白与对话》，彭刚译，北京大学出版社，2006。

③ 周兵：《当代西方新文化史研究》，博士学位论文，复旦大学，2005，第 102 页。

治文化史，这里不是研究政治事件、制度，而是非正式的规则，如人们对政治的态度、组织政治的方式等。① 在其后的一篇文章中，伯克在前五项的基础上又增添了语言社会史和旅行史两个方面。②

由于印刷术本身具有鲜明的文化属性，而依此技术出现的媒介则是"物质文化"的研究对象，与新文化史家倡导的"实践"理念相契合，③ 同时，印刷媒介还与语言、形象等有着密不可分的关联性。因此，在伯克诸多"文化角度的社会史学"著述中，对印刷媒介与近代早期欧洲社会众多面向的关系给予了较多关注，而其所言无论在视角抑或观点上，对今日学术界从事媒介社会史研究都富有诸多启迪之处。④

二　印刷术是文艺复兴取得成功的保证

文艺复兴是欧洲历史的重要转折点，尽管近年来学术界在关于其到底是瓦解了天主教会还是延续了既有的天主教思想方面有着不同看法，但其在欧洲历史上所扮演的重要角色无人怀疑。伯克在其学术生涯之初，亦将研究视线首先投向了传统意义上的上

① 杨豫、李霞、舒小昀：《新文化史学的兴起——与剑桥大学彼得·伯克教授座谈侧记》，《史学理论研究》2000 年第 1 期。

② 〔英〕彼得·伯克：《西方新社会文化史》，刘华译，《历史教学问题》2000 年第 4 期。

③ 譬如新文化史的重要研究领域阅读史便是对印刷的"文化用途"的观照。

④ 下文是笔者从彼得·伯克众多文化史著作中抽取的他对印刷术与近代早期欧洲社会互动关系的相关论述，应特别指出的是，伯克在论述印刷媒介的社会作用时，大多数时候是将其纳入一个整体的媒介系统中加以考察的，亦即同时观照了口头和手抄等其他传播形式，而正如伯克本人所言，有时为了考察某一媒介的社会作用，必须牺牲连续性而关注变迁。参见〔英〕彼得·伯克《知识社会史：从古腾堡到狄德罗》，贾士蘅译，麦田出版社，2003，第 5 页。

层精英文化运动——文艺复兴。对于印刷术在文艺复兴时期的社会作用，伯克着重从职业变化的角度突出了印刷术与人文主义者的共生关系。

印刷术带来了印刷商这种新职业，很多具有人文主义思想的人士从此开始涉足印刷领域；而随着图书馆规模的日益扩大，所需馆员的数量也越来越多，文艺复兴的精英团体中有好几个就从事这一职业；① 伴随着印刷业的兴起而出现了校对员，它对作家或学者来说都是一种有益的兼职；到 16 世纪，印刷商和出版商开始要求作家们编辑、翻译，甚至撰写书籍，这种新的文化赞助导致了"职业作家"（Poligrafo）的兴起。其中最著名的当属伊拉斯谟，他与其出版商保持着良好关系，凭借印刷媒介和其本人的才能，在当时成为首席人文主义者，其所享有的国际声誉也超过了之前的所有学者。②

正是由于印刷术的发明，并衍生出上述诸多新兴职业，文艺复兴运动的理念以有史以来最快的速度传播开来，不仅在意大利本土扎根，而且迅速波及欧洲的其他地区。伯克着重对书籍数量在 1450 年后的迅速增加和书籍接受范围的不断扩大两方面进行了说明。他指出，仅威尼斯一地当时就印刷了约 4500 种版本或 250 万册书，并认为这个估计应是合理的。印刷书籍中有许多古典著作，如西塞罗的《论责任》在苏比亚科刊印。15

---

① 〔英〕彼得·伯克：《意大利文艺复兴时期的文化与社会》，刘君译，东方出版社，2007，第 75 页。
② 〔英〕彼得·伯克：《欧洲文艺复兴：中心与边缘》，刘耀春译，东方出版社，2007，第 107 页；〔英〕彼得·伯克：《知识社会史：从古腾堡到狄德罗》，贾士蘅译，麦田出版社，2003，第 59 页。

世纪 70 年代，西塞罗的著述在巴黎也变得时髦起来。1481 年，威廉·卡克斯顿在伦敦刊印了西塞罗《论友谊》的英译本（提普罗夫特译）。此外，伯克注意到，在 15 世纪，希腊古典著作也出现了印刷版本。① 虽然古典著作的增加对人文主义运动的成功很重要，但伯克援引印刷史家爱森斯坦的观点强调指出，印刷术并不仅仅是一种传播工具，它也帮助并促进了"脱离语境"（decontextualization）或"疏离"（distanciation）的过程，这一过程对所有创造性的接受活动都是至关重要的。直接阅读某种观念而不是从别人那里道听途说，能使接受者更容易保持超然和批判的态度。读者能够比较和对照不同文本表达的观点，而不是面对面地被一个雄辩的演说家征服。② 而这种批判思维通常被认为是进入现代社会的典型特质之一。

此外，伯克还注意到，一些意大利人文主义者的著作也很早就有了印刷本。如彼特拉克的诗歌在 1470 年印刷出版，并在 1500 年前被重印 20 多次。意大利的印刷书籍还出口到欧洲其他地区，有时是由一些被放逐到国外的意大利商人订购的，③ 甚至音乐印刷品也将意大利人的音乐成就传播到了国外。④ 同时，印刷物显然也扩大了身处各自国家中的欧洲人的眼界。16 世纪出版

---

① 〔英〕彼得·伯克：《欧洲文艺复兴：中心与边缘》，刘耀春译，东方出版社，2007，第 66 页。
② 〔英〕彼得·伯克：《欧洲文艺复兴：中心与边缘》，刘耀春译，东方出版社，2007，第 70 页。
③ 〔英〕彼得·伯克：《欧洲文艺复兴：中心与边缘》，刘耀春译，东方出版社，2007，第 70 页。
④ 〔英〕彼得·伯克：《欧洲文艺复兴：中心与边缘》，刘耀春译，东方出版社，2007，第 125、126 页。

了许多关于欧洲以外旅行见闻的一手记录作品。到 16 世纪后半期，关于欧洲以外地区的历史著作日益增多。在这些历史著作的出版方面，至少有些获得了国际性的成功。①

不光是文字部分，在图像领域，伯克也以敏锐的目光发现，在印刷术发明之前，宗教题材的木刻版画已经出现。到 15 世纪晚期，又增加了表现时事的木刻版画。而印刷术发明后，书籍插图变得重要起来。阿尔杜斯·曼努提乌出版了但丁、彼特拉克、薄伽丘等作家著作的著名插图本。因此，从这个角度来说，他认为曾被沃尔特·本雅明等批评家悲叹的机械复制艺术品的时代要比通常认为的还要早。②

三　印刷术是近代早期欧洲大众文化的开路先锋

在对精英文化进行了深入研究之后，到了 20 世纪 70 年代后期，伯克将其研究视线下移，重点关注起近代早期欧洲下层普通人的文化，他认为这才是真正的文化史，并被他冠以"大众文化"之名。③ 他将研究内容集中在包括印刷品在内的一些物品和活动上，并尽力把这些物品和活动放到比较广阔的社会、经济和政治环境中去探究。

---

① 〔英〕彼得·伯克：《欧洲文艺复兴：中心与边缘》，刘耀春译，东方出版社，2007，第 228 页。

② 〔英〕彼得·伯克：《意大利文艺复兴时期的文化与社会》，刘君译，东方出版社，2007，第 132 页。

③ 伯克给文化的定义是："一个由共享的意义、态度和价值观以及表达或体现它们的符号形式所组成的体系。"至于大众文化，他将其定义为非正式的文化，即非精英的文化，也就是葛兰西所说的"从属阶级"的文化。参见〔英〕彼得·伯克《欧洲近代早期的大众文化》，杨豫等译，上海人民出版社，2005，第 1 页。

他通过对留存至今的众多近代早期出版物的研究发现，这一时期的欧洲文化可以描述为三种文化，而不是人们常说的两种文化。在高雅文化与传统口述文化之间，他提出还存在一个可以称作"小歌谣集的文化"，这是半识字的人的文化。当时流行于民间的宽幅故事书传播了传统民谣，与此同时，宽幅故事书和小歌谣集反过来也吸收了所谓大传统。这些小册子的存在表明确实有一个这样的读者群体，既无法归类于高雅传统，又难以归类于大众传统的读者。伯克在此大胆地假设，这种小歌谣集文化的骨干是帮工印刷匠，他们参与了工匠文化，又对书籍的出版非常熟悉。他们就像贵族妇女一样，处于充当大传统和小传统之间的中介人的最佳位置上。①

当宗教改革来临时，那些改革者确实有积极的理想，并试图创造一种新的大众文化。新教改革派认为最紧迫的问题是向普通民众提供《圣经》，而且是用他们能懂的语言写就的《圣经》。马丁·路德在1522年出版了德文的《新约圣经》，又在1534年出版了德文的《圣经全书》，其他新教地区很快就纷纷效仿他的做法。另外，普通新教徒也许很喜欢听赞美歌，这在宗教改革后的礼拜仪式中占据了重要的地位。伯克注意到，标准的英文版赞美歌《斯坦霍尔德和霍普金斯赞美歌》在16世纪中叶到17世纪中叶改版了近300次。② 而新教徒大众文化的核心则是《教理问

① 〔英〕彼得·伯克：《欧洲近代早期的大众文化》，杨豫等译，上海人民出版社，2005，第75、76页。
② 〔英〕彼得·伯克：《欧洲近代早期的大众文化》，杨豫等译，上海人民出版社，2005，第272页。

答》，即一种包含宗教信条基础知识的小册子。这种《教理问答》在宗教改革之前就有，而现在它的不同之处就在以问答的形式更加容易地传播和测验宗教知识。有些祈祷书则成了畅销书。①由此，伯克鲜明地指出，新教的大众文化是文字的文化，在这一点上远远超过了天主教的文化。②

正当三十年战争爆发时，出现了一种表达政治态度或推动政治态度形成的新媒体，即报纸。伯克将报纸定义为一种报道时事并在短期内定期出版的单张或多张的印刷品。1618年到1648年，对政治产生兴趣的西欧人比以前更多了。随着国家事务与人民生活的关系更加紧密，政治消息的传播也变得空前广泛。伯克发现，1621年的意大利有一个十分突出的特征，那就是连理发师与工匠也在自己的作坊和集会场所讨论国家的利益。1636年和1646年之间，至少在6个城市发行了周报。③

在伯克看来，大众的政治意识在英国内战中表现得更加明显。④ 1640年到1663年，政治消息急剧增加，书商乔治·托马森收集了近15000种传单和7000多种报纸，包括弥撒讲道、下院的演说、倡导社会改革的传单以及谴责社会改革的传单，还有一些是新闻。伯克强调，在17世纪末的英语中开始使用"暴民"

---

① 〔英〕彼得·伯克：《欧洲近代早期的大众文化》，杨豫等译，上海人民出版社，2005，第274页。
② 〔英〕彼得·伯克：《欧洲近代早期的大众文化》，杨豫等译，上海人民出版社，2005，第278页。
③ 〔英〕彼得·伯克：《欧洲近代早期的大众文化》，杨豫等译，上海人民出版社，2005，第317页。
④ 〔英〕彼得·伯克：《欧洲近代早期的大众文化》，杨豫等译，上海人民出版社，2005，第318页。

一词，这个事实可以反映上层阶级意识到了民众的政治意识，并感到了恐惧。在 18 世纪的英格兰，民谣和小册子仍然是重要的政治媒体。而报纸则至少在城镇里把政治变成了这一时期英国普通民众日常生活的一部分。① 伯克提醒我们不要小看这些变化，因为无论是在英国，还是在斯堪的纳维亚地区和荷兰，19 世纪建立起来的自由民主制度在一个世纪以前就有了大众政治文化的一些基础。②

四　印刷术是推动民族语言标准化的催化剂

伯克在借鉴各种社会科学理论进行历史研究的过程中，受到诸如"语言学转向"等重要学术思潮变化的影响，开始关注那些以前鲜有人问津的新兴领域，如上文提到的语言社会史。

近代早期欧洲各地的语言意识在不断增强，越来越多的人开始认识到语言的多样性，伯克将这一时代称为"发现语言"的时代。他指出，这个时期的欧洲出现了一种集体的和合作的事业，目的在于提高地方语言的地位，将它们规范化，使之丰富起来，并将其转变成适合文学的语言。③ 这项事业得到了一种新交流媒介，即印刷品的大力支持。

有些研究印刷术的历史学家认为，语言的固定化或标准化实

①　〔英〕彼得·伯克：《欧洲近代早期的大众文化》，杨豫等译，上海人民出版社，2005，第 319~320 页。

②　〔英〕彼得·伯克：《欧洲近代早期的大众文化》，杨豫等译，上海人民出版社，2005，第 324 页。

③　〔英〕彼得·伯克：《语言的文化史——近代早期欧洲的语言和共同体》，李霄翔等译，北京大学出版社，2007，第 22 页。

际上是约翰·古腾堡时代以来相同文本的批量生产自动产生的结
果。正如费夫贺和马尔坦在论述书籍兴起的经典著作中所说的，
印刷术"在语言的格式化和固定化中发挥了必不可少的作用"。[①]
对此，如西格弗里德·斯泰因贝格等学者表示同意，并认为，
"印刷商强化了民族与民族之间的'语言壁垒'……并着手消除
了任何特定的语言群体内部说话方式的微小差异"。[②] 尽管伯克在
原则上也同意这些观点，但他认为不能说印刷术是推动这场转变
的唯一因素，并对上述观点进行了四点修正。[③]

　　第一，伯克觉得"标准化"这一概念不像看上去那么简单，
有必要将官方规定的语言同那些地位更高以及有更多人能理解的
语言区别开来。在形式上把某种语言规范化不同于把某种特定的
方言和社会方言提高到统治的地位。无论是在书面还是口头语言
的实践中，标准化只有程度上的区别。第二，伯克强调语言标准
化进程早于印刷机的发明。就欧洲的某些地方语言而言，标准化
的进程早在 1450 年之前已经开始。[④] 第三，伯克认为印刷术是一
把双刃剑，可以用来推行相互对立的语言标准。这一点在英格兰
相对来说不那么明显，但是，在说德语、西班牙语或意大利语的
国家，存在多个印刷业中心，从而导致了那种既有"大致上的统

①　〔法〕费夫贺、马尔坦：《印刷书的诞生》，李鸿志译，广西师范大学出版社，2006，第
　　325、326 页。
②　Sigfrid H. Steinberg, *Five Hundred Years of Printing*, Harmondsworth：Penguin Books, 1974,
　　p. 88.
③　〔英〕彼得·伯克：《语言的文化史——近代早期欧洲的语言和共同体》，李霄翔等译，
　　北京大学出版社，2007，第 129 页。
④　〔英〕彼得·伯克：《语言的文化史——近代早期欧洲的语言和共同体》，李霄翔等译，
　　北京大学出版社，2007，第 130 页。

一"，又呈现"一片混乱"的状况。① 第四，伯克还注意到，在
有关印刷术重要历史意义的一些讨论中，受到重视的一方面是一
些著作家，而另一方面则是如技术这样的非人格因素，但处于两
者之间的印刷商往往被忽视。结果，印刷商变成了"无名英雄"。
在欧洲许多地方，他发现印刷商在地方语言的标准化过程中起了
带头的作用。例如，在 15 世纪末的英格兰，印刷商威廉·卡克
斯顿决定采用宫廷英语印刷书籍，从而推动了这种语言的广泛使
用。另外，像托斯卡纳语之所以在意大利取得成功，同样是因为
印刷商同意采用托斯卡纳的规范。② 在上述修正观点的基础上，
伯克更愿意将印刷术看成推动变化的催化剂。它并没有启动这场
变化，如果要获得成功还需要一些文化或社会的前提条件。③

五　印刷术是塑造和诋毁近代早期欧洲统治者形象的有力工具

诚如上文所言，有关印刷术的发明造成的结果，一般是以它
推动了文本的标准化并使之以不变的形式固定下来的角度加以讨
论。伯克认为，这一点大致也适用于印刷的图像。④ 在宗教改革
时期，作为路德朋友的艺术家卢卡斯·克拉纳赫制作了许多带有
争辩性的印刷作品，将教皇的视觉形象与贪图钱财、因权力而骄

① 〔英〕彼得·伯克：《语言的文化史——近代早期欧洲的语言和共同体》，李霄翔等译，
　北京大学出版社，2007，第 131 页。
② 〔英〕彼得·伯克：《语言的文化史——近代早期欧洲的语言和共同体》，李霄翔等译，
　北京大学出版社，2007，第 150 页。
③ 〔英〕彼得·伯克：《语言的文化史——近代早期欧洲的语言和共同体》，李霄翔等译，
　北京大学出版社，2007，第 132 页。
④ 〔英〕彼得·伯克：《图像证史》，杨豫译，北京大学出版社，2008，第 13~15 页。

傲或与魔鬼的形象联系在一起，而路德的形象则恰恰相反，他被描绘成一位英雄甚至圣徒，表明他受到了圣灵的启示。事实上，使用木版画以更广泛地传播改革派的信息所收到的效果大大出乎制作者的预想。到了16世纪20年代，圣徒崇拜的批评者自己也变成了同一种崇拜的对象。① 自此以后，受到圣徒画像崇拜的启发，向公众展现统治者形象的做法越来越普遍。16世纪末，借助于蜡纸印刷技术，人们大量复制了英格兰女王伊丽莎白一世的一幅酷似圣母的画像，并用之取代了圣母玛利亚的圣像。这种画像发挥着某些功能，如可以填补因宗教改革而造成的心理空虚。②

　　正是注意到了文化的这种主动性作用，所以新文化史家不断强调其所称的文化"建构"或"创造"作用，并在许多书名中使用了"创造"一词，而伯克的《制造路易十四》就是体现这一趋势的代表。他在该书中所关注的核心问题便是如何"推销路易十四"，即如何对这位君主进行包装，如何在意识形态、宣传活动和操纵舆论上下功夫。③ 伯克指出，能够用机械进行复制的传媒之重要性尤其值得重视，因为这些复制品大大增加了国王被人们见到的机会。伯克在论述这一问题时，特别关注了两份当时非常著名的报刊，即《法兰西公报》和《时尚信使报》，因为它们都花了相当多的篇幅登载国王的活动，并将这些消息定期传播到外省甚至外国。④

---

① 〔英〕彼得·伯克：《图像证史》，杨豫译，北京大学出版社，2008，第71页。
② Frances A. Yates, *The Imperial Theme in the Sixteenth Century*, London: Routledge & Kegan Paul, 1975, pp. 78, 101, 109, 110.
③ 〔英〕彼得·伯克：《制造路易十四》，郝名玮译，商务印书馆，2007，第5页。
④ 〔英〕彼得·伯克：《制造路易十四》，郝名玮译，商务印书馆，2007，第173页。

　　事实上，报纸与政治始终如影随形。当路易十四尚未亲政时，其欲亲政的意愿，起初是在与掌玺大臣的一次交谈中表达的，而后又向一些大臣和秘书们作了传达，纯系一种半私下的运作。官方的《法兰西公报》当时也未提及此事。1661 年 3 月 9 日马萨林去世后，《法兰西公报》开始报道说，法国神职人员的代表觐见国王表示慰唁，宣称国王不仅在军事行动中不屈不挠，而且在国务活动中孜孜不倦。《法兰西公报》本身也在 4 月述及了这层意思，着重提到国王对国务非常关注。就连提到狩猎时，报纸也说国王平日里"十分勤勉"，借这一活动休息片刻，放松一下。国王亲政这件事遂以各类文字形式和种种视觉形象广泛传输给公众。①

　　就对事件进行描绘而言，官方背景的报刊对废止主张宗教宽容的南特敕令的描绘是非常具有代表性的。伯克强调的一个中心问题是，当时传媒对此所做的好评之重要性。他关注了当时的许多报纸（特别是《时尚信使报》），指出各报均花大量篇幅对这一事件作了描述。《时尚信使报》尤其对此做足了舆论准备：连续报道一些知名新教徒皈依天主教的消息，暗示新教"群体"在没有外在暴力的情况下正日趋自我削弱，而且每向废止南特敕令跨前一步，均有对国王的赞歌。②

　　在对路易十四发动的几次战争的报道问题上，报纸也在以各种方式为国王粉饰太平。当时，在巴伐利亚爆发的布莱尼姆战役

---

① 〔英〕彼得·伯克：《制造路易十四》，郝名玮译，商务印书馆，2007，第 71 页。
② 〔英〕彼得·伯克：《制造路易十四》，郝名玮译，商务印书馆，2007，第 114 页。

中，法军败北，其司令官塔拉尔被俘，该消息震惊了朝廷。《时尚信使报》对此竭力掩饰道：布莱尼姆战役压根儿就不是一次失败，因为敌军的伤亡要比法军的伤亡严重得多。① 如果翻一下1708年（这一年旺多姆公爵和勃艮第公爵在乌德纳尔德战役中战败，里尔失陷）的《法兰西公报》，就可能会以为一次仗也没有打过。②

在总结这些宣传事件时，伯克认为，官方制造路易十四形象的人们对法国公众舆论的形成发挥了重要作用。从另一个角度来说，17世纪的传媒是应公众之需求和意愿而形成发展的，不能简单地将全知全能的君主这一形象说成仅仅是一帮宣传人员和"马屁精"们制作的产物，官方形象在一定程度上体现了一种集体需求。虽说只是一种推论，但在伯克看来，17世纪中央集权国家的兴起是同国王崇拜的兴起有着某种联系的。③

伯克通过对路易十四形象塑造问题的考察，认为研究20世纪传媒的人们有时对历史上的一些时期做出了颇成问题的臆断，并以此臆断从事研究工作。以撰写于20世纪20年代的一部研究宣传的非常著名的专著为例，④ 该作者认为，路易十四朝结束后"时代已发生了变化"，宣传与"公共关系这一新职业"的兴起是20世纪的事——第一次世界大战有助于这件事的形成，而民

① 〔英〕彼得·伯克：《制造路易十四》，郝名玮译，商务印书馆，2007，第125页。
② 〔英〕彼得·伯克：《制造路易十四》，郝名玮译，商务印书馆，2007，第126页。
③ 〔英〕彼得·伯克：《制造路易十四》，郝名玮译，商务印书馆，2007，第169、170页。
④ 此处伯克未及言明，据其下文所指应是哈罗德·D.拉斯维尔（Harold D. Lasswell）的《第一次世界大战中的宣传技巧》（*Propaganda Technique in World War I*），中文版为〔美〕哈罗德·D.拉斯维尔《世界大战中的宣传技巧》，田青等译，中国人民大学出版社，2003。

主社会的思想自由又促进了这件事的发展。这种观点显然未被伯克所认可。在伯克看来，对旧制度做出错误论断而有损于现代世界研究的另一个例子是美国文化史学家丹尼尔·布尔斯廷在 20世纪 60 年代初发表的一篇论及"形象"的文章。布尔斯廷说：他称之为 19 世纪末 20 世纪初（由于气压印刷术、摄影术的应用而）发生的"平面造型艺术革命"，导致了他称之为的"假事件"（既指传媒为了自身利益而捏造的事件，又指尚未发生即见诸报端的事件）的出现、增多。伯克觉得完全可以用布尔斯廷的这一词语分析 17 世纪的传媒。① 他指出，20 世纪新兴的电子传媒有其自身的技术条件，然而，"电子统治者们"与他们的前辈之间的差异被夸大了。②

六　印刷术是近代早期欧洲"知识爆发"的引爆点

我们处在一个与知识密不可分的时代，而回溯过往，在近代早期的欧洲，一场"知识爆发"随诸种时代因素而兴起。伯克注意到了这场"爆发"与印刷术的发明、地理大发现及"科学革命"等因素之间的紧密关系。③ 单就知识和印刷品而言，伯克着重强调了以下几点。

第一，伯克指出，印刷术发明的一个主要后果，是拓宽了知识阶级的事业机会。诚如上文已述，如职业作家这样与印刷有关

---

① 〔英〕彼得·伯克：《制造路易十四》，郝名玮译，商务印书馆，2007，第 220 页。
② 〔英〕彼得·伯克：《制造路易十四》，郝名玮译，商务印书馆，2007，第 222 页。
③ 〔英〕彼得·伯克：《知识社会史：从古腾堡到狄德罗》，贾士蘅译，麦田出版社，2003，第 44 页。

的知识生产者比以前更具有经济和社会的独立性，而更重要的是印刷鼓励了各种知识的商业化，将企业家更密切地牵涉传播知识的过程中。① 第二，由此而带来了另一个重要后果，即由于可以预期的利润上升，保护图书或智慧财产便愈加迫切。譬如，英国在 1709 年通过出版权法案，旨在解决知识是私有抑或公有这两个相持不下的观念的问题。② 第三，由于印刷业多兴起于欧洲一些主要城市，这样就使城市成为知识生产和流通的集散地。知识在城市经过处理以后，便通过印刷传播或再输出，这大大削弱了地理上的障碍，将各种知识由其原来的环境迁出。③ 第四，印刷术发明以后，图书馆愈加重要，面积也愈大。④ 由于书籍繁增，此时的图书馆注意到了书籍的重新分类，并在 17 世纪后期出现了书评，而另一个解决的办法是参考书的发明。近代早期这种书籍形形色色，百科全书、辞典、地图集等不一而足。⑤ 它们有助于引导读者穿越被印刷出来并日渐庞大的知识森林。⑥ 第五，印刷书的增多引起了教会和政府对大范围传播知识的恐慌。例如，天主教会为此出台了"禁书索引"。这本索引的出现，似乎是为

① 〔英〕彼得·伯克：《知识社会史：从古腾堡到狄德罗》，贾士蘅译，麦田出版社，2003，第 262 页。
② 〔英〕彼得·伯克：《知识社会史：从古腾堡到狄德罗》，贾士蘅译，麦田出版社，2003，第 264 页。
③ 〔英〕彼得·伯克：《知识社会史：从古腾堡到狄德罗》，贾士蘅译，麦田出版社，2003，第 178 页。
④ 〔英〕彼得·伯克：《知识社会史：从古腾堡到狄德罗》，贾士蘅译，麦田出版社，2003，第 110 页。
⑤ 〔英〕彼得·伯克：《知识社会史：从古腾堡到狄德罗》，贾士蘅译，麦田出版社，2003，第 278 页。
⑥ 〔英〕彼得·伯克：《知识社会史：从古腾堡到狄德罗》，贾士蘅译，麦田出版社，2003，第 158 页。

了消解新教教义和印刷术的毒害，尽管或许它的作用适得其反，但还是阻止了知识在天主教世界的流通。[①] 第六，印刷逐渐有助于有关商务等知识的获取，甚至对经济学等学科的出现起到了有力的促进作用。商人的知识原来是口耳相传，但在 16～17 世纪时以印刷品的形式流传得愈来愈广。最后，印刷机使互相竞争的主张较以前任何时期都流通得更广，这便鼓励了实用主义怀疑论的发展。[②]

在梳理了近代早期欧洲印刷业与知识生产的关系后，伯克力图将此问题放在一个更加广阔的视野中，与东方世界（特别是中国）进行了颇具启示的比较研究。他指出，当时的中国和欧洲一样也有资讯商品化的趋势。[③] 不过，中国百科全书与西方百科全书在组织、功能和读者等方面存在差异。伯克认为，早在唐代，中国便已生产百科全书，其主要的目的在于满足参加科举考试的考生所需。至于《古今图书集成》，它乃由帝王赞助，其主要目的是协助官吏工作，与钱伯斯和济德勒的百科全书以及狄德罗的百科全书的差别显而易见。这种对比，其意义当然是出于臆测，但是在伯克眼中，它可以视为两个知识系统间较大差异的征候或指标，中国可谓官僚性知识组织，而欧洲是比较企业化的知识组织（有时称为"印刷资本主义"间较大差异的征候或指标）。伯

---

① 〔英〕彼得·伯克：《知识社会史：从古腾堡到狄德罗》，贾士蘅译，麦田出版社，2003，第 230～231 页。

② 〔英〕彼得·伯克：《知识社会史：从古腾堡到狄德罗》，贾士蘅译，麦田出版社，2003，第 331 页。

③ 〔英〕彼得·伯克：《知识社会史：从古腾堡到狄德罗》，贾士蘅译，麦田出版社，2003，第 287 页。

克指出，在近代早期，中国的知识乃与政治有关联，然而在近代早期的欧洲，知识乃与透过印刷术的生产有很密切的关系，而这种情形导致形成了较开放的知识系统。印刷术的发明有效地创造了一个新的社会群体，这个群体出于经济或政治的目的而希望将知识公开。①

七　印刷术是近代早期欧洲公共领域的创造者

"公共领域"（Public Sphere）的概念是由德国社会学家哈贝马斯提出的，指的是一个"论述"的场域，人们在这个地方探究想法，并表达"公众的观点"。但是哈贝马斯明确反对将这一概念推回到 16 世纪和 17 世纪后期以前的欧洲，因为那样会使得公共领域的想法改变成另一个样貌。② 而伯克却不这样认为，诚如上文所述，在其关于媒介社会史的论著中，他主要讲述了媒体的转变，并分析了从 1450 年到 1790 年欧洲所发生的一些传播事件，如宗教改革、英国内战、光荣革命以及法国大革命等。③ 他认为这一时期欧洲发生的一系列事件都有类似的发展过程，都因为危机而导致了一场生机勃勃但相对短暂的辩论，媒体（特别是印刷媒体）则于其中促成政治意识的觉醒，他将其称为暂时性的

---

① 〔英〕彼得·伯克：《知识社会史：从古腾堡到狄德罗》，贾士蘅译，麦田出版社，2003，第 288 页。
② 〔德〕哈贝马斯：《公共领域的结构转型》，曹卫东等译，学林出版社，1999，"初版序言"第 1~2 页。
③ 〔英〕阿萨·布里格斯、彼得·伯克：《大众传播史：从古腾堡到网际网路的时代》，李明颖等译，韦伯文化国际出版社有限公司，2004，第 89 页。

或因缘际会的公共领域。①

宗教改革可以说是一场意识形态的冲突，起初发生在精英阶层的争辩，后来开始转向广大群众的诉求，使得人们不能只依赖面对面的沟通，而必须通过小册子传播理念。伯克认为，人们参与宗教改革可以说是媒体在宗教改革中的因，同时也是果。印刷术的出现渐渐瓦解了中古欧洲教会资讯独断的局面，也才使路德的命运不像一些早期的改革者般悲惨。②伯克指出，很多用德语印制的小册子足以用"大众媒介"加以形容，因为这些小册子多半是在公众场合传阅，而且是由少数识字的人公开讲述的。因此，有人相信，若没有这些小册子就没有宗教改革。③在16世纪后半叶法国和荷兰的宗教战争中，媒体也扮演了相当重要的角色，伯克认为上述两国在1570年到1580年即已兴起了公共领域。④

在17世纪中期的危机年代，欧洲的媒体拥有许多报道题材，这是一个小册子和报纸的伟大时代。在英国，支持君主制的人士和议会制支持者都各自发表观点。不只是小册子和报纸会登出时事讯息，这段时期伦敦墙上的一些刻印和公共场所也都成为公共领域的延伸。而最大的问题是媒体及其所负载的讯息究竟如何改

---

① 〔英〕阿萨·布里格斯、彼得·伯克：《大众传播史：从古腾堡到网际网路的时代》，李明颖等译，韦伯文化国际出版社有限公司，2004，第119页。

② 〔英〕阿萨·布里格斯、彼得·伯克：《大众传播史：从古腾堡到网际网路的时代》，李明颖等译，韦伯文化国际出版社有限公司，2004，第91~92页。

③ 〔英〕阿萨·布里格斯、彼得·伯克：《大众传播史：从古腾堡到网际网路的时代》，李明颖等译，韦伯文化国际出版社有限公司，2004，第93、94页。

④ 〔英〕阿萨·布里格斯、彼得·伯克：《大众传播史：从古腾堡到网际网路的时代》，李明颖等译，韦伯文化国际出版社有限公司，2004，第101页。

变了人们的态度与想法。对此，学术界争议不断，突出表现在历史学家对于当时英国的政治文化是属于地区性的还是全国性的争论。伯克的看法较偏向后者，他认为，新闻的出现促使地方和政治中心联结在一起，因此而共同建构出全国性的政治文化。据此，伯克提出，在1641年长期议会和1660年查理二世复辟之间的二十年里，公开的政治领域或流行于一般民众间的公共领域已经存在于英国，特别是伦敦。[①]

八　是否存在一场"印刷革命"？

笔者在第一节中已经提到，作为人类传播史上的重大发明，印刷术对人类社会发生作用的深度和广度还存在争议，有待进一步廓清。美国历史学家爱森斯坦认为印刷术的发明是一场"未被承认的革命"。[②] 而批评印刷革命论点的人通常认为，印刷并非一种机制（Agent），而只是被个人或团体在不同场合，因不同目的所采用的一种技术。因此，应该研究在不同社会和文化脉络下，人们如何运用印刷术。伯克则力图调和二者的意见。他既反对隐含在革命立场中的技术决定论，也拒斥脉络主义立场中的唯意志论。他回避了是否赞成"革命"这类非此即彼的简单表态，而是借鉴伊尼斯关于"传播的偏向"的观点，[③] 试图找出印刷媒介的

① 〔英〕阿萨·布里格斯、彼得·伯克：《大众传播史：从古腾堡到网际网路的时代》，李明颖等译，韦伯文化国际出版社有限公司，2004，第106~108页。
② 〔美〕伊丽莎白·爱森斯坦：《作为变革动因的印刷机：早期近代欧洲的传播与文化变革》，何道宽译，北京大学出版社，2010，第3~25页。
③ 〔加〕哈罗德·伊尼斯：《传播的偏向》，何道宽译，中国人民大学出版社，2003，第27~50页。

"固定偏向"。他指出，从空间的观点来看，印刷在不同地区有着类似的影响力。从时间的观点来看，则要区分印刷出现后的短期与长期影响。他强调，近代早期欧洲文化变动通常都是累加，而非取代，印刷使发现的事物更普遍地为人所知，以及使信息更不容易流失，从而相对助长了知识的积累。①

通过对彼得·伯克众多著述的梳理，我们认为其关于印刷术与近代早期欧洲社会关系问题的论述秉承了新文化史的一贯理念，强调了作为文化生产者的印刷业者的能动作用，凸显了其作为社会有机组成部分的价值，为媒介社会史的研究提供了立足依据和逻辑起点；伯克采取了极具多样性的研究方式，打破了传统研究领域的局限，为我们展现了一幅向来不为人所注意的绚丽多彩的印刷媒介社会史画卷；他极为重视借鉴各种社会理论，② 并依据自身的史学实践与之进行对话，旨在实现真正的跨学科融合，并得出了诸多独到的见解。虽然伯克尝试的这种对话，在总体上仍显深度不够，对诸如公共领域的修正观点未进行更加明晰的定义和形成较为完整的体系，但是，他的相关著述的确大大开拓了学者的眼界，架起了不同学科之间对话的桥梁，对深入理解印刷媒介与社会的互动关系大有裨益，而其采用的视角和方法也可有的放矢地移植于媒介社会史的其他领域，如对电视、互联网社会影响的研究中，因而具有较强的学术借鉴意义。

① 〔英〕阿萨·布里格斯、彼得·伯克：《大众传播史：从古腾堡到网际网路的时代》，李明颖等译，韦伯文化国际出版社有限公司，2004，第 2 页。
② 〔英〕彼得·伯克：《历史学与社会理论》，姚朋等译，上海人民出版社，2001。

第四节　在时空偏向中理解印刷媒介的 文明史地位

当今世界是一个媒介多元化的世界，然而，很多学者发现，不同媒体（报纸、广播、电视、网络等）传递的信息，无论从话语表述方式或内容侧重点等方面都差异显著。造成这种现象背后的原因，除了媒介技术本身的差异外，也离不开"有组织力量"（包括政府、经济团体、宗教组织等）借助不同媒介特性表达自身思想，并在一定程度上垄断知识、信息，从而对社会发展进程产生影响的因素。彼得·伯克在其研究中所借鉴的"传播偏向论"阐述的就是这一问题，而笔者在关注近代早期英格兰印刷媒介问题时，也感到此理论颇值得关注。

一　"传播偏向论"的提出

"传播偏向论"是加拿大学者哈罗德·伊尼斯在《传播的偏向》和《帝国与传播》中提出的一项经典学说。根据随技术变迁出现的各种媒介的不同特性，伊尼斯将媒介大致分为两类：有利于空间延伸的媒介和有利于时间延续的媒介。例如，石刻文字和泥板文字耐久，其承载的文字具有长期性，但是不易运输、生产和使用。莎草纸轻巧，容易运输，能够远距离传播信息，但其所承载的信息不利于保存。不同的传播媒介具有或有利于时间观念，或有利于空间观念的偏向，因而往往在文明中产生一种偏向，即一种新媒介将导致一种新文明的产生。其核心观点是知识垄断的兴衰与传播媒介相关，即不同的知识垄断倚重不同的媒介，或倚重宗教、非集中化和时间，或倚重武力、集中化和空间，因此知识垄断也将随之变化。①

笔者认为，正是由于传播偏向论抓住了知识垄断与有组织力量之间的关系这一世界历史进程中的重要问题，因而我们需要重视这一长期被世界史学者忽视的理论。就当下的世界史研究而言，其学术借鉴意义主要体现在，一为其开创了"媒介—文明"阐释模式，二为其关注文明在时间与空间上的相互平衡。

（一）"媒介—文明"阐释模式

20 世纪上半叶的不少学者都对文明问题情有独钟。伊尼斯在其学术生涯晚期，也对此问题投入了巨大精力。与汤因比的研究方式相似，他着力于对宏大模式的探讨。伊尼斯曾说，"我不打算专注于不列颠帝国某些时期或某些地区的微观研究……我要集中研究西方历史上的其他帝国，同时与东方帝国参照，以期抽离出可资比较的重要因素"。② 但二者间的区别也很明显，伊尼斯把历史当作科学实验室，当作研究形态的生命和性质的一整套受控的条件，与汤因比的常规叙述相隔千里。③ 伊尼斯推出了一个因果关系的总体场论，以探求历史的模式，这是一种从叙述转向阐

① 〔加〕哈罗德·伊尼斯：《帝国与传播》，何道宽译，中国人民大学出版社，2003，第10~19页。
② 〔加〕哈罗德·伊尼斯：《帝国与传播》，何道宽译，中国人民大学出版社，2003，第1~8页。
③ "麦克卢汉序言"，见〔加〕哈罗德·伊尼斯《传播的偏向》，何道宽译，中国人民大学出版社，2003，第3页。

释的研究方法。这一方法的精髓就在于透过对不同媒介偏向性的认识，解读出各文明的特性。

如伊尼斯根据对古代两河流域传播材料性质的分析，指出苏美尔及其后文明特征的偏向。他认为，泥板文书使用的晒干泥板确保商务和私人函件不被篡改，并适宜长期使用。然而它笨重，不适合用作远距离的传播媒介，但有利于在人口分散地区的长期保存。另外，楔形文字字体呈三角形，线条长短深浅不一，刻写复杂，书写需要长期训练，需要专门学校。而这些强调语法和数学的学校，又常与神庙有关。作为教育基础的书写受到僧侣的控制，所以书吏、教师和法官在一般的知识和判决中，都把宗教观点视为理所当然，因而有利于神庙组织的延续及宗教控制。①

又如在659年至679年（墨洛温王朝时期），莎草纸开始逐渐被羊皮纸取代。716年后，即加洛林王朝时期，莎草纸已荡然无存。用羊皮纸抄的《圣经》耐用，且易翻检，突出了《圣经》的厚重和权威。伊尼斯认为，正是羊皮纸书使基督教比其他宗教占有了更大优势，适合非集中化的农业经济。此外，羊皮纸这种媒介适合隐修制度从埃及向欧洲传播，使以这种媒介为主导的文明通过该制度而加强知识垄断，为僧侣组织提供了强大动力。教会力量得到充分体现：击败了神圣罗马帝国皇帝腓特烈二世，于1040年到1245年建成了哥特式教堂，产生了马格努斯和阿奎那

---

① 〔加〕哈罗德·伊尼斯：《帝国与传播》，何道宽译，中国人民大学出版社，2003，第25~45页。

的哲学思想。[1]

（二）关注文明在时间与空间上的相互平衡

在伊尼斯看来，时间与空间相互平衡是一种文明良性发展的保证。两次世界大战的惨痛经历，使伊尼斯对西方文明提出强烈质疑和批评，"所谓专注于当下的执着，已经严重扰乱了时间和空间的平衡，并且给西方文明造成严重的后果。西方对时间的延续问题缺乏兴趣……国家感兴趣的始终是领土的扩展，是将文化同一性强加于人民。失去对时间的把握之后，国家情愿诉诸战争，以实现自己眼前的目标"。[2]

有鉴于此，伊尼斯对古代希腊的口头传统极为推崇，认为该传统达到了时间偏向和空间偏向相平衡的理想境界。希腊政治组织注重口头讨论，他们把空间和时间压缩到城邦这种合理的规模，再加上口头传统的灵活性，使希腊人在城邦体制下求得了空间观念和时间观念的平衡。正是这种平衡，保证了雅典城邦在军事、文化等方面的良性发展。[3] 伊尼斯以天马行空的行文风格阐释了其理论体系中最深奥的论点，即口头形态与逻辑论证在观念的互动、交流与变迁中发挥重要作用。他发现，为了使文化保持活力，就必须让不同观点以及争论的双方和平共存，而书写与印刷废止了对话，进而扼杀了整个西方文明的辩证逻辑。在他看

---

[1] 〔加〕哈罗德·伊尼斯：《帝国与传播》，何道宽译，中国人民大学出版社，2003，第125~145页。

[2] 〔加〕哈罗德·伊尼斯：《传播的偏向》，何道宽译，中国人民大学出版社，2003，第62页。

[3] 〔加〕哈罗德·伊尼斯：《帝国与传播》，何道宽译，中国人民大学出版社，2003，第54~75页。

来，15世纪中叶出现的印刷术，因为生产快速、传播范围宽广等特点，加速了民族主义和革命的兴起。19世纪印刷工业的急剧扩张加速了垄断的成长，同时也是为了适应对辽阔地域的控制。如此种种便是媒介偏向空间延伸而忽略时间延续，后果则是对连续性的摧毁，从而导致近现代世界持续动荡。①

伊尼斯凭借其学术创见开创了传播学界内偏重媒介技术作用的多伦多学派。进入20世纪90年代，随着信息社会的到来，媒介技术的快速发展与变革愈发受到关注，西方学术界遂掀起一股重温伊尼斯学术思想的热潮。

没有传播就没有社会，因此，以研究人类社会发展规律为己任的世界历史学没有理由不重视传播现象。由于伊尼斯的理论本身建基于丰富的史料之上，因而对史学研究者而言有某种天然的亲近感，便于对其进行批判吸收。就与之最相近的研究领域——传播史而言，传播偏向理论无疑具有显著的启迪意义。就史学其他领域的研究而言，我们如若对"媒介"作更大范围的理解（譬如建筑亦可被视作一种媒介），那么其"媒介—文明"阐释模式将具有更广阔的用武之地；若对世界历史上许多重大事件、人物作"时间—空间"视角的分析，或可生发出新的富有启示性的结论。

当然，我们也需要指出，伊尼斯的理论存在明显缺陷，即过分放大了传播媒介在人类发展历程中的影响，而未清晰呈现出媒

① 〔加〕哈罗德·伊尼斯：《帝国与传播》，何道宽译，中国人民大学出版社，2003，第171~181页。

介与社会其他因素相互联系的复杂逻辑结构。正如梅纳海姆·布朗德海姆指出的，经典文本之所以值得尊敬，恰在于其潜在的自我更新能力；其启发性功效集中体现为研究者能够从经典文本中不断引申出新的内涵来。① 正是在这个意义上，笔者不揣浅陋，拟尝试在本书中借鉴其理论视角，对 16 世纪英格兰印刷媒介的特征做一分析。

二　主要关注对象

前文已述，彼得·伯克注意到，在有关印刷术重要历史意义的一些讨论中，受到重视的一方面是一些著作家，而另一方面则是如技术这样的非人格因素，但处于两者之间的印刷商往往被忽视。结果，印刷商变成了"无名英雄"。事实上，印刷商在其中发挥着不可替代的重要作用。从投资印刷业到选择印刷的书籍主题，再到雇人甚至亲自翻译和编辑文本，最后到以正常或非正常的方式出售文本，可以说，印刷商的身影无处不在。他们是历史长河中经常不为人注意的一股力量，而正是这股力量，往往能以水滴石穿的方式，带给世人以冲击和改变。因此，本书拟将主要目光聚焦与印刷商有关的人与事上，同时也会观照到与印刷媒介的生产与传播过程密切相关的书商、政府官员、神职人员以及读者，使我们加深对印刷媒介在社会文化变迁中作用的理解，也就是说，印刷媒介及与之产生联系的人们是创造历史的重要力量。

---

① 〔美〕梅纳海姆·布朗德海姆：《哈罗德·伊尼斯与传播的偏向》，见〔美〕伊莱休·卡茨、约翰·杜伦·彼得斯、泰玛·利比斯、艾薇儿·奥尔洛夫编《媒介研究经典文本解读》，常江译，北京大学出版社，2011，第 170 页。

第二章　英格兰印刷业的初创与 15 世纪
后半叶的社会文化

约翰·古腾堡于 15 世纪中叶在德意志地区最先使用的印刷术，是媒介技术领域的一项整体革新，包括金属活字、油墨、纸张及印刷机。此后，欧洲印刷业以莱茵河中游河谷、美因茨及斯特拉斯堡为出发点呈同心圆扩散，覆盖了整个欧洲大陆，最后是整个世界。[①]

15 世纪 60 年代，印刷术传到了意大利、荷兰、瑞士和法国等西欧中心地区；15 世纪 70 年代，印刷术到达了布达佩斯、克拉科夫、巴塞罗那；到了 15 世纪 80 年代，丹麦、瑞典、葡萄牙先后出现印刷作坊；而在 16 世纪，这项技术传播的范围更加广泛：1540 年，印刷术越过大西洋传到了墨西哥，1563 年已到达俄国。[②] 在印刷术的第二个传播期（15 世纪 70 年代）里，威廉·卡克斯顿将这项技术从欧洲大陆带回英格兰，于 1476 年在威斯敏斯特成立了该国第一家印刷所。很显然，与法国、意大利

---

① 〔法〕弗雷德里克·巴比耶：《书籍的历史》，刘阳等译，广西师范大学出版社，2005，第 111 页。

② 〔英〕约翰·费瑟：《英国出版业的创立Ⅰ》，张立等译，《编辑之友》1990 年第 1 期。

等欧洲大陆很多国家和地区相比，印刷术传入英格兰的时间稍有落后。在这一印刷所建立之时，意大利已经有接近五十个城镇拥有了印刷所，而德意志各邦国也有超过二十个城镇经营着这项事业。[①] 但是，值得注意的是，当时遍布欧陆各国的印刷所基本都是在德意志人参与下建立起来的，而卡克斯顿却是地地道道的英格兰人，这无疑是一个特例，也更加凸显了卡克斯顿作为本国人从事印刷业的开创之功，从这个意义上来讲，其被后人尊为英格兰的"印刷之父"也是实至名归。

第一节　卡克斯顿将印刷术引入英格兰

让人稍感诧异的是，留存至今的有关卡克斯顿的文献记录出奇的少。这与我们今天所认识的英格兰"印刷之父"的地位极不相称。这或许也从一个侧面说明，在其同代人及继承者眼中，他并不是一个十分重要的人物。学术界研究卡克斯顿的资料主要倚重由他印制的书籍中所写的"序言"和"后记"，其中包含很多关于他自己的生平信息。利用这些材料，我们方可窥其从事印刷事业的大致面貌。

卡克斯顿自述其出生于英格兰东南部的肯特郡，时间约在 15 世纪 20 年代。在由他印制的《特洛伊历史故事集》（*The Recuyell of the Trojan Histories*）第一版"序言"中，他说：

---

① Colin Clair, *A History of European Printing*, London：Academic Press, 1976, p. 94.

　　我本出生在肯特的旷野中，并在那里学习了英语，当地
与英格兰其他地方一样，都使用着一种粗俗的语言。[①]

　　他在其后印制的《查理大帝》（*Charles The Great*）的"序
言"中告诉我们，他曾进入学校读书。[②] 这一信息表明，他的家
庭应该位居中等阶层，父母希望通过教育来提升子女的社会地
位。在学校里，他具备了基本的阅读和写作能力，而且可以确信
的是，他肯定对拉丁文略知一二，因为此后他曾亲自翻译过不少
拉丁文作品。同时，他或许在学校中学过法语，[③] 这为他后来从
商打下了基础。因为那时商人的信件都要用法文书信体形式书
写，所以，能够较为熟练地运用法文是商人们必须具备的一项技
能。在接受了基础文化课程的学习后，按照当时通常的做法，孩
童便会进入城市当学徒。卡克斯顿依循惯例，成为一个名叫罗伯
特·拉奇的伦敦布商的学徒。这位布商同时也是伦敦布商行会的
重要成员，并曾在 1439 年担任伦敦市长。这件事意义重大，意
味着卡克斯顿可以尽快成为颇有权势的布商行会的一员，而他后
来的事业发展在很大程度上也正是源于这一身份。

　　他在学徒期（延续长达七至十五年）满后，便开始享受布商
行会的种种特权。通常认为，卡克斯顿约在 15 世纪 40 年代正式
成为一名商人，主要与低地国家开展贸易，尤以布鲁日为中心，

---

① Seàn Jennett, *Pioneers in Printing*, London: Routldge & Kegan Paul Limited, 1958, pp. 28-29.

② Walter J. B. Crotch, *The Prologues and Epilogues of William Caxton*, Oxford: Oxford University Press, 1928, p. 96.

③ Norman F. Blake, *Caxton and His World*, London: Andre Deutsch Limited, 1969, p. 21.

而且从 1445 年以后，他便长期在那里居住。经过一段时间的经营，他已成为一名成功的商人，聚集了可观的财富，享有了一定的声望，并于 1462 年成为一个名为"英吉利民族"（English Nation）的商业团体的领袖。

这是他人生的一个重要转折点。英法百年战争后，英格兰采取了与勃艮第联合的策略。当时，勃艮第公爵查理迎娶了英王爱德华四世的妹妹玛格丽特，并使两国商业上的联系十分频繁。卡克斯顿在取得这一职位后，将主要精力放在了英格兰、法国和勃艮第的外交关系上，尤其是经常被派去参加英格兰与勃艮第之间的谈判。因为参与了此类活动，他便有机会与英格兰和低地国家的众多高层人物结识往来，其中就包括他在其"序言"中屡次提及的玛格丽特夫人。更重要的是，作为一名商人，他可以利用这些活动近距离观察贵族们的喜好，从而为他们提供令其心仪的奢侈品，其中或许就已包括了书籍。

卡克斯顿在《特洛伊历史故事集》"序言"中写道：

……后来，我得到一本法语书，读到许多奇异和精彩的历史故事……由于这本新书是不久前以法语出版的，还没有英语版本，我想我应该将它翻译成英语，使英国人也和其他国家民众一样能够分享该书。于是我立刻拿起笔和墨水，开始勇往直前地从事这一工作，并起名为《特洛伊历史故事集》。后来，我意识到自己的这两种语言（英语和法语）都很贫乏，存在很多不足，……于是把这些稿件束之高阁，两年来不再过问，并准备完全放弃。直到有一天，我获得了一大笔财富……玛格丽特夫人……至高无上的领主，勃艮第公爵夫人……让我与她交谈种种事情，其间我谈到了这部作品，她不久便命我将已翻译好的五六页稿子呈给她看；她阅过后，为我指出文字当中的一处错误，令我将其改正，并要求我以严谨的态度继续将未翻译的部分完成；她严肃的命令让我不敢违抗，因为我是她的仆从，每年都从她那里获得年金和其他许多好处，于是便立刻投身此项工作……①

　　这段话说明，他从事翻译出版活动主要是出于玛格丽特夫人的督促和要求，同时也表明，那时他已获得了可观的赞助。另外，他极有可能已经成为一名书商。

　　布鲁日是15世纪西北欧的一座重要城市，除了是纺织品贸易的重要据点外，还是繁荣的手抄本和绘画作品贸易的中心。数量可观的手抄本于15世纪由商人冒险者源源不断地运往英格兰。在英格兰布商公司规章中的一则条目里，包含有低地国家各个制造业中心出产的人造衣料、平纹绉丝织品、缎子、粗斜条棉布、棉方巾等产品，而特别引人注目的是其中专门提到了纸本书。②这项记录可以证明，书籍在当时的贸易中已经占据了一定地位。而卡克斯顿作为布商公司的一名重要成员，很有可能已经开始从

① Seàn Jennett, *Pioneers in Printing*, London: Routldge & Kegan Paul Limited, 1958, pp. 28-29.
② Lætitia Lyell and Frank D. Watney, *Acts of Court of the Mercers' Company*, Cambridge: Cambridge University Press, 1936, p. 118.

事手抄本贸易。进而言之，从售卖手抄本开始，他能够比较容易地成为一名印刷书的生产商和销售商。

至于促使卡克斯顿转向运用印刷技术的原因，他在《特洛伊历史故事集》的第二版中也给出了答案：

……因此完成了第二部《特洛伊历史故事集》。这本书的法文本是由一位受人尊敬的神父拉奥·勒费弗尔从拉丁文翻译而来的；我则是受勃艮第公爵夫人之命，勉励将其翻译成粗陋的英文。考虑到在此之前这两本书还没有英文的版本，所以我非常渴望完成上述工作；这项工作开始于布鲁日，继而在根特，最后完成于科隆，……上帝赋予我创造力以完成了此项工作……在抄写这本书时，我的笔用旧了，手困顿了，眼睛因为长时间注视于白纸而失去了光泽，这样日复一日的劳作使我的身体变得虚弱，又因为我已经答应许多绅士和我的朋友，要尽快送给他们这部书，因此我花费了一大笔钱将此书付诸印刷，正如您现在所看到的这个样式，不像其他书那样用笔和墨水制作，很快每个人都将得到一本。所有故事书……都可在一天之内完成，我将这部书呈送给令人敬畏的夫人……①

这段话的重要之处在于，其明确涉及了印刷事宜。他特别提

---

①　Seàn Jennett, *Pioneers in Printing*, London：Routldge & Kegan Paul Limited, 1958, pp. 28 - 30.

到制作手抄本的艰难过程，费时费力而又难以满足需求。正是在这样的压力下，他选择使用印刷术复制书籍，并强调了这种复制技术的诸多好处，如样式新颖、速度极快，体现出印刷术在时间偏向上与手抄本的显著差异。也正是借助这项技术，他能够很快将书籍呈给公爵夫人，并满足各位朋友的需要。此外，他还向我们透露，他极可能是在科隆学到了印刷技术。①

他在意识到一种新的印刷技术所提供的机会后，便决定在此领域进行投资。1472年底，卡克斯顿偕同助手，带着印刷所需的生产材料离开了科隆，回到布鲁日，开始其印刷事业。他在布鲁日印制的第一部书便是上文提及的由他自己翻译的《特洛伊历史故事集》。这是第一部用英语印制的书籍，标志着英格兰印刷出版业的初创。② 他在那里总共生产了六至七种书籍，除了《特洛伊历史故事集》外，还包括一部带有寓言性的《国际象棋的比赛与游戏》（ *The Game and Playe of Chesse*，1474）。这本书创作于13世纪，作者是皮埃蒙特人雅各布斯·德·塞索里斯。尽管书名如此，但它并不是一部国际象棋教程，而是一部道德教化书，通篇都是关于社会角色和贵族义务的内容。

在布鲁日经营一段时间后，卡克斯顿在1476年下半年，与其助手德·沃德以及其他几个工人，携带着诸多手抄本和印刷

① 关于卡克斯顿学习印刷术地点的讨论，参见 Norman F. Blake, *Caxton and His World*, London：Andre Deutsch Limited, 1969, p. 54；British Museum ed., *Catalogue of Books Printed in the X Vth Century Now in the British Museum*, London：BMGS, 1963, pp. 234-235；Wytze and Lotte Hellinga, *The Fifteenth-Century Printing Types of the Low Countries*, Amsterdam：Hertzberger, 1966, pp. i, 17-24。

② 〔英〕约翰·费瑟：《英国出版业的创立Ⅰ》，张立等译，《编辑之友》1990年第1期。

书、印刷机器和已知的两种字模（二号字模和三号字模），回到
了英格兰。他在威斯敏斯特堂区租下了一间与威斯敏斯特大教堂
紧邻的房子作为印刷作坊，① 并以红色板条为标志。

　　按照当时欧洲大陆的惯例，很多成功的印刷商会选择在重要
的商业中心落脚。身处欧陆多年的卡克斯顿不可能不知道这一做
法，而当时的威斯敏斯特堂区并不在伦敦城内，算不上商业中
心。因此，卡克斯顿选择威斯敏斯特作为其营业地点是颇可玩味
的问题。

　　曾经有观点认为，英格兰职业抄写员的敌意使他不得不在伦
敦城外落户，他们激烈反对引进这项威胁其生计的新技术，但这
样的观点多少带有一些主观臆断的色彩。因为尽管当时在印刷商
和抄写员之间会有零星的对抗，但印刷史已经清楚地表明，二者
之间的矛盾远没有想象的那么大，他们之间更多是相互合作的关
系。印刷书作为新生事物，不论是外部装订方式还是书中字母的
拼写规则，在早期都要与手抄本尽量保持一致，以使买者易于接
受。通常情况下，一位印刷商会任用至少一个抄写员以协助他完
成印制工作。例如，卡克斯顿印刷出版的奥维德《变形记》
（*Metamorphoses*）一书，就是此类合作方式的结晶。因此，说抄
写员反对卡克斯顿进驻伦敦的观点似乎不具有多大说服力。

　　至于卡克斯顿特立独行的选择，可能是出于以下几方面的考
虑。首先，他将印刷所开设在威斯敏斯特，就可以更加接近宫
廷，这样会便于他寻找到富于影响力的赞助人。到 15 世纪时，

---

　　① Colin Clair, *A History of European Printing*, London：Academic Press, 1976, p. 94.

英格兰君主已经不再像爱德华一世及其先君那样带着政府机构到处巡行。当时的国王、内侍和大臣们大部分时间住在威斯敏斯特、伦敦或温莎城堡。由于议会经常在威斯敏斯特举行，威斯敏斯特宫自然也就成了王国的政治中心，自1459年后，议会会议一直在那里召开。所以，英格兰政府各部门也渐渐地在威斯敏斯特的河岸区设立了常务办公室，很多贵族会不时地前往威斯敏斯特。另外，职业诉讼人和商人也是值得卡克斯顿关注的人群。他们前往那里的目的各异，但都是其潜在的顾客。这些顾客会亲自来到印刷所，这就使卡克斯顿不必以其他贸易渠道出售他的书籍。①

其次，他靠近威斯敏斯特大教堂便于印制一些宗教类书籍，有时甚至有可能直接从教会组织那里得到一些差事。当时宗教书籍是印刷业的支柱，《圣经》及各类礼仪用书是基督徒参与教会礼拜仪式的必需品，靠近威斯敏斯特大教堂就意味着更靠近教徒顾客。另外，他还不时得到教会组织的惠顾，如他在英格兰本土制作的第一件印刷品，就是一张为阿宾顿修道院的院长约翰·甘特印刷的免罪书。②

此外，还有其他一些原因促成了卡克斯顿的选择。例如，很多资料表明，当时有不止一位名叫卡克斯顿的人居住在威斯敏斯特附近地区。③ 这些相同姓氏的人有可能与卡克斯顿存在血缘关

① Norman F. Blake, *Caxton and His World*, London：Andre Deutsch Limited，1969，p. 80.

② 〔英〕约翰·费瑟：《英国出版业的创立Ⅰ》，张立等译，《编辑之友》1990年第1期。

③ E. H. Pearce, *The Monks of Westminster*, Cambridge：Cambridge University Press，1916，p. 165. 此外，威斯敏斯特地区至今仍保留着以"卡克斯顿"为名的街道。

系，因此，卡克斯顿选择那里也有投亲的因素。总体而言，卡克斯顿的决定受前两个因素影响为最。从这里也不难看出，虽然卡克斯顿从事着在后人看来极为重要的文化事业，但从其本人的根本出发点来说，商人显然是他所有身份中最显著的底色。

若将卡克斯顿视作商人来考虑他从事书籍产业的缘由的话，我们可以说，英格兰印刷业正是受到当时资本主义工商业逐渐繁荣的触发而出现的，即印刷业的发展本身便是社会经济变迁的结果。同时，从其生产与售卖的角度来看，印刷书的出现也并非如很多学者强调的是一场突如其来的"传播革命"，而更多的是一种手抄本的有机延续。印刷书的生产效率当然比手抄本高效快捷，但在内容和形制上，手抄本与印刷书在相当长一段时期内并不是替代关系，而是相互补充、相互叠加的竞合关系。

第二节　印刷业初创时期书籍内容的编选

从卡克斯顿个人的叙述中，我们可以知道，玛格丽特夫人是他从事这一行业的重要赞助者和保护人。流于当时的习尚，他也受到权势人物的余荫庇护。正是他与宫廷贵族的这种联系，为其整个印刷出版事业奠定了基调，即着力生产符合王公贵族口味的作品。

关于卡克斯顿回国后印制书籍的种类，有学者根据书籍的功能及其服务对象，将其分为两大类，一是宫廷类，二是应用类。①

---

① Norman F. Blake, *Caxton and His World*, London: Andre Deutsch Limited, 1969, p. 80.

宫廷类印刷品，顾名思义，主要是为满足英格兰王室贵族需要而
生产的书籍产品；而应用类印刷品，则是基于商业目的而为王室
贵族之外的特定顾客所做的产品，一般具有更实际的用途，同时
也拥有更广阔的市场。例如，专门出售给律师的各类法令条文，
特为神职人员准备的《圣诗集》《每日祈祷书》等宗教书籍，为
商人和学生提供的《词典》等词汇工具书，还有一些则是人文主
义作品。在上述两大类产品中，尤以宫廷类书籍最引人注目。

　　卡克斯顿在其印制的很多书籍的"序言"和"后记"中告
诉我们，他愿意用力向英格兰贵族引介的，是以一种优雅的文风
所写的作品，并且为欧洲大陆贵族所认可。而且，这些作品的成
书年代最好不要太过久远，这样似乎更容易得到英格兰宫廷的喜
爱。① 依此思路，卡克斯顿将大量精力倾注于翻译事业中。

　　他特别崇尚勃艮第的法语文学。当时，法语在欧洲文化中享
有极大的特权，而勃艮第宫廷又被认为是欧洲北部最有文化品位
和时尚色彩的地方。此外，英格兰宫廷与勃艮第宫廷之间有着长
久的联系纽带，除爱德华四世的妹妹（玛格丽特夫人）嫁给查理
公爵外，爱德华四世的王后伊丽莎白·伍德威尔也与勃艮第家族
有联系。在这样密集的交往中，英格兰在骑士制度和宫廷礼仪方
面深受其影响。正是因为勃艮第宫廷的这种特殊地位，所以卡克
斯顿在制作《特洛伊历史故事集》的法文版时，特别强调是专为
"好人"菲利普公爵（Duke Philip the Good）制作的，而他的英
文翻译版本则是在玛格丽特夫人赞助下完成的。同样，由卡克斯

---

① 　Norman F. Blake, *Caxton and His World*, London: Andre Deutsch Limited, 1969, p. 67.

顿出版的《伊阿宋的故事》（*The History of Jason*）出自拉奥·勒费弗尔（Raoul Lefèvre）之手，拉奥·勒费弗尔曾经担任过菲利普公爵的秘书，与勃艮第有特殊的渊源。卡克斯顿后来出版的《热忱》（*Cordial*）一书的法语版本是由若昂·麦尔洛（Jean Mielot）根据拉丁文本翻译而来的，他也曾是菲利普公爵的秘书。而《论武艺》（*Feats of Arms*）的作者克里斯蒂娜·德·皮桑（Christine de Pisan）在勃艮第和法国宫廷都极受欢迎，她曾将很多作品献给勃艮第公爵。卡克斯顿的另两部翻译作品《死亡艺术》（*Art of Dieing*）和奥维德的《变形记》也与当时已经在欧洲大陆印行的法文本有着紧密联系。另外，卡克斯顿翻译《塔楼骑士》（*Knight of the Tower*）所用的手抄本得自菲利普公爵的图书室，而卡克斯顿用过的其他法语手抄本也可能与勃艮第有联系。[①]总之，卡克斯顿的大量翻译作品的源头可追溯到勃艮第。

当时，头韵体[②]风格在宫廷中已经不再流行，人们更加推崇的是乔叟式风格。为顺应此种风潮，卡克斯顿印行的诗歌作品主要出自乔叟（Geoffrey Chaucer）、高尔（John Gower）和利德盖特（John Lydgate）之手。在 15~16 世纪，他们被认为是形成宫廷诗歌风格的三大诗人，多为宫廷赞助人进行创作，并吸收了当时流行的外国模式。[③]

乔叟一生的诗歌作品很多，其中最为著名的是他晚年以诗体

[①] Norman F. Blake, *Caxton and His World*, London: Andre Deutsch Limited, 1969, pp. 67-68.

[②] 一种英语语音修辞手段，指两个单词或两个单词以上的首字母相同，形成悦耳的读音。常见的押头韵的短语有 first and foremost 等。

[③] Norman F. Blake, *Caxton and His World*, London: Andre Deutsch Limited, 1969, p. 71.

写成的《坎特伯雷故事集》（*The Canterbury Tales*）。该故事集主要使用英雄双韵体①创作而成，是展现当时英格兰社会的一幅全景图像，在英国文学史上享誉甚隆。乔叟诗作在15世纪后半叶的英格兰受到了人们的极力推崇，市面上流通着多种该作品的手抄本。卡克斯顿回到英格兰后不久，便以敏锐的嗅觉体味出了当时流行文学的趋势，并着手将乔叟的这部作品付诸印刷。

《坎特伯雷故事集》的第一版（372页）没有标明日期，但可能完成于1476年。几年之后，卡克斯顿又出了第二版。在第二版"序言"中，卡克斯顿首先热情赞颂了乔叟对英语发展的巨大贡献，随后指出了第一版的许多不足。他写道，因为很多手抄本要么是被删节的，要么被添加了额外的诗作内容，所以准确性大打折扣。第一个版本便是根据一部不尽完善的手抄本付印的，结果遭到一位绅士的抱怨，认为其版本质量偏差，并向他提供了一部较好的版本。他强调再次付印的是一部《坎特伯雷故事集》的新版本，已经做了"认真的检查和适当的检视"，准确复制了乔叟的原作，而且还配上了新颖的木版画。② 尽管有学者认为他对手抄本的质量几乎没有形成自己的独立判断，③ 但不可否认的是，卡克斯顿虚心听取他人意见，及时采用了较好的原本，为乔叟作品流传后世做出了贡献。

除了《坎特伯雷故事集》外，卡克斯顿还印制了乔叟的

---

① 由十音节双韵诗体演化而来，每行五个音步，每个音步有两个音节，第一个是轻音，第二个是重音。句式均衡、整齐、准确、简洁、考究。

② Walter J. B. Crotch, *The Prologues and Epilogues of William Caxton*, Oxford: Oxford University Press, 1928, p. 121.

③ Norman F. Blake, *Caxton and His World*, London: Andre Deutsch Limited, 1969, p. 71.

《声誉之宫》（*House of Fame*）。他将诗人的名字放在诗歌开头的显要位置，冠之以"杰弗里·乔叟所做的著名篇章"。这样做显然是想借助乔叟的名声吸引更多顾客。不过，不知是卡克斯顿所用的手抄本有缺陷，还是乔叟原本就没有完成这部诗作，他所依据的原作大概缺失了六十行。为了处理此问题，他决定由自己创作十二行韵律诗歌作为全文的结束。[①] 因此，这部乔叟作品的印刷本中夹杂着相当一部分卡克斯顿创作的内容。从这里我们可以看出，当时的印刷商似乎并没有忠实印制并传播作品的职责，而喜欢直接在作品内容上渗入自己的影响。

　　高尔是与乔叟同时代的作家，而且两人是朋友，但高尔的文学才能直到其去世后很长时间才被人们发现。有评论认为，他无论是在语言的流畅性、风格的多样性还是在叙事的技巧性方面都可与乔叟相匹敌。高尔的英语诗歌《恋人的忏悔》（*Confessio Amentis*）创作于 14 世纪 80 年代后期，这首诗的题材是集娱乐和教诲于一体的"喜剧性"混合物，而不是纯粹的预言性警示作品，因此非常符合王公贵族的阅读品位，卡克斯顿于 1483 年将其印行出版。

　　其他诗人的作品也未受冷落。如卡克斯顿将利德盖特的《玻璃宫殿》（*Temple of Glass*）、《骏马、绵羊与天鹅》（*Horse, Sheep and Goose*）以及本尼迪克特·巴罗（Benedict Burgh）翻译的《加图》（*Cato*）等一系列诗歌作品送上印刷机。此外，卡克斯顿的宫廷类作品还包括不少直接出自王室贵族之手的作品，如里弗

---

① Norman F. Blake, *Caxton and His World*, London: Andre Deutsch Limited, 1969, p. 75.

斯伯爵（Earl Rivers）翻译的《哲学家箴言录》（*Dicts or Sayings*）、伍斯特伯爵（Earl of Worcester）的《贵族宣言》（*Declamation of Noblesse*）等。

总之，他生产的勃艮第宫廷文学作品与英格兰中世纪文学家的经典作品，一方面迎合了15世纪下半叶英格兰宫廷的阅读品位，接受并进一步顺应了那一时代流行的文学观念，深深影响和巩固了宫廷文化自身的形成与发展。同时，这些作品也为把中世纪英格兰文学传统传播给文艺复兴时期的作家做了准备。① 另一方面，勃艮第和尼德兰常常是人文主义"新知识"传输的中介地区，卡克斯顿大力印制的那些具有勃艮第宫廷色彩的作品，虽然很难用"人文主义"概括，但它们对人文主义也不是没有一点推动作用。

在卡克斯顿的第二类（即应用类）印刷品中，其宗教书籍与当时流行的手抄本书籍没有多大区别，但由于制作工艺不同，从而满足了更多普通人群日常宗教生活的需要。而对于当时在欧洲大陆已经蔚然成风的人文主义书籍，卡克斯顿虽投入了一定精力，但还是相当有限。人文主义者的典型活动是编辑制作拉丁语和希腊语文本，将希腊语著作翻译成拉丁语，旨在恢复和复兴古代的知识与修辞、古代用语的纯洁以及古代论辩的技巧。这便促使人文主义者去寻找在中世纪被忽略或被遗忘的古典作品，或者找到比中世纪更好的文本。英格兰在14世纪已经存在一些人文主义研究活动，开展活动的人员中很多是男修道士。1445年，奥

---

① 〔英〕约翰·费瑟：《英国出版业的创立Ⅰ》，张立等译，《编辑之友》1990年第1期。

古斯丁教团教士奥斯本·勃根汉姆（Osbern Bokenham）为约克公爵理查德生产了少量克劳迪安（Claudian）作品的英语版本。①另外，在 15 世纪，人文主义在英语文学中已经有所表露。不少英格兰人前往意大利带回一些新观念，而很多意大利人也来到英格兰。②

　　长期身处欧洲书籍生产和贸易的中心，卡克斯顿肯定对"新知识"有了粗浅的了解，因为他曾经印刷过数本深受"新知识"启发的学者的书，如洛伦佐·特拉弗萨尼（Lorenzo Traversagni）的《新修辞》（*Nova Rhetorica*）及其缩略本（*Epitome*）（1480年），以及一位意大利人文主义者皮埃特罗·卡米利亚诺（Pietro Carmeliano）的《六信件》（*Sex Epistolae*）（1483 年）。实际上，很少有英格兰人关注《六信件》一书的主题，即威尼斯和教皇的争端，因此，卡克斯顿是将其作为文雅的外交问题范文而非新闻作品印刷的。当然，其中也含有影响国家外交政策的目的。③ 此外，波吉奥·布拉乔利尼（Poggio Bracciolini）也引起了卡克斯顿的关注。例如，在《加图》（1484 年）一书中，卡克斯顿提到这位具有国际声誉的文学家拥有一间巨大的藏书室，而根据他的说法，该书被认为是这座藏书室中最好的书。④ 同时，卡克斯顿

---

① D. N. Bell, *What Nuns Read: Books and Libraries in Medieval English Nunneries*, Kalamazoo: Cistercian Publications, 1995, pp. 245-246.

② Roberto Weiss, *Humanism in England During the Fifteenth Century*, 2nd ed., Oxford: Blackwell, 1957, p. 58.

③ Elisabeth S. Leedham-Green, "University Libraries and Book-sellers", in Lotte Hellinga and J. B. Trapp, eds., *The Cambridge History of the Book in Britain*, Vol. 3, 1400 - 1557, Cambridge: Cambridge University Press, 1999, p. 336.

④ Walter J. B. Crotch, *The Prologues and Epilogues of William Caxton*, Oxford: Oxford University Press, 1928, p. 152.

在他的《伊索寓言》（Aesop）（1484 年）中还纳入波吉奥·布拉乔利尼的《诙谐集》（Facetiae），① 这表明卡克斯顿对这位人文主义者十分推崇。

卡克斯顿的作品中还有不少英格兰人文主义者的翻译之作。例如，他曾制作过 15 世纪后半期在人文主义思想方面享有盛誉的伍斯特伯爵的翻译作品，其中包括西塞罗的《论友谊》（De amicitia）。从 1487 年开始，他将目光转向学生的拉丁语法书籍市场，因为学习拉丁语通常也被认为是广义上的人文主义实践领域。他先后印制了安东尼奥·曼奇尼利（Antonio Mancinelli）的《初级语法》（Rudimenta Grammatices）以及一部多纳图斯（Donatus）语法书的改编本。

虽然卡克斯顿对人文主义作品有所涉猎，但其所生产的人文主义书籍的种类和数量，与他当时在印刷出版界的地位还是有些不太相称。有学者指出，他在所有书籍中只字未提当时英格兰著名的人文主义者约翰·冈索普（John Gunthorpe），而此人当时是爱德华四世的王后伊丽莎白·伍德威尔的秘书，与王室关系密切。对于卡克斯顿这样经常仰赖宫廷惠顾的商人来说，时常在这一狭小圈子内活动，不可能没有见过他。卡克斯顿之所以没有提及，大概是因为他的名字无助于提升其书籍的档次。这反过来也证明，相比于传播学术事业而言，他更注重书籍的销售，亦即，他本人对学术的兴趣相当有限，他与"新知识"的关联主要还处

---

① Norman F. Blake, *Caxton and His World*, London：Andre Deutsch Limited, 1969, p. 198.

在商业层面上。[①] 因此，卡克斯顿没有印制过拉丁语或希腊语原始文本，其产品基本是经过修改或翻译的文本，结果使得英格兰没能制作出任何经典作品的初版。在这方面，包括历史学家爱德华·吉本在内的很多后世英国人都对卡克斯顿有所责备。[②] 相比而言，卡克斯顿同时期的竞争对手则在印制人文主义书籍方面下了更大功夫，但由于制作拉丁文本的策略失败，他们的印刷事业都没有延续多长时间。

就在卡克斯顿成立印刷所后不久，便有一位名叫西奥多·鲁德（Theodore Rood）的科隆人在牛津成立了一家印刷所（1478年）。鲁德或是应牛津大学的邀请，或是出于商业利益而来到此地。在 1485 年印制的《法拉利斯书信》（*Epistles of Phalaris*）的末页，有一首拉丁文诗歌形容他"自科隆派遣而来"。[③] 由于当时在科隆有很多实业人士投资于印刷书的生产和贸易领域，这类资本拥有者或财团很可能直接资助他来到牛津开创印刷业。

在鲁德的书籍产品中，已知产自牛津的共有十七部，学者们通过字体可以辨认出它们是一个前后相继的整体。[④] 鲁德在 1479 年印制了一部亚里士多德《伦理学》的拉丁文本，这是在牛津出品的第一部人文主义作品。此后，这家印刷所积极投入一场正在英格兰掀起的拉丁语法的教学变革中。第一部用英语写成的拉丁语法书便是在这里印行的，时间大约为 1481 年。从现今

---

① Norman F. Blake, *Caxton and His World*, London: Andre Deutsch Limited, 1969, p. 199.

② Norman F. Blake, *Caxton and His World*, London: Andre Deutsch Limited, 1969, p. 205.

③ Colin Clair, *A History of European Printing*, London: Academic Press, 1976, p. 97.

④ Harry Carter, *A History of the Oxford University Press*, Oxford: Clarendon Press, 1975, p. 4.

保留下来的一些书籍残片，如约翰·斯坦布里奇（John Stanbridge）所著的语法书《初级语法长编》（*Long Parvula*）的残片中可以看出，当时的教师和学生已经开始使用更为晚近的拉丁语法作品。而中世纪的学校用书，如多纳图斯的《文法初探》（*Arts minor*）和亚历山大·加卢斯（Alexander Gallus）的《文法论》（*Doctrinale*）已经开始受到挑战。

牛津的第二本语法书大概完成于 1483 年。该书留存至今的有两个版本的残片，一个有六页，另一个则有四十二页，而且，有学者发现后来还印制了该书的完整版本，于 1489 年在丹佛特制作。① 这部语法书用拉丁语写成，但每个标题都配有英语译文。此外，印刷所还附带出售一部同在牛津印刷的语法书版本，取名《泰伦斯通俗本》（*Vulgaria Terentii*）。这是从泰伦斯（Terence）剧本中采撷而来的句集，配有翻译成英语的一个古典拉丁文对话短语精选集，这个集子后来在伦敦被重印了七次。该书对于大学生在学院学习拉丁语以及男孩子们在文法学校学习拉丁语皆有助益。除上述语法书外，牛津的印刷所还制作过一部语法学习的重要书籍，即《语法纲要》（*Compendium*）。尽管其中有一些内容采自古典时期之后一些语法学家的词句，但大部分收录的是人文主义者尼古拉斯·佩罗蒂（Nicholas Perroti）的作品。该书以一流的古典作家作品为基础进行编排，它的印行表明，牛津已经深受具有现代气息的人文主义的影响。②

---

① British Museum ed., *Catalogue of Books Printed in the XVth Century Now in the British Museum*, London：BMGS, 1963, p. 51.

② Harry Carter, *A History of the Oxford University Press*, Oxford：Clarendon Press, 1975, p. 9.

在鲁德的另外十几部书籍产品中，尚有不少开英格兰风气之先的作品。如西塞罗的演讲录《提图斯·米洛辩护词》（*Pro T. Milone*）便是由鲁德的印刷所首次承印的，还有人文主义者弗朗西斯科·格里佛里尼（Francesco Griffolini）的《法拉利斯书信》。到了 1485 年，他又印刷了另一本学生课本，其中附有格里佛里尼的意大利同道卡利里亚诺写的一篇序言。从 1483 年开始，鲁德曾和一个英格兰人托马斯·亨特（Thomas Hunte）合作印制了十多部书籍，而最后一部是约翰·莫克（John Mirk）的《节日书》（*Liber Festivalis*）（1486 年）。这本书只印有亨特的名字，鲁德显然已于之前离开了英格兰。

　　总体来说，当时牛津大学对"新知识"有着较为强烈的需求，拉丁语是学校的一门重要课程。鲁德的印刷所尽管不隶属于大学，但可以在良好的人文环境下为大学提供服务。那些受人文主义启迪的作家，如安维凯尔（John Anwykyll）和斯坦布里奇，都是借助印刷机才具有了巨大影响力，而且也可以使拉丁语更加成熟统一，从而为这种承载欧洲传统知识的语言提供了一种规范。

　　实际上，鲁德在牛津大学从事印刷活动不是偶发行为。欧洲许多大学印刷所都深受科隆印刷业（与学校联系密切）的影响，如 1470 年索邦便有了印刷所，为法国印刷业之肇始。而尼德兰东部的第一批印刷所也与高等学校联系紧密，这些最早的印刷所都在大量印制拉丁语语法书籍。① 可以说，鲁德从事印刷业的这

---

①　British Museum ed., *Catalogue of Books Printed in the XVth Century Now in the British Museum*, London：BMGS, 1963, p. IX.

一方式，更加符合欧洲印刷业初创时期的惯常模式。至于鲁德印刷所的神秘消失，人们一般认为是商业失败导致其无法继续维持经营。当时英格兰对书籍贸易的管制较为宽松，书籍又是传统的进口项目，政府允许外国商人携书入境，国王和议会也鼓励外国人在本地售书，同时还允许他们参与制作，而将保护弱小的本地书籍产业抛诸九霄云外。①

　　在鲁德开办印刷所之后不久，一位从事教师职业的匿名印刷商主要于 1479~1486 年在圣阿尔班（St Albans）开展印刷业务。位于圣阿尔班的本笃会修道院是几个世纪以来手抄本的生产中心，它有一个规模很大的图书馆，并且还开办有一所非常成功的学校。在这里成立的印刷所是英格兰第二家地区性印刷所，创办人曾被卡克斯顿的继承人德·沃德称为"圣阿尔班唯一的印刷师傅"。② 这里使用的字模与卡克斯顿的非常相近。出自这位印刷师傅之手的第一部书是奥古斯丁·达图斯（Augusinus Datus）的修辞学著作，但没有标明日期，可能印刷于 1479 年或 1480 年。圣阿尔班印刷所出品的第一部注有日期的书是特拉弗萨尼的《新修辞》（卡克斯顿也印刷过此书），紧接着的四部书可能是为修道院学校印制的学术类作品。从成立到 1486 年的七年间，圣阿尔班印刷所总共生产了九部作品，包括两部为世俗市场生产的英语著作。由于圣阿尔班的这位印刷商的职业是教师，显然是个印刷事务的业余爱好者，而没有真正的商业兴趣，所以生产规模始终

---

① E. Gordon Duff, *A Century of English Book Trade*, London：The Bibliographical Society, 1948, pp. IX - XIII.

② Norman F. Blake, *Caxton and His World*, London：Andre Deutsch Limited, 1969, p. 200.

有限，也没有同伦敦的印刷商展开过竞争。此后，圣阿尔班仍然断断续续印制一些书籍，一直维持至 1534 年。①

而另一位外国侨民，即著名的约翰·莱托（Johannes Lettou），可能来自立陶宛，是应一位名叫威廉·威尔科克（William Wilcock）的商人之邀而到达伦敦的，并于 1480 年在伦敦城内建起了自己的印刷所。与前两家毗邻学校而建的印刷所相比，莱托承印的人文主义作品相对较少，而主要以宗教、法律文献为主。他的印刷所印制的第一个产品是一份赎罪书，旨在号召人们共同抵御土耳其人的威胁，而且与卡克斯顿印制的版本一模一样。此外，他也制作了一些学校教育方面的书籍。值得注意的是，莱托的产品在技术上领先于卡克斯顿，他是在英格兰第一位运用一页双栏排版方式的印刷商。同时，他所使用的活字比卡克斯顿的活字更小巧，因此更适于印制赎罪书这类产品。或许正是这个原因，促使卡克斯顿在其职业生涯后期也开始使用小巧的四号活字。②

大约在 1482 年，莱托与来自佛兰德斯的威廉·德·马赫林尼亚（William de Machlinia）开始合伙经营。两人合作出品了第一部法律文献《租佃法令集》（Tenures）的印刷本。这是一部英格兰习惯法印刷品，不但开启了近代早期英格兰印刷业中利润最为丰厚的印刷品类，而且打破了常年由欧洲大陆印刷的罗马法印刷品的垄断地位。紧接着，莱托和马赫林尼亚在同年又印制了

① Colin Clair, *A History of European Printing*, London: Academic Press, 1976, p. 104.

② Colin Clair, *A History of European Printing*, London: Academic Press, 1976, p. 97.

1327～1483 年法令的节略本，后由马赫林尼亚在 1484 年或 1485 年印制了全文。此外，他们出售的年鉴，实际上就是一部 1482 年习惯法案例汇编。在短短的几年内，也就是距英格兰开创印刷业不到 10 年的时间里，英格兰的法律精选本就得以印行而可供使用了。[①] 据统计，他们总共出品了五种法律书籍，但大都没有标明日期，此后，莱托便神秘地消失于印刷史的各类记载中，而马赫林尼亚则在搬到伦敦舰队街新址后，继续经营了一段时日。马赫林尼亚单独制作的文本包括用法律法语（Law French）印刷的理查三世的第一个法令（约 1484 年），深具历史意义。[②] 1486 年，他又翻译并印制了教皇英诺森八世允许亨利七世与约克的伊丽莎白结婚的敕令，而正是这一婚姻结束了约克家族与兰开斯特家族长期的敌对状态。[③]

总之，地处牛津和圣阿尔班的印刷所都只延续了不长时间，而来自欧洲大陆的印刷商莱托，于 1482 年与人合伙经营后不久便销声匿迹。[④] 在了解了其他印刷商生产人文主义书籍的情况后，我们便可更好地理解卡克斯顿做出的经营选择。诚如上文所言，卡克斯顿肯定已经知晓风行于欧洲大陆的经典作品，以及随后在英格兰成立的这些印刷所，而且他肯定也明白制作这些书籍的许多印刷所在经营上都不怎么成功。在这一时期，从严格意义上能称为人文主义者的英格兰人还非常少，尽管这些新观念在英格兰

---

① 〔英〕约翰·费瑟：《英国出版业的创立 I》，张立等译，《编辑之友》1990 年第 1 期。

② J. H. Baker, *Readers and Reading in the Inns of Court and Chancery*, London: Selden Society, 2001, pp. 423-424.

③ Colin Clair, *A History of European Printing*, London: Academic Press, 1976, p. 99.

④ Norman F. Blake, *Caxton and His World*, London: Andre Deutsch Limited, 1969, p. 212.

已逐渐为人所知，但直到 15 世纪末仍然没有特别大的影响。相比于意大利，可能英格兰人更多关注的是勃艮第。如果卡克斯顿以印刷人文主义经典作品为主业，那么，就既要在本土与海外图书展开竞争，又要设法将书销往欧洲大陆，这显然要承受巨大的投资风险。因此，他更愿意印制那些已经在欧洲大陆非常流行的作品，并全部使用英语印制，以保住他在英语市场里的资本投资。换言之，如果他采用了生产经典作品的策略，他便不一定是英格兰印刷业的第一人了。因为那样的话，他返回英格兰是没有任何商业优势可言的。在布鲁日，他可以更加容易地获得经典作品文本，并且也便于向欧洲大陆的广阔市场销售其产品。① 我们无从得知是上述全部因素还是部分因素在卡克斯顿那里发挥了作用，但是，因为他是个商人，他首先要考虑的是不同种类书籍的经济利益。总体来说，在 1500 年以前，卡克斯顿、鲁德、圣阿尔班印刷商以及外侨莱托、马赫林尼亚总共印制了一百五十余部作品，而细数下来只有九个主题（大多数还是学校课本）十五种版本可以称为古典或人文主义作品。② 因此，15 世纪后半期在英格兰本土印制的人文主义书籍的数量是不太显著的。当然，这并不意味着英格兰人对人文主义思潮没有兴趣，他们对这一类型书籍的需求主要依靠从欧洲大陆进口。

① Norman F. Blake, *Caxton and His World*, London：Andre Deutsch Limited, 1969, p. 215.

② D. R. Carlson, *English Humanist Books：Writers and Patrons, Manuscript and Print*, 1475-1525, Toronto：University of Toronto Press, 1993, p. 135.

第三节　卡克斯顿与英语的演变

卡克斯顿的印刷经营策略主要瞄准英语阅读人群，大力印制英语书籍，而几乎不涉足当时很多印刷商所属意的拉丁文著作。从商业角度来说，这种做法体现了卡克斯顿独到的眼光，因为他深知那些拉丁文经典是欧洲大陆诸多成功印刷所的王牌产品，每年都有大批该类印刷品源源不断地被运入英格兰国内，作为起步较晚、规模较小而技术也较为落后的印刷企业，卡克斯顿的印刷所是无法与其展开竞争的。正是因为卡克斯顿专注于英语作品的印刷出版，所以他与英语的关系便较当时的其他印刷商更为密切。同时，卡克斯顿还是一位勤奋的翻译家，在英国文学史上占有独特的地位。他在《百科全书》的"序言"里说："那种正在形成的英语，在各个郡是不一样的……我把这本书的规模压缩一下，翻译成我们的英语，不是用我们粗俗的语言，也不是用奇特的语言，而是用我们大家都能够理解的语言……"[1] 因此，不论是语言史家还是印刷史家，都极为重视作为印刷商和翻译家的卡克斯顿在英语发展演变过程中的作用。总括已有的相关研究，笔者认为可将卡克斯顿印刷品对英语的影响概括为以下两个方面。

首先，卡克斯顿通过印制大量英语著作而使英语拼写法得到逐步规范，尤其是有力推动了伦敦方言压倒其他各地方言，最终成为"标准英语"。

---

[1]　G. M. Trevelyan, *English Social History*, New York：Longmans, Green & Co., 1942, p. 82.

在 15 世纪的英格兰，修道院的缮写室已经不是手抄本的唯一生产者，当时的手抄本也在雇有职业抄写员的抄写铺里被大量制作。这些抄写铺规模不等，有些是雇用一两人的小店面，有些则是人数众多的大作坊，竭力为贵族市场生产精装本的英语作品，主要以乔叟、利德盖特和高尔的作品为主。这些生产组织有一个重要特点，即都是根据当地的标准甚或使用一个家族的文体来抄写作品。正是由于缺乏统一标准，今天的人们通过对其拼写特点的观察分析，便可判断出某个手抄本出自某地或某个生产商。这样的家族文体并不是非常稳定的，但是大多数抄写员需要遵循此例，按照某种特定的拼写法进行誊抄。① 这说明职业抄写员在抄写时便已逐渐发展出了某种语言标准，但因为各自遵循的方法不一而足，因此当时呈现在读者面前的拼写法是极其多样的。

当印刷术出现以后，上述情况便有所改观。从理论上来讲，当一个印刷所根据一种大体相同的文体生产出大量拼写完全相同的印本之后，自然会有助于字母拼写同一性的形成。在 15 世纪后半期的伦敦，其方言业已崭露头角，影响力日渐壮大，这使得抄写员也必须向这种语言习惯靠近。卡克斯顿身处伦敦地区，他所依凭的手抄本肯定大多来自该地。事实上，当时卡克斯顿的确与很多这样的抄写铺和修道院缮写室保持着较为密切的商业往来。② 人们在他的印刷文本中，经常可以找到按照当时英语流行

---

① Norman F. Blake, *Caxton and His World*, London: Andre Deutsch Limited, 1969, p. 173.

② Norman F. Blake, *Caxton and His World*, London: Andre Deutsch Limited, 1969, p. 173.

趋势拼写的某些特定词汇，如《坎特伯雷故事集》和一些诗歌作品中的用法即是如此。这表明，他更愿意采用已经在伦敦地区得到发展的正字法。因此，我们有理由认为，鉴于印刷书在流通数量和范围上的可能性，卡克斯顿印制的大量带有伦敦方言特征的书籍，为伦敦话逐渐压倒其他地方方言而成为"标准英语"贡献了力量。值得一提的是，马洛里的《亚瑟王之死》本是根据诸多法语和英语版本改编而成的，经作者加工而将当时各种各样的英语拼写法混而为一，这部书一经卡克斯顿印行，即对英语拼写法的进一步成熟完善自然形成一种强有力的推动。从这个角度而言，印制该书意义重大，甚至印刷该书的年份（1485 年）亦被视为英语发展史上划时代的分水岭。

当然，我们也不应过高估计卡克斯顿在统一正字法上的作用。由于卡克斯顿的语言学知识被认为只有初级水平，[1] 而且当时人们对拼写法没有显现出多少兴趣，仍然习惯于追求各自独特性的策略，卡克斯顿自然不会非常看重这个问题。他本可以利用印刷在技术上的优越性，在更高层次上进一步推动英语拼写法的

---

[1] 对卡克斯顿自身语言水平的总体评价历来说法不一，甚至大相径庭。这种分歧在 19 世纪的传记作家的论述中体现得最为明显。例如，布莱德曾写道："作为一个语言学家，卡克斯顿无疑是卓越的。就他的本国语而言，尽管他进行了自我贬抑，但他似乎是一个专家。他的书面文字，以及其翻译作品的文体，堪与利德盖特、高尔、里弗斯伯爵、伍斯特伯爵以及其他同时代的作家相媲美。"凯尔纳也认为，他是 15 世纪的一位优秀而自由的翻译家，他的文风并不比他那个时代最伟大的散文家皮科克差多少。现代读者之所以认为他的风格有些笨拙，那是因为他文字中有太多的重复，尤其是同义反复。但大部分不规则的用法不应仅仅归咎于他，而是他那个时代所有作家的通病。但就第一本英语印刷书《特洛伊历史故事集》的语言来说，从前也有很多学者认为，卡克斯顿的"粗俗英语"可能是由于他长期身处海外而在某种程度上使自己的母语"生了锈"，而他的法语知识也肯定是非常肤浅的；有人甚至根据那部书的英语水平，怀疑卡克斯顿是否是英格兰人。参见 Norman F. Blake, *Caxton and His World*, London: Andre Deutsch Limited, 1969, p. 186。

统一，但从他印制的诸多作品来看，拼写多样性的特色依然显著。例如，在译著中，他常常受到原始材料的影响，在不同场合出现的同一单词分别夹带有荷兰语、法语和英语等不同的拼写习惯。到其继承人德·沃德的时代，印刷所出品的英文书籍显示出比卡克斯顿时代更高的标准化水平。尤其是在两位印刷商都承印过的《列那狐的故事》（*Reynard the Fox*）中，可以明显感到德·沃德版本的英语拼写更加统一。这种区别表明，在卡克斯顿之后的十多年间，英语拼写法的规范性已经有了长足的进步。由此也可看出，印刷书推动语言的同一性和标准化不可能一蹴而就，它注定是一个漫长而渐进的过程。

其次，卡克斯顿通过印制大量英语作家的原作和译作，以及用英语创作序言和后记而增加了英语词汇，丰富了英语的表达方式。

有学者在深入研究了卡克斯顿的作品后，发现其个人词汇量非常有限。他自己的单词库本身主要是些日耳曼语词汇，而且如果不依靠英语原始材料帮助的话，将不会为英语引入多少新词。[①]但是，由于他频繁向英语作家借用词汇来提升他的文体风格，因此，其词汇量开始迅猛增加。他特别善于借鉴和模仿，在自己创作的序言和后记中，经常喜欢借用英语原作中的一些词汇以表达某些特定概念。他的这种做法可谓非常典型，例如"简洁地"（compendiously）一词便是最早的例证，这个词原先出现在利德

---

① M. Donner, "The Infrequency of Word Borrowings in Caxton's Original Writings", *English Language Notes*, Vol. Ⅳ, No. 2, December 1966.

盖特的诗作中，用以形容文体的特色，[①] 后被卡克斯顿用在自己的文字中。此外，他很可能还从利德盖特那里借用了"美丽的"（fair）、"良好的"（well）以及"粗鲁的"（rude）等词，如果仅凭他自己的词汇量进行写作的话，他会更偏爱一些简单的单词，例如"伟大的"（great）。他在印制乔叟作品时，也了解到了更多批判性词汇。[②]

　　15 世纪后半期的英格兰，曾发生过一场关于文体的争论，争论的焦点主要是书面语言中外语词汇的使用问题。卡克斯顿了解这场争论，并且在翻译和创作过程中不断运用新词汇，从而为英语的逐步现代化做出了努力。在卡克斯顿整个翻译生涯中，他使用的方法并没有发生多大的改变，凡曾编辑过卡克斯顿作品的人，都指出他非常忠实于原作，勇于将法语单词和词组转译到英语中，当然，也有不少是他对法语的误读。[③] 卡克斯顿的译著中有很多名词、动词、形容词和副词都是直接从法语原著中挪过来的，而且也正是这些法语词汇赋予了文章段落以厚重感和异域情调，使其翻译作品能够更多体现出原文的瑰丽色彩。同时，当一个单词在他所用的原文中频繁出现时，有时他会使单词英国化。此外，他经常自然而然地使用成对词汇，即在法语单词旁边再加上一个意思相近的英语单词。通过这些做法，他让英语从更加文雅的法语那里得到很大充实。例如，我们大略知道像脸（face）

　　① Norman F. Blake, *Caxton and His World*, London: Andre Deutsch Limited, 1969, p. 178.

　　② Norman F. Blake, *Caxton and His World*, London: Andre Deutsch Limited, 1969, p. 177.

　　③ Nicolas Barker, "Caxton's Quincentenary: A Retrospect", in Nicolas Barker, *Form and Meaning in the History of the Book*, London: The British Library, 2003, p. 180.

或容貌（visage）这类单词就是在那时被引入书面英语中的。除了引入新词汇，卡克斯顿同时还延伸了英语中已有法语外来词的意义，如动词"下降"（reduce）就是一个很好的例证。在法语 reduire 原有意义的基础上，他在英语里所使用的 reduce 具有"转变为"、"用笔记录"以及"由诗歌转换为散文"等新意义。①

在卡克斯顿制作英语作品时，会不时遇到一些陈旧而不再流行的词汇的问题。这类作品包括英语诗歌作品以及由里弗斯伯爵和伍斯特伯爵等人完成的翻译著作。在编印过程中，卡克斯顿通常不会进行多少深思熟虑的语言改造。② 然而，他印刷的两部作品，即特雷维萨翻译的希格登（Ranulf Higden）作品《综合编年史》以及马洛里的《亚瑟王之死》，由于包含更多的陈旧词汇，故两部书稿都在印制前被进行了不同程度的修改。

《综合编年史》的篇幅较大，因而卡克斯顿没有对其做大量改动，而仅仅是用他那个时代比较流行的词汇代替了其中已经荒疏的词语，以便让作品更易于理解。由于那一时期的语言整体上都倾向于使用法语词汇，而且很多已经进入了日常生活，因此，该书中有很多英语词汇为法语所替代，这些改动无疑赋予了卡克斯顿的版本一种现代气息。卡克斯顿对《亚瑟王之死》的改动范围则比较大，特别是第五篇。他首先除去了已经荒疏的普通词汇，并以流行文体中的词汇（主要受法文影响）代替了头韵体文体中的词汇。除了上述两种变化外，卡克斯顿对其中的法语词汇

---

① Norman F. Blake, *Caxton and His World*, London：Andre Deutsch Limited, 1969, p. 178.

② Norman F. Blake, *Caxton and His World*, London：Andre Deutsch Limited, 1969, p. 181.

也进行了明显的修订。修订后的很多单词在他后来翻译的其他法语骑士作品中也经常出现，而这些单词主要用来渲染悲伤气氛，正是马洛里作品中所缺少的用语。① 此外，卡克斯顿为了使作品更符合时人的阅读习惯，还在一些作品中对词序进行了一定的调整。在修订和重写第五篇时，他用现代的主语—动词—延伸的安排代替了一些旧有词序形式。② 我们可以认为，当时他已经知晓了很多英语词序发展的趋向，他利用编辑作品的机会使词序也得以现代化。

对卡克斯顿文体的讨论自然会涉及句子结构问题。前述对词汇的考察结果可以同样运用在句子构成上。卡克斯顿在翻译时充分观照了法语的很多表达方式，这使他的译句吸纳了大量法文的优美句式。他所采用的英语与法语散文混合而成的文体为后世印刷商确立了一个榜样，人们甚至照搬卡克斯顿创作序言时所用的短语习惯和句式结构，借鉴他的语言风格以及重印他印过的作品，可见其对后世的影响。

当然，根据近些年来的研究发现，卡克斯顿在句式结构方面的成就也不宜估计过高。当他自己试图创造句子时，便经常失去对结构的控制，无法将句子作为一个完整整体对待。他由于受当时作家的影响而不断在一个句子中堆积并列词汇，使一个个分句之间的关系不够紧密，甚至有人认为当他不以法语或英语已有的模式为基础组建句子时，那种松散的感觉几乎就等同于解体，因

① Norman F. Blake, *Caxton and His World*, London: Andre Deutsch Limited, 1969, p. 183.

② 参见 Jan Simko, *Word-Order in the Winchester Manuscript and in William Caxton's Edition of Thomas Malory's Morte Darthur* (1485) -*A Comparison*, Halle: Niemeyer, 1957, p. 24。

而缺乏一种能够清晰和谐地将各个部分组成一个完整句子的能力。只有当他运用了一些组织原则时，例如在《坎特伯雷故事集》第二版"序言"中所用的"他说……我说"的框架结构后，方可组成一些连贯的句子。另外，他造的句子很难利用结构而引出一个符合逻辑的结论，因此便常常显得冗长而散漫。[1]

概而话之，卡克斯顿对英语变化发展的影响应以较长时段的眼光加以审视。尽管存在诸多不尽完美之处，不过，卡克斯顿通过印刷大量英文作品，使英语语言不断规范与普及，为构建一个英语共同体贡献了力量。[2] 此外，他的译作在很大程度上顺应并推动了当时流行的语言风格，着力将法语词汇引入英语中，大大丰富了英语的词汇量，并试图运用一些修辞手法增强文字表现力，在文体上尽量使文字表述和词序接近现代标准，为英语的逐步现代化做出了贡献。

第四节　在政治旋涡中艰难求存

印刷出版业作为一项新兴的产业，在当时尚处于初创时期，以卡克斯顿为代表的印刷商与权贵阶层联系紧密，难免会使印刷出版业受到各种复杂的政治因素的影响。

在《特洛伊历史故事集》的"序言"中，卡克斯顿告诉我

---

① Norman F. Blake, *Caxton and His World*, London: Andre Deutsch Limited, 1969, pp. 189 - 190.

② William Kuskin, "'Onely imagined': Vernacular Community and the English Press", in William Kuskin ed., *Caxton's Trace: Studies in the History of English Printing*, Notre Dame: University of Notre Dame Press, 2006, pp. 199-240.

们，他于 1469 年开始翻译此书，后来又放弃了这项工作。玛格丽特夫人于两年后，即 1471 年听说了翻译事项。根据卡克斯顿的说法，其原因是他无法胜任翻译任务，缺乏对英语和法语的驾驭能力。^① 其实，这不是一个令人信服的理由。因为当时他身处欧洲书籍贸易的中心布鲁日，若他真想从事翻译的话，完全可以找到其他人完成。另外，当他后来重拾这项工作后，很快便将该书付梓了，这也可以说明他的语言驾驭能力并不像他所说的那样差。^② 我们从其他资料中得知，他早年曾经在伦敦居住过，在那里他可以学到作为标准文学用语的伦敦英语，而且他的著述中也没有什么肯特方言。有学者指出，他的这种说辞实际上是 15 世纪的一种传统方式。因为那时的作者、翻译者和改编者为了博得读者的宽容，都要对自身能力进行一番贬损，这被现代学者称为"谦卑的客套"。^③ 那么，他之所以停顿两年的真正原因是什么呢？如果他制作书籍的目的是开拓国内市场的话，答案并不难觅。

有鉴于卡克斯顿与英格兰王室贵族的紧密联系，这应该与当时的政治变迁有关。卡克斯顿虽然凭借与宫廷的特殊关系而获得了绝好的盈利机会，但是，正因为他的销售严重依赖王室贵族，所以其印制计划也要随着这些贵族的荣辱沉浮而随时调整，因此，那一时期剧烈变化的国内政治形势对其印刷计划常常具有决

---

① Seàn Jennett, *Pioneers in Printing*, London: Routldge & Kegan Paul Limited, 1958, pp. 28-30.

② Norman F. Blake, *Caxton and His World*, London: Andre Deutsch Limited, 1969, p. 50.

③ Norman F. Blake, *Caxton and His World*, London: Andre Deutsch Limited, 1969, p. 17.

定性影响。

　　英格兰引进英语印刷书籍的条件在 1469 年 3 月时还是比较理想的。尽管约克派的爱德华四世当时没有男性子嗣，但他已经登上王位一段时间，为英格兰带来了相对稳定的政治局面。许多旧贵族依然存在，而新贵族不断涌现，这些都是卡克斯顿脑海中的潜在顾客。因此，他在这时开始了《特洛伊历史故事集》的翻译工作。但是到了当年 7 月，"国王制造者"沃里克伯爵和爱德华四世的关系突然破裂。爱德华四世被俘，不久又被释放，王国再一次陷入了混乱。因此，卡克斯顿决定推迟他的计划。

　　爱德华四世的地位在 1470 年变得更糟，被迫逃离英格兰。依靠勃艮第的查理的帮助，爱德华四世于 1471 年又重新夺回了王位，其间经历了两场重要的战役：巴内特战役（4 月 14 日）打败并击毙了沃里克伯爵；特维克斯伯里战役（5 月 4 日）使兰开斯特派大溃退，亨利六世的儿子、兰开斯特家族的爱德华王子阵亡，弗根堡进攻伦敦勤王的举动归于失败，亨利六世也于 5 月 21 日被杀。① 爱德华四世的地位再一次得到巩固，他的敌人悉数被消灭，人们可以转而享受和平的生活。卡克斯顿在等待这场动荡结束后，开始重新进行翻译工作。② 《特洛伊历史故事集》最终于 1474~1475 年被送上印刷机。

　　刚一回到和平时期，卡克斯顿又将倚仗贵族声望的策略重新捡拾起来。1475 年 3 月，他将《国际象棋的比赛和游戏》献给

---

① 〔美〕迈克尔·V.C. 亚历山大：《英国早期历史中的三次危机》，林达丰译，北京大学出版社，2008，第 171~179 页。

② Norman F. Blake, *Caxton and His World*, London：Andre Deutsch Limited, 1969, p. 53.

了克拉伦斯公爵（Duke of Clarence）。他在书中小心翼翼地指出，克拉伦斯公爵是"国王爱德华最年长的兄弟"，而将自己形容为"您谦卑和无名的仆人"。但是这一举动似乎并没有引起克拉伦斯公爵多少兴趣，争取其赞助的努力基本失败，他不得不开始寻求其他赞助人。

后来，或出于政治或商业的考虑，或两者兼而有之，卡克斯顿做出了离开布鲁日的决定。他在回国之后，又迅速结识了伍德威尔家族，该家族的一些成员日后成了他的坚定支持者，这种关系一直延续到爱德华四世去世为止。

伍德威尔家族本属兰开斯特派，和约克派贵族之间的关系一向比较紧张，双方之间的敌意由来已久。理查德·伍德威尔爵士（Sir Richard Woodville）在亨利六世的兄弟贝德福德公爵家里服务多年，当贝德福德公爵去世后，理查德·伍德威尔爵士迎娶了他的遗孀，即卢森堡的雅奎塔（Jacquetta of Luxembourg）。凭借雅奎塔与亨利六世的夫人——安茹的玛格丽特（Margaret of Anjou）的亲戚关系，伍德威尔家族在玫瑰战争期间很自然地站在了兰开斯特家族一边。伍德威尔家族的男性成员不断为兰开斯特派而战，直到爱德华四世在 1461 年登上王位，他们在政治上完全失势时才退出了公众生活。然而，该家族的命运于 1464 年突然峰回路转。1464 年 4 月，爱德华四世迎娶了伍德威尔家族的伊丽莎白·伍德威尔。爱德华四世通过授予贵族头衔和安排婚姻来提升伍德威尔家族的地位，伊丽莎白·伍德威尔的父亲在 1466 年被任命为司库，并受封为里弗斯伯爵。

该家族的兴起当然引起了老约克派贵族的愤恨和嫉妒。[①] 所以，当沃里克伯爵于 1469 年起而反叛爱德华四世时，沃里克伯爵对俘获的伍德威尔家族成员没有心慈手软，王后的父亲里弗斯伯爵以及王后的一个兄弟约翰·伍德威尔爵士于当年 8 月 12 日被斩首，王后的另一个兄弟安东尼继为里弗斯伯爵。这位新伯爵陪同国王于 1470 年逃到低地国家避难，并逐渐得到爱德华四世的信任，身居显耀地位，1473 年荣升为王子的督导官（Governor）。

　　卡克斯顿与里弗斯伯爵（安东尼）的第一次相会可能是在卡克斯顿行将离开布鲁日的时候。当时里弗斯伯爵频繁前往欧洲大陆，并常常出现在勃艮第宫廷中。卡克斯顿在布鲁日可以非常容易见到他，两人可能在那时便建立了某种联系。由里弗斯伯爵赞助的第一本书《哲学家箴言录》于 1477 年 11 月 18 日在威斯敏斯特印行。据该书"序言"所说，里弗斯伯爵是在 1473 年前往孔波斯特拉的朝觐路上读到并喜欢上该书的，他的身份促使他马上意识到，这本书可能对威尔士王子较为适合，于是他决定将其翻译成英文，而卡克斯顿印刷的便是里弗斯伯爵亲自翻译的版本。译毕后，里弗斯伯爵将译稿交给卡克斯顿校对。然而，卡克斯顿发现里弗斯伯爵在其译稿中略去了原文中的一些内容，如亚历山大、大流士和亚里士多德所写的信件，以及苏格拉底关于女性的论述。在该书"序言"中，卡克斯顿对于里弗斯伯爵没有收

---

　　① 〔美〕迈克尔·V. C. 亚历山大：《英国早期历史中的三次危机》，北京大学出版社，2008，林达丰译，第 161 页。

入这些内容做了诙谐的评论，同时又将上述缺失内容重新补齐。[1]卡克斯顿在其他公开场合从不与他的赞助人开玩笑，这篇序言与他的其他序言在风格和语气上有较大不同，可以认为当时两人的关系已经非常热络。[2]

卡克斯顿和里弗斯伯爵之间的友谊还可以通过《伊阿宋的故事》一书得到证明。这是卡克斯顿回国的最初四年中制作的唯一一部翻译作品。该书没有标注印制时间或地点，然而通常被认为也是在 1477 年完成的。[3] 该书是《特洛伊历史故事集》的续篇，原先的两部法文版都是拉奥·勒费弗尔为勃艮第的菲利普公爵所作的。卡克斯顿在《特洛伊历史故事集》的"序言"中指明将其献给玛格丽特夫人，而在《伊阿宋的故事》中却没有这样的题献。有鉴于《伊阿宋的故事》与《哲学家箴言录》两部书制作完成的时间较为接近，所以《伊阿宋的故事》很可能也是在里弗斯伯爵的赞助下完成的，这在赞助人方面是一个显著的变化。通过里弗斯伯爵的引荐，卡克斯顿结识了王后伊丽莎白·伍德威尔，并在她的授权与支持下，以学习英语的名义将《伊阿宋的故事》的英译本献给了威尔士王子。威尔士王子生于 1470 年 11 月 2 日，此时刚满七岁，对于卡克斯顿而言，通过这样的举动而获得王后的支持显然至关重要。

1478 年 2 月 20 日，卡克斯顿出品了另一本由里弗斯伯爵翻

---

①　Walter J. B. Crotch, *The Prologues and Epilogues of William Caxton*, Oxford: Oxford University Press, 1928, p. 43.

②　Norman F. Blake, *Caxton and His World*, London: Andre Deutsch Limited, 1969, p. 85.

③　Norman F. Blake, *Caxton and His World*, London: Andre Deutsch Limited, 1969, p. 86.

译的作品，即皮桑的《三德书》（*Moral Proverbs*）。卡克斯顿在该书"后记"中指出，里弗斯伯爵的一位秘书曾经造访印刷所，或在后来审读了该文本。① 一年之后，他又将里弗斯伯爵的第三部作品《热忱》送上了印刷机，说明此时他与里弗斯伯爵的联系已经极为紧密了。此后，他继续从里弗斯伯爵那里得到实惠。这些迹象表明，在卡克斯顿返回英格兰后的相当长一段时间里，里弗斯伯爵主导了卡克斯顿的印刷事业，甚或是其唯一的赞助人。里弗斯伯爵不仅在经济方面帮助卡克斯顿，而且还提出印制其他文本的建议，并向卡克斯顿提供文本，可以说涉及了编辑出版的所有业务领域。

1481 年，卡克斯顿连续印制了西塞罗的《论老年》、《论友谊》（*Of Friendship*）以及《贵族宣言》。目前还不知道是谁翻译了第一部书，但后两部作品则是由约翰·提普托夫特（John Tiptoft），即伍斯特伯爵翻译的。伍斯特伯爵与王后交情甚笃，并借此于 1470 年当上了司库。在兰开斯特派于 1470～1471 年的短暂复兴期间，伍斯特伯爵惨遭处决，现在为世人所铭记的是他为英格兰人文主义发展所做的贡献。② 伍斯特伯爵本人的不幸经历以及书籍本身的内容肯定使里弗斯伯爵深为缅怀与崇敬，卡克斯顿不遗余力地印制出品正是对其最好的表彰。卡克斯顿随后在 1481 年制作了描写布永的戈弗雷（Godfrey of Bouillon）领导十字

---

① Walter J. B. Crotch, *The Prologues and Epilogues of William Caxton*, Oxford: Oxford University Press, 1928, p. 55.

② Roberto Weiss, *Humanism in England During the Fifteenth Century*, 2nd ed., Oxford: Blackwell, 1957, pp. 109-122.

军东征的故事书。这显示出那个时期人们对十字军的兴趣，同时也鲜明地表现出卡克斯顿对里弗斯伯爵和伍斯特伯爵喜欢东征冒险及勤于朝觐的赞颂。这部书献给了爱德华四世，而《伊阿宋的故事》和《论老年》在名义上也受到了国王的保护。不过，我们可以确知的是，爱德华四世喜欢手抄本，但他是否对印刷品真正怀有兴趣仍存有疑问。卡克斯顿被当时的人形容为"王家印刷商"，但通常认为，他之所以能够在宫廷取得成功，更多依仗的是伍德威尔家族，而非国王。①

总体而言，卡克斯顿在回到英格兰后的六七年里，在伍德威尔家族的庇护之下，事业进展比较顺利，可以源源不断地生产出满足市场需求的各类印刷品。然而，1483年4月，爱德华四世去世。这件事首先使主要依靠国王余荫获取财富和权力的伍德威尔家族势力摇摇欲坠。他们此前树敌甚多，在失去国王这座靠山后，迅速遭到来自其他贵族派系的强力挑战。② 爱德华四世的弟弟格洛斯特公爵理查在与伍德威尔家族的较量中胜出，夺取了英格兰王位，是为理查三世。伊丽莎白·伍德威尔失去了她的两个儿子，被迫在威斯敏斯特修道院避难。

对卡克斯顿而言，最重大的打击是，他长期依靠的赞助人里弗斯伯爵在这场权力争夺战中遭到斩首。形势的剧变向他提出了诸多新问题。在《金色传奇》（*Golden Legend*）的"序言"中，

---

① Norman F. Blake, *Caxton and His World*, London: Andre Deutsch Limited, 1969, p.90.

② 〔美〕迈克尔·V. C. 亚历山大：《英国早期历史中的三次危机》，林达丰译，北京大学出版社，2008，第195页。

卡克斯顿指出，他早在 1483 年 11 月就完成了该书的翻译。^① 该书篇幅较长，所用资料也颇为多样，卡克斯顿可能至少在一年前便已开始了此项工作。正如翻译《特洛伊历史故事集》时遇到的情况那样，他的计划很可能也是因政治环境的变化而被打乱的。卡克斯顿在"序言"中并没有提及那些事件，他转而指出，之所以放弃印制是因为该书篇幅过长，所需资金数量庞大。^② 这些理由，就像他说自己的英语欠佳那样，更像是一种托词。

由于他失去了主要的赞助人，而且政治环境的变化使人们不再像往常那样关注印刷出版事务，因而书籍销售情况不容乐观。鉴于当时的主流情势，到 1483 年 8 月时，他都开始怀疑是否还值得将数目不菲的钱投资于《金色传奇》上。然而，他当时的处境已经与 1469 年时大为不同了，那时他刚刚开始从事翻译，并且还没有成立自己的印刷所，他尚且可以从事其他商品贸易谋生。而到了 1483 年，他已经拥有了运转良好的印刷企业，雇用了印刷工人，推迟印刷的计划将会使他损失一大笔钱财。因此，他首要的任务是在新政权中寻求一些贵族的支持和保护，获得贵族成员的推荐，以使他能够继续在宫廷中推销其书籍。

恰在此时，他得到了理查三世的重臣阿隆德尔伯爵（Earl of Arundel）的支持。阿隆德尔伯爵提供的帮助是允诺购买"相当数量"的印刷本，并在夏季送他一头雄鹿，冬季送他一头雌鹿，

---

① Walter J. B. Crotch, *The Prologues and Epilogues of William Caxton*, Oxford: Oxford University Press, 1928, p. 67.

② Walter J. B. Crotch, *The Prologues and Epilogues of William Caxton*, Oxford: Oxford University Press, 1928, p. 68.

但没有进一步资助其他书籍的打算。这种帮助的力度与赞助人在理查三世政府中扮演的重要角色是不太相称的。但不论怎样，借助阿隆德尔伯爵的保护，卡克斯顿便有可能将书籍继续卖给贵族。另外，他在《金色传奇》"序言"中加进了一份译作清单，这份清单既是他提供给新顾客的推荐书，也是为库存作品做的广告。

由于阿隆德尔伯爵仅资助了一部书，卡克斯顿不得不另觅新枝。他的下一部书《加图》于同年 12 月完成，限于当时并不明朗的形势，他转而希望开拓出一片与以往不同的销售市场。他在该书"序言"中以完全不同的方式做了声明，指出这本书是献给伦敦市的，而且还以非常确定的口吻表达了他对该市的忠贞。卡克斯顿在此前为商人市场印制的书籍中，并没有表达过这种忠诚态度，所以可能是政治环境促使他采取了这一举动。他觉得通过声明而公开与伍德威尔阵营撇清关系，并突出他与商人的联系，可以保证其安全。这种将关注点放在不受政治纷扰影响的更广阔市场的做法，在商业上是极其明智的。①

原先贵族的名声也不再是他推销书籍的加分项目，所以他在书中做了策略性的删除。1484 年 1 月 31 日，他出品了《塔楼骑士》。在"序言"中，他声称这本书是应一位"贵族夫人"的要求而做的，完成于 1483 年 6 月 1 日。从时间线索来看，这位夫人应该是伊丽莎白·伍德威尔。由于卡克斯顿在 1483 年 6 月就完成了翻译，所以，她委托这部书时应是在爱德华四世去世之

---

① Norman F. Blake, *Caxton and His World*, London：Andre Deutsch Limited, 1969, p. 92.

前。政治环境的变化很可能使卡克斯顿推迟了该书的印制计划。
1484 年，伊丽莎白·伍德威尔仍在威斯敏斯特修道院避难，卡克
斯顿很难指望此刻已非常困窘的王后会给予他任何酬劳。因此，
他决定去掉她的名字付印。这部书的印制标志着英格兰印刷业进
入了匿名赞助的时代。① 与此做法相似，他制作的《库里亚》
（Curial） 一书标明是在一位"著名而杰出的伯爵"的要求下翻
译出品的，标注时间是 1484 年。书中提到的这位伯爵被确认为
里弗斯伯爵。② 鉴于里弗斯伯爵此时已身首异处，卡克斯顿再一
次拖延了该书的印制时间。不难理解，里弗斯伯爵的赞助在 1479
年是一份无形的资产，而到了 1484 年则变为一个沉重的负担。③

　　卡克斯顿另外两部匿名赞助的书标注的日期同为 1484 年，
即《骑士团礼仪》（Order of Chivalry） 和《坎特伯雷故事集》第
二版。前一部书的赞助人大概是伍德威尔派人士，可能已经去世
或刚刚被处死，而完成后则被献给了理查三世。卡克斯顿此前想
通过阿隆德尔伯爵在新政权里寻求支持，这次则直接通过题献的
方式，以期引起新国王的兴趣。但是，除这则记录之外，很少有
理查三世与印刷书籍相关联的记载，国王似乎对印刷缺乏足够的
兴致。至于《坎特伯雷故事集》第二版的制作，如前文所述，是
因为"一位绅士"告诉他第一版不甚令人满意，而此人的父亲有
一个更为可靠的手抄本。卡克斯顿将这个故事写进"序言"中，

---

① Norman F. Blake, *Caxton and His World*, London: Andre Deutsch Limited, 1969, p. 93.

② William Blades, *The Biography and Typography of William Caxton*, 2nd., London: Trübner, 1882, p. 297.

③ Norman F. Blake, *Caxton and His World*, London: Andre Deutsch Limited, 1969, p. 94.

意在表明他作为编辑的信誉和该版本的价值，但他只字不提这位绅士的名字，个中原因恐难脱去政治的干系。

1485 年的博斯沃斯战役使兰开斯特家族的亨利·都铎登上王位，是为亨利七世。卡克斯顿在这一年将《亚瑟王》付印出版。在该书整个"序言"中，他再一次略去了赞助人的身份。不管是谁向他推荐了该书，但后来发生的事情证明，他印制这部书的举动无疑是正确的，因为亨利七世的儿子在下一年里出生并取名亚瑟，这种巧合兴许可以为卡克斯顿在新王室成员那里加深一点印象，并为他的印刷出版事业带来一定的稳定性。[1]值得注意的是，《亚瑟王》是最后一部以匿名赞助方式印刷的书籍。[2]

正当卡克斯顿完成历史传奇故事《查理大帝》的翻译（1485年 6 月 18 日），并于 12 月 1 日付诸印刷期间，理查三世在博斯沃斯战役（8 月 22 日）中被杀。这个版本是应"一位唯一的好朋友"之要求而做的，卡克斯顿将此人称为威廉·道本尼。卡克斯顿没有提及道本尼在理查三世时期的官职，但是称他为"爱德华四世的珠宝司库"。[3] 关于道本尼的文献记载极少，仅知道他是爱德华四世时期和理查三世时期的珠宝司库和伦敦港口检查官。由于卡克斯顿早就是书籍的进口商，他的名字肯定会经常出现在伦敦港口的关税簿上，他有可能早已认识道本尼，而且也知道他在理查三世时期担任的官职。卡克斯顿无疑是出于对政治环境的

---

① Nicolas Barker, "Caxton's Quincentenary: A Retrospect", in Nicolas Barker, *Form and Meaning in the History of the Book*, London: The British Library, 2003, p. 180.

② Norman F. Blake, *Caxton and His World*, London: Andre Deutsch Limited, 1969, p. 95.

③ Walter J. B. Crotch, *The Prologues and Epilogues of William Caxton*, Oxford: Oxford University Press, 1928, p. 91.

考虑而抹去了这一信息，而道本尼的名字出现于"序言"中表明，卡克斯顿又回到了署名赞助人的方式上。

总体而言，1483 年至 1485 年，卡克斯顿与官方的关系不复往日那般热络，在亨利七世获取英格兰王位后的起初几年，卡克斯顿经常依靠承印商人委托的作品维持经营，他与新政府成员并没有建立多少联系，起初印制的书籍也并不多，如 1486 年只出品了《耶稣基督生平镜鉴》（*Speculum Vitae Christi*）第一版。但是，到了 1487 年，书的品种数量则显著增多，包括《优雅礼仪之书》（*Book of Good Manners*）、《多纳图斯语法书》（*Donatus*）、《备忘录》（*Commemoratio*）、《索尔兹伯里祈祷书》（*Directorium Sacerdotum*）修订版、《怜悯的映像》（*Image of Pity*）第一版、《金色传奇》第二版以及《王家书》（*Royal Book*），而 1488 年则没有任何印刷记录。① 到了 1489 年，卡克斯顿时来运转，找到一位在新政府中担任要职的赞助人牛津伯爵约翰·德·维尔（John de Vere）。1489 年 1 月 23 日，卡克斯顿收到国王从威斯敏斯特宫送来的一部皮桑的《论武艺》，并被指令将其付印。同年，他还出品了一部传奇故事《布兰查德与埃格朗丁》（*Blanchardin and Eglantine*），该书是卡克斯顿应亨利七世的母亲玛格丽特·博福特的要求而翻译的。② 更令他感到振奋的是，由于在此前的 1486 年 1 月，亨利七世迎娶了约克的伊丽莎白，即爱德华四世与王后伊丽莎白·伍德威尔的女儿，这桩婚姻为伍德威尔家族的再

---

① Norman F. Blake, *Caxton and His World*, London: Andre Deutsch Limited, 1969, p. 96.
② Norman F. Blake, *Caxton and His World*, London: Andre Deutsch Limited, 1969, p. 95.

次兴起铺就了坦途。因此，里弗斯伯爵的名字又重新出现在了这年印制的《哲学家箴言录》中。

1489 年注定是一个令卡克斯顿感到满意的年份，凭借这些往来，他又重新确立了在 1483 年以前曾经拥有的"王家印刷商"地位，[①] 这无疑是一个令人瞩目的成就。到了晚年，他仍然竭力发展与王室的关系，如曾将一部维吉尔诗歌的中世纪改编本（*Eneydos*）献给了亚瑟王子，并借助了亚瑟的导师约翰·斯克尔顿（John Skelton）的名声。斯克尔顿是精通英语文学的一代名家，能够借助其名声对卡克斯顿而言当然是非常有利的。总之，依靠王家贵族的赞助，卡克斯顿于晚年又恢复了往日之地位。

从卡克斯顿与英格兰政治变迁的种种因缘际会来看，政治环境对其经营活动有着重大影响，说明当时的印刷业还处于严重依靠赞助的阶段，远不是可以置身政治形势变化之外的独立经营实体。这从一个侧面反映出，当时印刷业在英格兰的影响还十分有限，印刷书的流通范围仍局限在少数人群中，依然处于脆弱的起步阶段。作为商人的卡克斯顿不仅要受到商业利益的制约，同时也要受到其所身处的政治环境的限制。

小　结

若从一个较长时段来看，金属活字印刷术的出现极大地改变了人类文明的载体——媒介的存在形态，使传播媒介在信息传递

---

① 　Norman F. Blake, *Caxton and His World*, London: Andre Deutsch Limited, 1969, p. 72.

方式、传播速度和范围上有了实质性的改变。应该说这着实是一次突破，是自中世纪末期以来许许多多技术发明的巅峰之举。①

卡克斯顿将活字印刷术引入英格兰，开启了英格兰印刷出版业发展的帷幕。

他的出现使 15 世纪英格兰的印刷业与其他欧洲国家稍有不同。相比之下，英格兰印刷业不光是由本国人创立的，而且这家英格兰本土印刷所延续的时间更为长久，如果将德·沃德看作卡克斯顿事业的继承者的话，该印刷所实际存在了近六十年时间，这在欧洲范围内而言是不多见的。

卡克斯顿是个非常勤勉的印刷商，他一生总共印制的书籍达一百零八部，内容涉及教育、宗教、寓言、骑士文学、传奇故事、历史和诗歌等，其中由他亲自翻译的作品达到二十余种。他以市场为导向，主要针对宫廷贵族的喜好而编译出版印刷作品，很好地满足了英格兰宫廷贵族的文化需求。同时，在社会文化方面，卡克斯顿也在一个较长时期内对英语发展产生了深远影响。他从多种欧洲语言尤其是法语中借鉴了很多词汇与句法结构，从而大大丰富和提高了英语的表达能力，也巩固了已然形成的英语文学的诸多趋势，使语言渐趋标准化，为英语共同体的逐步形成贡献了力量。美国历史学家丹尼尔·J. 布尔斯廷甚而认为，卡克斯顿在此方面的成绩"不亚于莎士比亚之前的任何人"。②

---

① 〔英〕凯文·威廉姆斯：《一天给我一桩谋杀案——英国大众传播史》，刘琛译，上海人民出版社，2008，第 21 页。

② 〔美〕丹尼尔·J. 布尔斯廷：《发现者》，戴子钦等译，上海译文出版社，1995，第 744 页。

值得一提的是，为了确保即将付印的书籍在排版组字上精确无误，并寻访最具参考价值的手抄本作为原稿，文献研究遂在这些刺激下勃兴，卡克斯顿认真编辑作品的行为也顺应了这一趋势。不过，与卡克斯顿"英格兰印刷之父"的地位不太相符的是，他在人文主义印刷书的生产方面并不热心。作为商人，他更愿意印制那些已经在欧洲大陆非常流行的作品，并全部使用英语印制，以保住他在英语市场里的资本投资。反倒是鲁德等其他印刷商在这一时期扮演了更加重要的人文主义传播者角色，但延续时间较为短暂。总体而言，15世纪后半期在英格兰本土印制的人文主义书籍的数量是不太显著的，但这并不意味着英格兰人对人文主义思潮没有兴趣，他们对这一类型书籍的需求主要依靠从欧洲大陆进口。

由于这一时期印刷出版业的经营业务才刚刚起步，延续了手抄作坊的很多经营方式，至少就一般性的特征而言，还主要倚重赞助人的资助与保护，难免受到赞助人地位浮沉的影响，印刷业本身尚处于资本主义经济的萌生阶段。因此，卡克斯顿的翻译、编辑和印刷活动也受到了政治形势的巨大影响。出于经济或政治因素的考量，卡克斯顿会经常将赞助人的姓名印在书页开头，同时还一改中世纪作家发表著作时不具名的习惯，在印制时于书页附上作家的大名。由此，名声遂成为新的原动力，象征着创作者署名、著作权抬头的新时代已翩然降临。[①]

---

① 〔法〕费夫贺、马尔坦：《印刷书的诞生》，李鸿志译，广西师范大学出版社，2006，第263页。

我们一般将卡克斯顿所处的时代称为印刷业的"摇篮时期"（Incunabula），身处这一时期的印刷书籍还无法给普通民众带来太多福祉。已有的证据告诉我们，最早的印刷品主要出现在宗教仪式和宫廷生活中，而且只有在融入既有的社会组织结构后，才能发挥其传播作用。从卡克斯顿经营印刷出版业的历程亦可看出，印刷品要发挥其积极而显著的社会作用，着实要经历一个漫长的过程。

就 15~16 世纪之交的英格兰来说，随着社会经济文化水平的提高，印刷品便不会再蜷缩于教堂和宫廷中了。作为卡克斯顿的继承者，德·沃德随后将印刷所搬进伦敦城内，开始面向更广大的识字人群开展印制活动。作为整个社会变迁中重要因素的印刷媒介，在各种社会条件成熟后，必将发挥更加重要的社会功用。从时间的角度而言，中世纪教会实现知识垄断倚重的是手抄本的缓慢制作及其保存，亦即，依靠的是时间的延续性。而印刷术大大缩短了知识生产的周期，使知识和信息更新的频率加快，这便为动摇教会所依仗的时间延续性提供了可能。

第三章　印刷媒介与英格兰人文主义
思潮的兴起

　　在文艺复兴时期，那些致力于"人文研究"（Study of Humanity）的人，被称为人文主义者（Humanist）。他们的总体目标是复兴古代的思想，应用于当时的社会，以达到道德重建的目的。① 在以彼特拉克为代表的一代代人文主义者的努力下，人文主义思潮在欧洲渐次兴起。英格兰在 14 世纪已经存在现在所说的人文主义者的一些研究活动，从事的人员中很多是男修道士。例如，在 1445 年，奥古斯丁教团教士奥斯本·勃根汉姆为约克公爵理查德制作了少量克劳迪安作品的英语版手抄本。② 另外，在 15 世纪，人文主义在英语文学中也已经有所表露。

　　与这一思潮出现相伴的是人员往来的增加。当时，不少英格兰人陆续前往意大利，并带回一些新观念，而很多意大利人也来

---

　　① 〔英〕戴维·芬克尔斯坦、阿利斯泰尔·麦克利里：《书史导论》，何朝晖译，商务印书馆，2012，第 97 页。

　　② David N. Bell, *What Nuns Read: Books and Libraries in Medieval English Nunneries*, Kalamazoo: Cistercian Publications, 1995, pp. 245-246.

到了英格兰。① 这尤其体现在高等学校的学术交流中。托马斯·昌德勒（Thomas Chaundler）作为牛津大学新学院（New College）院长，在 1475 年首次邀请了一位意大利学者在牛津做关于希腊语的讲座。而后，不少牛津学人纷纷负笈欧洲大陆，以求得人文主义的"真经"。其中包括威廉·格罗辛（William Grocyn），他于 1488 年至 1491 年在佛罗伦萨跟随安杰洛·波利齐亚诺（Angelo Poliziano）和德米特里乌斯·查坎蒂利斯（Demetrius Chalcondyles）学习希腊语。② 他或许是近代早期牛津大学学习希腊语的第一人。在返回牛津后，他曾在 1498 年至 1499 年开设希腊语课程。托马斯·林纳克（Thomas Linacre）是另一位英格兰文艺复兴的领军人物。他于 1487 年前往意大利，先在佛罗伦萨学习了两年希腊语，后在帕多瓦学习医学，1496 年学成毕业。③他回到牛津大学后主要以翻译盖伦（Galen）的医学著作为志业。比上述二人稍微年轻的约翰·科利特（John Colet）于 1493 年至 1496 年前往巴黎和意大利求学，并学习了希腊语。④ 其后，他在牛津举办了一系列讲座，基于希腊语原文，对《圣保罗使徒书》（*Epistles of St. Paul*）做了直接而人性化的新解释。而上述三人，即格罗辛、林纳克和科利特，亦被后人誉为"牛津三友"。另外，

① Roberto Weiss, *Humanism in England During the Fifteenth Century*, 2nd ed., Oxford: Blackwell, 1957, p. 58.

② G. R. Evans, *The University of Oxford: A New History*, London: I. B. Tauris, 2010, p. 123. 另有 "1485 年至 1491 年"的说法。参见〔美〕克莱顿·罗伯茨、戴维·罗伯茨、道格拉斯·R. 比松《英国史》，潘兴明等译，商务印书馆，2013，第 270 页。

③ G. R. Evans, *The University of Oxford: A New History*, London: I. B. Tauris, 2010, p. 125.

④ G. R. Evans, *The University of Oxford: A New History*, London: I. B. Tauris, 2010, pp. 122-123.

像威廉·拉蒂摩尔（William Latimer）、威廉·利利（William Lily）等人也都曾在意大利甚或更加遥远的罗德岛学习过希腊语。

　　有了这些人作为先锋，那一时期，不独希腊语教学在英格兰生根发芽，而且拉丁语教学也有向原始拉丁文本靠拢的趋向，而希伯来语教学在16世纪中后期亦进入了很多学校的课堂。① 毫无疑问，在15、16世纪之交的英格兰学术机构里，牛津大学在发展人文主义思想方面占得了先机。到1517年，福克斯主教（Richard Fox）在牛津又成立了基督圣体学院（Corpus Christi College），专注于人文学科的教学。这些举动不仅使牛津大学成为英格兰人文主义的肇兴之地，同时也极大地影响了伊拉斯谟、托马斯·莫尔等人积极投身这场文化运动中。在伦敦，科利特于1508年成立了圣保罗学校，并在此地开展系统的人文主义教育。不久，伊顿公学和温切斯特公学均起而效仿。比起牛津和伦敦两地，剑桥大学的人文主义气息姗姗来迟，然而，经过16世纪前半叶的不断精进，竟后来居上，成为英格兰人文主义思潮的三大重镇之一。由于人文主义与宗教思想有机结合，16世纪上半叶的英格兰思想文化界弥漫着一种基督教人文主义的气氛，这奠定了该国在欧洲文艺复兴史上某种独特的地位。

　　正当15世纪中后期人文主义思潮在英格兰初露端倪之际，活字印刷术也几乎在同一时期出现在英格兰。由于印刷术本身具有天然的文化属性，因此，在审视这场思潮的勃兴时，我们无法

①　Rosemary O' Day, *Education and Society，1500-1800：the Social Foundations of Education in Early Modern Britain*，London and New York：Longman Group Ltd.，1982，pp. 68-69.

忽视传播媒介这一重要因素。不过，我们通常认为的印刷媒介甫一出现就会大力助推本国人文主义思潮向前发展的情景，在英格兰并未出现。相反，英格兰本土的人文主义印刷书生产曾经历了艰难的起步阶段，经数十年努力方才有了可观的社会影响。

第一节　英格兰本地人文主义
印刷书的制售

前文已述，1476 年，卡克斯顿建立了英格兰本土第一家印刷所。由于此前长期身处欧洲书籍生产和贸易的中心，故他在回国后数年间，印刷过数本深受"新知识"启发的学者创作的书，如洛伦佐·特拉弗萨尼的《新修辞》及其缩略本、皮埃特罗·卡米利亚诺的《六信件》、波吉奥·布拉乔里尼的《诙谐集》、安东尼奥·曼奇尼利的《初级语法》等书。此外，在卡克斯顿成立印刷所后不久，有一位名叫西奥多·鲁德的科隆人也在牛津成立了一家印刷所，印制过亚里士多德的《伦理学》等名著。同时，这家牛津印刷所积极投入这场正在兴起的拉丁语法教学的变革中。为了满足当时牛津大学对"新知识"的强烈需求，鲁德印制了第一部拉—英语法书，时间大约为 1481 年；其第二部拉—英语法书大概完成于 1483 年。① 除上述语法书外，这家印刷所还制作过一部重要书籍，即《语法纲要》，其中大部分收录的是人

---

① British Museum ed., *Catalogue of Books Printed in the XVth Century Now in the British Museum*, London: BMGS, 1963, pp. 234-235.

文主义者尼古拉斯·佩罗蒂的作品，它的印行表明牛津已经深受具有现代气息的人文主义的影响。① 在鲁德另外十几部作品中，也有不少开英格兰风气之先的作品，如西塞罗的《提图斯·米洛辩护词》（*Pro T. Milone*）便是由其印刷所首次承印的，还有前文提及的人文主义者格里佛里尼的《法拉利斯书信》。但在 1486 年以后，鲁德印刷所便突然消失于人们的视野中了。

这种局面持续到 1517 年，英格兰的印刷商又开始大规模出版人文主义书籍。约翰·斯科拉（John Scola）于 1517 年至 1528 年在牛津印制的书籍都属人文主义作品，而且特别重视大学和学校所用的基础拉丁语课本。牛津大学此时已经与印刷商达成了某种默契。斯科拉指出，他的三部书受到了牛津大学校长授予的特权保护，禁止其他人在牛津印制这些书。这说明他的印刷所不只是受学术机构的限制，还能从中得享一些专利权利。②

在剑桥，16 世纪初期便投身学术著作印刷事业的印刷商是约翰·莱尔（Johannes Lair），时人根据其出生地而称之为西伯克（Siberch）。他在 1520 年或 1521 年来到剑桥，当时便已带来了理查德·克洛克（Richard Croke）所写的一部人文主义作品。刚开始，西伯克主要是为剑桥的人文主义团体印制书籍，同时兼及其他作品。这位年轻的印刷商先是在未经许可的情况下擅自印制了伊拉斯谟的《论写作》（*De Conscribendis*），之后又出版了盖伦的《论气质》（*De Temperamentis*）（林纳克翻译，第一版），以及托

---

① Harry Carter, *A History of the Oxford University Press*, Oxford: Clarendon Press, 1975, p. 9.

② Harry Carter, *A History of the Oxford University Press*, Oxford: Clarendon Press, 1975, p. 15.

马斯·埃利奥特爵士（Sir Thomas Elyot）的《赫尔墨斯与雅典娜》（Hermathena）。值得一提的是，托马斯·埃利奥特爵士的这部书曾被描述为"在英格兰印行的关于人文主义运动最明晰的宣言"。[①] 与早先的印刷商一样，西伯克也希望开拓一个更为宽广的市场。为此，他制作了一部威廉·利利和伊拉斯谟合著的拉丁语语法书。这部书最初是为圣保罗学校的教学而准备的，它从问世以来便在英格兰和其他欧陆国家多次重印。但是，尽管他印行了大量重要的人文主义著作，但他在剑桥的印刷所并没有达到完全的成功。即便处在人文主义的环境中，但在这样一个规模不大的城镇里，印刷商依靠这个营生实在难以为继，最终只得关门歇业。因此，在他出版的书籍中，除了盖伦、伊拉斯谟、利利和巴克莱的作品外，其他基本上是 16 世纪在英格兰印行的唯一版本。

　　与英格兰本土印刷业发展多少有些举步维艰形成对照的是，欧洲大陆人文主义印刷业发展得更加朝气蓬勃。这一时期的很多英格兰人文主义者也更愿意将自己的作品交给欧洲大陆印刷商。如莫尔的《乌托邦》（Utopia）的首个五卷本于 1516 年至 1519 年先后在鲁汶、巴黎、巴塞尔和佛罗伦萨出版，直到 1663 年才在英格兰印刷了其拉丁原文版。[②] 另外，莫尔曾将琉善的《对话录》（Dialogues）由希腊语翻译成拉丁语，到 1563 年，该书已经

① David McKitterick, *A History of Cambridge University Press*, Vol. 1, Cambridge: Cambridge University Press, 1992, p. 38.

② R. W. Gibson, *Francis Bacon. A Bibliography of His Works and Baconiana to the Year* 1750, Oxford: Scrivener Press, 1950, pp. 62 - 63; Marjorie Plant, *The English Book Trade: An Economic History of the Making and Sale of Books*, London: George Allen & Unwin Ltd., 1939, p. 30;〔英〕托马斯·莫尔:《乌托邦》，戴镏龄译，商务印书馆，2008，第 157~158 页。

在威尼斯、巴塞尔、佛罗伦萨、法兰克福、里昂、莱顿和鲁汶印制多次，但从未在英格兰付梓；这一时期莫尔唯一一部在英格兰本土印刷的人文主义作品，是他在 1512 年创作的简短而带有辩论性的《与热尔曼·德·布吕埃书信集》（*Epistola ad Germanum Brixium*）。尽管林纳克的文选作品被英格兰印刷商承印的情况还算不错，但他也宁愿优先选择在意大利、德意志、法国等地印行其作品。

总体来说，英格兰本土印制的人文主义书籍在种类上较为有限，时间上也相对较晚。[①] 保留下来的书籍记录显示，在英格兰本地印刷商的生产名录中，直到 1573 年才有了西塞罗的《论演说家》（*De Oratore*），1571 年始有《与友人书信集》（*Epistolae ad Familiares*）。1574 年以前印制的贺拉斯作品只有一本保存至今，而且还只是一个典型的学校版本。另外，像朱文纳尔（Juvenal）和佩尔西乌斯（Persius）的讽刺文学作品的出版情况也非常相似。[②] 恺撒作品的拉丁语版在 1585 年才被付梓，而李维或小塞内加（Lucius Annaeus Seneca）的悲剧作品则是在 1589 年问世的。此外，在整个 16 世纪，英格兰都没有出版塔西佗和卢

---

① 根据 20 世纪上半叶美国学者拉斯罗普在《古典文学作品的英译：从卡克斯顿到查普曼时期（1477—1620）》（H. B. Lathrop, *Translations from the Classics into English from Caxton to Chapman, 1477-1620*, Madison: University of Wisconsin Press, 1933.）中的统计，在 1550 年之前的英格兰，古代作品被译成英语者，仅 43 种付梓。1550 年至 1600 年，则增为 119 种。参见〔法〕费夫贺、马尔坦《印刷书的诞生》，李鸿志译，广西师范大学出版社，2006，第 275 页。

② R. W. Gibson, *Francis Bacon. A Bibliography of His Works and Baconiana to the Year 1750*, Oxford: Scrivener Press, 1950, p.64.

克莱修（Lucretius）作品的拉丁语文本。① 同样，如比维斯（Vives）这样的外国人文主义者的拉丁文作品直到 17 世纪早期才在英格兰印制，但在 16 世纪，比维斯的作品早已在安特卫普等地被频繁印行。②

为什么会出现上述情形？学者们通常认为，英格兰人文主义书籍的市场较为狭小，其主要读者群体集中在牛津、剑桥和伦敦，这一狭小市场对商人的资本投资吸引力较小。此外，欧洲大陆的印刷技术更精细，印刷书的生产流程也更成熟，人们可以用更便宜的价格获得这类书籍。在肯定上述分析的同时，我们更愿意强调的是，由于当时欧洲大陆在人文主义学术研究水平上较之英格兰本土更高，学术积淀更加深厚，所以作为读者，当然更信赖欧洲大陆产品的质量。而书籍的写作者也更愿将自己的作品交付欧洲大陆印刷商出版，寄希望于在水平更高的学术环境中证明自己，并提高影响力。这正从一个侧面表明，英格兰本土印刷业的发展受到自身人文主义学术环境和水平的有力制约。因此，在英格兰流通的人文主义书籍通常产自意大利、德意志、法国和低地国家。如果说欧洲大陆书籍生产具有十足的国际性的话，那么这种性质在 16 世纪的英格兰显得尤其突出。所以，对这一时期英格兰人文主义书籍的考察，需特别重视英格兰在印刷书籍进口

---

① Kristian Jensen, "Text-Books in the Universities: the Evidence from the Books", in Lotte Hellinga and J. B. Trapp, eds., *The Cambridge History of the Book in Britain*, Vol. 3, 1400 – 1557, Cambridge: Cambridge University Press, 1999, p. 358.

② J. B. Trapp, "The Humanist Book", in Lotte Hellinga and J. B. Trapp, eds., *The Cambridge History of the Book in Britain*, Vol. 3, 1400 – 1557, Cambridge: Cambridge University Press, 1999, p. 306.

方面的广泛性和多样性。

第二节　人文主义印刷书的进口

　　文艺复兴时期的希腊文化中心首先出现在佛罗伦萨。借助于希腊语，这座"百合之都"成为新柏拉图主义的中心。但是，到15世纪末，威尼斯作为欧洲活字印刷主要中心的地位逐步确立，其在地中海区域地位的上升，以及西方最强大的希腊语社团在威尼斯城内的出现，表明了人文主义中心已经转移。① 在威尼斯人文主义印刷业的发展中，阿尔杜斯·曼努提乌（Aldus Manutius）是最为重要的一位印刷商。他于1490年来到威尼斯，立即成为人文主义圈子里十分活跃的一员。1495年后，他的印刷所相继出版多种希腊文图书，既有文学作品也有与自然科学相关的文章以及内容多样的手册（语法、词汇、词典、圣诗），同时也少不了里程碑式的亚里士多德作品集，并且于1508年出版了《修辞学》和《诗学》。我们从1507年10月28日伊拉斯谟写给曼努提乌的一封信即可探知当时威尼斯人文主义印刷品对英格兰人的吸引力。伊拉斯谟在信中询问道："那些博学的英格兰人让我调查，你的仓库里是否还有一些非比寻常的作家的作品，要是你能告诉我，你可就帮了我的大忙。"② 另外，像克里特岛移民扎夏里拉

---

①　〔法〕弗雷德里克·巴比耶：《书籍的历史》，刘阳等译，广西师范大学出版社，2005，第136~137页。

②　"伊拉斯谟致阿尔杜斯·曼努提乌"，《文艺复兴书信集》，李瑜译，学林出版社，2002，第3页。

斯·卡利尔吉和尼古拉·布拉斯多，也是享有盛誉的希腊文印刷商，他们两人从 1499 年起合作出版过《词源大词典》。①

继威尼斯之后，巴黎逐渐占据了人文主义印刷书生产的领先地位，其主要印刷商为埃斯蒂安家族（Robert and Henri Estienne）。② 另外，得益于印刷商弗罗本（Froben）与伊拉斯谟的通力合作，巴塞尔也在欧洲印刷书籍版图中占有了一席之地。安特卫普则因为普朗坦（Plantin）印刷所的存在而成为人文主义书籍的重要产地。其他的书籍产地则主要分布在里昂、科隆、斯特拉斯堡、鲁汶和苏黎世等地。③ 上述几地都是英格兰进口人文主义印刷书的主要来源地。可以说，英格兰对欧洲大陆人文主义印刷书的需求贯穿整个 16 世纪。到该世纪末，许多书商仍需要定期前往欧洲大陆的书市寻找并购买所需书籍。④

就英格兰本土的书籍市场而言，不仅印刷商多半为外国人，而且与书籍销售相关的外国商人数量也不在少数。据估计，在 1535 年之前，在英格兰从事书籍贸易的人员中大约有三分之二为外国人。⑤ 商人们通常通过大陆港口进行守法贸易。他们不仅携书而来，而且开始在欧洲大陆委托订制文本。当时伦敦已是欧洲

---

① 〔法〕弗雷德里克·巴比耶：《书籍的历史》，刘阳等译，广西师范大学出版社，2005，第 138~139 页。
② 〔法〕弗雷德里克·巴比耶：《书籍的历史》，刘阳等译，广西师范大学出版社，2005，第 142~144 页。
③ Marjorie Plant, *The English Book Trade: An Economic History of the Making and Sale of Books*, London: George Allen & Unwin Ltd., 1939, p. 25.
④ Marjorie Plant, *The English Book Trade: An Economic History of the Making and Sale of Books*, London: George Allen & Unwin Ltd., 1939, p. 260.
⑤ Marjorie Plant, *The English Book Trade: An Economic History of the Making and Sale of Books*, London: George Allen & Unwin Ltd., 1939, p. 28.

大陆印刷品的集散中心，像圣保罗教堂庭院等地早已成为主要的书籍销售区域，几乎每一个书商都在那里保有一间店铺或至少一个仓库。① 而一些外国商人似乎并不满足于此，纷纷在牛津等地建立了藏书库。此外，斯托布里奇集市（Stourbridge Fair）的外国商人则通过水路运送他们的货物，使这里也成为书籍交易的主要场所之一。而考文垂、布里斯托尔和伊利的书市也都相继发展起来。

与外国商人展开竞争的英格兰本土商人当属布里克曼（Brickman）家族。从 16 世纪早期开始，他们便在英格兰书籍贸易中建立了一套体系。在其事业不断发展之时，正好赶上了 16 世纪 20~30 年代英格兰民族国家意识觉醒的浪潮。因此，由政府主导实施的保护本国工商业者利益的措施也接踵而至。在书籍生产和进出口领域，政府相继颁布多种限制外国人经营权利的法案。例如，1533 年，政府颁布了一部关于印刷商和装订商的新法案，实际上废除了理查三世时期鼓励外国商人从事书籍进口活动的条款。1539 年，国王政府又出台了针对外国人的进一步限制措施，规定在没有取得特别许可的情况下，任何人不得擅自进口和销售英语书籍。② 在这样对本国人极为有利的政策背景下，布里克曼家族成员在伦敦以及牛津、剑桥两所大学的经营活动非常活跃，利润丰厚。有证据表明，1540 年，一位布里克曼家族的寡妇

---

① Marjorie Plant, *The English Book Trade: An Economic History of the Making and Sale of Books*, London: George Allen & Unwin Ltd., 1939, p. 253.

② Marjorie Plant, *The English Book Trade: An Economic History of the Making and Sale of Books*, London: George Allen & Unwin Ltd., 1939, pp. 259-260.

在剑桥拥有数量可观的财产。① 到 1570 年，布里克曼家族已经在英格兰完全主导了此项贸易。在伊丽莎白一世时期的权臣塞西尔在写给财政大臣的备忘录中特意提道："应该允许阿诺德·布里克曼和来自科隆的康拉德·穆拉携带大量书籍（连同一些生姜）登岸。"而这批货物是从安特卫普运来的。② 可见，布里克曼家族与政府要员之间关系紧密。

牛津的小书商从 16 世纪早期起便已经得到了大量来自欧洲大陆的书籍，其途径可分为三类：要么通过布里克曼家族，要么通过该家族的对手，即欧洲大陆印刷所驻伦敦的办事处，后来又通过伦敦一些专门存储拉丁文书籍的书商获得所需图书。剑桥则有更多的渠道，但大多数也与此类似。书商的销售记录可以表明，在牛津和剑桥出售书籍的规模在 1500 年后的 50 年里得到了长足发展，远远胜过之前的 50 年。牛津书商约翰·多恩（John Dorne）的日记簿（Day Book）是所有销售记录中保存最完整的一份材料。当中列出了 1520 年 1 月至 12 月他所售卖的书籍，其中很大一部分属于人文主义范畴：在两千余个条目中，含有伊拉斯谟作品的 270 个版本，比亚里士多德的还要多。其中既包括伊拉斯谟的文法和修辞作品，四十多本《谈话录》（*Colloquia*）、31 本伊拉斯谟和利利合著的《论造句》（*De Constructione*）和 9 本《语录》（*Adagia*）；也有与提高文化修养和提升虔信程度（Pietas Litterata）

① Elisabeth S. Leedham-Green, "University Libraries and Book-Sellers", in Lotte Hellinga and J. B. Trapp, eds., *The Cambridge History of the Book in Britain*, Vol. 3, 1400–1557, Cambridge: Cambridge University Press, 1999, pp. 348–349.

② Marjorie Plant, *The English Book Trade: An Economic History of the Making and Sale of Books*, London: George Allen & Unwin Ltd., 1939, p. 260.

相关的书，包括 15 本《基督教骑士手册》（*Enchiridion*）（其中一本由德·沃德出品）、7 本《新约圣经》（*Novum Instrumentum*）和 11 本《申辩》（*Apologia*）。同时，勒费弗尔所写的有关亚里士多德的评论集、特拉布宗的乔治撰写的课程辅导书、加扎的西奥多的希腊语法，以及瓦拉的《拉丁词藻》也都非常流行。[1] 与此同时，这些以各个学院师生为主要销售对象的书商，也会到市镇的一些小集市中销售自己的商品，这是因为很多书商发现在集市售书比在自己书店内获利更加丰厚。例如，约翰·多恩提到，他在 1520 年曾去过牛津圣弗莱兹维德市场（St. Frideswide's Fair）和奥斯丁市场（Austin Fair）。他在这些集市里不但出售了大量廉价出版物，如街头歌谣集等，而且还卖出了不少《伊拉斯谟谈话录》（*Colloquia Erasmi*）及类似作品。[2] 在这些书商销售的书籍中，绝大部分是通过进口而来的印刷书籍。值得一提的是，当托马斯·博德利爵士于 1597 年向牛津大学捐赠其价值不菲的藏书时，其捐赠图书的原产地也基本都在欧洲大陆，也就是说其本人获取的途径也主要是依靠购买进口书籍。[3]

---

[1] Elisabeth S. Leedham-Green, *Books in Cambridge Inventories: Book Lists from Vice-Chancellor's Court Probate Inventories in the Tudor and Stuart Periods*, Cambridge: Cambridge University Press, 1986, p. 341; Marjorie Plant, *The English Book Trade: An Economic History of the Making and Sale of Books*, London: George Allen & Unwin Ltd., 1939, p. 36.

[2] Marjorie Plant, *The English Book Trade: An Economic History of the Making and Sale of Books*, London: George Allen & Unwin Ltd., 1939, pp. 262-263.

[3] Marjorie Plant, *The English Book Trade: An Economic History of the Making and Sale of Books*, London: George Allen & Unwin Ltd., 1939, p. 263.

第三节　人文主义书籍的购买与收藏

英格兰人文主义书籍成规模的收藏，至少可以追溯至汉弗莱公爵（Duke of Humphrey）。这位公爵将他的寓所想象成意大利的王室宫廷，并依样予以建设。在 1435 年至 1444 年，汉弗莱公爵向牛津大学赠送了大约 274 部书，① 从此便在英格兰开启了向大学图书馆进行实质性捐赠的传统。15 世纪后半期，随着越来越多的人到意大利游历并接受人文主义教育，英格兰人开始获得更多人文主义手抄本，如威廉·格雷（William Gray）在 1442 年负笈意大利之前，就已订购了大量人文主义手抄本。在罗马，格雷获得了更多的书籍。他于 1453 年返回英格兰，并建起了自己的藏书室，这是英格兰中世纪藏书量最大的私人图书馆。② 而牛津大学林肯学院的人也四处寻找人文主义佳作。罗伯特·弗莱明（Robert Flemmyng）是林肯学院建立者的侄子，他遵循格雷的做法，四处求购书籍。他于 1444 年求学于科隆，两年后来到帕多瓦，后来又跑到费拉拉跟从瓜里诺（Guarino）学习。他掌握了希腊语，并曾编写过一本希腊—拉丁语词典。后来，他的生活主要是在牛津与罗马两地的来往中度过的。在罗马，他成了教皇的

---

① J. B. Trapp, "The Humanist Book", in Lotte Hellinga and J. B. Trapp, eds., *The Cambridge History of the Book in Britain*, Vol. 3, 1400 – 1557, Cambridge: Cambridge University Press, 1999, p. 295.

② J. B. Trapp, "The Humanist Book", in Lotte Hellinga and J. B. Trapp, eds., *The Cambridge History of the Book in Britain*, Vol. 3, 1400 – 1557, Cambridge: Cambridge University Press, 1999, p. 294.

图书管理员普拉提纳的朋友，这极大地开阔了其视野，并有利于提高其书籍鉴别水平。至1465年，他已经使林肯学院成为手抄本的宝库。①

到了乔治·内维尔（George Neville）担任牛津大学校长时期，希腊研究开始受到热情鼓励，校长本人便是海外流亡希腊人的赞助者。例如，乔治·荷蒙尼莫斯（George Hermonymos）于1475年或更早的时候就到达了英格兰，并将一些从希腊语翻译成拉丁语的作品奉献给内维尔，同时也献给内维尔的高级仆从约翰·舍伍德（John Sherwood）。正是这位舍伍德后来通过不断收集整理而最终建立起一座藏量丰富的人文主义图书馆，既包括古代语言的手抄本著作，也有大量在意大利购买的印刷书，其中很多书后来被收入理查德·福克斯囊中，他接替舍伍德担任过达勒姆主教。上文已述，由于福克斯在后来建立了人文主义色彩浓厚的基督圣体学院，因此，这也使该学院拥有了可观的人文主义书籍藏量。

威廉·格罗辛和克里斯托弗·乌兹维克（Christopher Urswick）也是这一时期著名的人文主义书籍收藏家。格罗辛的学术品位和水准可以根据林纳克在其身后整理的一份书单窥得一二。这份书单中至少包括了17部手抄本和105本印刷书，主要是古典文学和圣父作品。格罗辛可谓是英格兰人中收集希腊文书籍之翘楚，而其馆中的拉丁语人文主义书籍包括彼特拉克、特拉

---

① J. B. Trapp, "The Humanist Book", in Lotte Hellinga and J. B. Trapp, eds., *The Cambridge History of the Book in Britain*, Vol. 3, 1400–1557, Cambridge：Cambridge University Press, 1999, p. 296.

布宗的乔治、弗朗西斯科·法尔福（Francesco Filelfo）、蓬波尼奥·勒托（Pomponio Leto）、彼得罗·克里尼托（Pietro Crinito）、瓦拉、伊拉斯谟和罗伯特·加圭（Robert Gaguin）等众多名家的作品。[①] 乌兹维克毕业于剑桥大学，是帮助都铎家族建立都铎王朝的功臣，在宫廷拥有一定的权威。他的图书馆里也藏有诸多印刷版本，如普拉蒂纳、圣哲罗姆（St. Jerome）作品以及伊拉斯谟编订的希腊文《新约圣经》（1516 年）及其他作品。[②] 林纳克早在意大利求学期间，便结识了威尼斯印刷商曼努提乌及其周围的希腊语学生圈，并借此机会购买了很多书籍，其中包括希腊语的医学书籍，事后看来这些书对于其后来成为研究盖伦的权威人物起了重要作用。[③]

约翰·费舍尔的导师威廉·梅尔顿（William Melton）在 1528 年时除了拥有学术作品和圣父作品外，还拥有瓦拉、伊拉斯谟、皮科的作品及希腊文《新约圣经》。伊拉斯谟到剑桥大学王后学院旅居时曾掀起了希腊研究的风潮，此后该项研究开始在剑桥不断发展。1540 年至 1541 年，一个名为莱奥纳多·梅特卡夫的剑桥大学圣约翰学院学者，由于谋杀了一位大学选出的议员而遭受极刑，结果有人将其财产列了一份清单。从这份清单中我们发现，他总共藏有 8 册书，包括卡莱皮诺的希腊语词典、贺拉斯

---

① J. B. Trapp, "The Humanist Book", in Lotte Hellinga and J. B. Trapp, eds., *The Cambridge History of the Book in Britain*, Vol. 3, 1400 – 1557, Cambridge: Cambridge University Press, 1999, p. 305.

② David McKitterick, *A History of Cambridge University Press*, Vol. 1, Cambridge: Cambridge University Press, 1992, p. 38.

③ G. R. Evans, *The University of Oxford: A New History*, London: I. B. Tauris, 2010, p. 123.

（Horace）的一部作品、雅各布斯·法布尔（Jacobus Faber）的基础教科书、佩特鲁斯·塔塔里图斯（Petrus Tartaretus）论述西班牙人佩德罗（Petrus Hispanus）（即教皇约翰二十一世）的作品，以及伊拉斯谟的《愚人颂》（*Moriae Encomium*）和《牧人日历》（*The Shepheard's Galendar*）。①

此外，很多不太知名的人士创建的图书馆也收藏有大量人文主义书籍。例如，在 1507~1554 年牛津一座私人图书馆的详细目录（超过一百条）中，记录有 20 本伊拉斯谟的书、5 本洛伦佐·瓦拉的作品，还有弗朗西斯科·法尔福、雅克·勒费弗尔·戴塔普尔、鲁道弗斯·阿格里科拉（Rudolphus Agricola）以及梅兰希通（Melanchthon）等人的一些零星作品，同时还包括大量希腊语和拉丁语语法书及词典。② 从 15 世纪到 16 世纪早期，几乎所有的"牛津人文主义者"，都拥有彼特拉克的作品。③ 剑桥的一份书单在时间上稍晚一些，记录了 1535~1536 年大学工作人员拥有书籍的情况，其中包括 24 本瓦拉作品的版本，而且平均每个人占有 3 本。④

除了教师外，学生也是购买类似书籍的主力。下面这则记录

---

① David McKitterick, *A History of Cambridge University Press*, Vol. 1, Cambridge: Cambridge University Press, 1992, p. 43.

② J. B. Trapp, "The Humanist Book", in Lotte Hellinga and J. B. Trapp, eds., *The Cambridge History of the Book in Britain*, Vol. 3, 1400-1557, Cambridge: Cambridge University Press, 1999, p. 328.

③ Elisabeth S. Leedham-Green, *Books in Cambridge Inventories: Book Lists from Vice-Chancellor's Court Probate Inventories in the Tudor and Stuart Periods*, Cambridge: Cambridge University Press, 1986, p. 35.

④ J. B. Trapp, "The Humanist Book", in Lotte Hellinga and J. B. Trapp, eds., *The Cambridge History of the Book in Britain*, Vol. 3, 1400-1557, Cambridge: Cambridge University Press, 1999, p. 287.

生动体现了学生拥有此类书籍的情形。15 世纪 30 年代，一位名叫约翰·布兰德斯比的人曾写道：

> 现如今，亚里士多德和柏拉图被孩子们以他们自己的语言阅读——事实上在我们学院（指剑桥大学圣约翰学院——引者注）已经施行五年了。在这里，索福克勒斯（Sophocles）和欧里庇德斯（Euripides）比普劳图斯更为人所熟悉。更多的人开始涉猎希罗多德、修昔底德（Thucydides）、色诺芬的作品。他们一旦了解西塞罗，便会听说德摩斯梯尼。孩子们拥有的伊索克拉底作品版本远比从前的泰伦斯作品更多。[1]

这种说法应该是比较可信的，因为另据约翰·切克爵士（Sir John Cheke）的说法，当时在圣约翰学院，每个男孩手中都有一本伊索克拉底（Isocrates）的作品。[2]

此外，有人在相关材料中发现了一个名叫约翰·迪的普通学生的藏书清单。该学生在 1542 年进入圣约翰学院，于 1545 年至 1546 年取得学士学位，1546 年 12 月被亨利八世推荐为三一学院的第一批学院院士（Fellows）。在剑桥的这几年里，他已然成为一位严肃的印刷书收藏者，藏有加扎的希腊文语法书（1529 年

---

① Elisabeth S Leedham-Green, "University Libraries and Book-Sellers", in Lotte Hellinga and J. B. Trapp, eds., *The Cambridge History of the Book in Britain*, Vol. 3, 1400 - 1557, Cambridge: Cambridge University Press, 1999, p. 347.

② David McKitterick, *A History of Cambridge University Press*, Vol. 1, Cambridge: Cambridge University Press, 1992, p. 44.

的巴塞尔版本），以及塔西佗作品（1542年的里昂版本），两本都是从书商斯皮尔林克那里购买的。此外，他收藏的托勒密作品是1533年的弗罗本版本，西塞罗作品则是1539年斯蒂芬努斯的对开版本，而奥维德作品则是由西蒙·德·科林斯（Simon de Colines）在1529年印制的。①

令人好奇的是，从现有材料来看，与私人图书收藏情况相比，学院图书馆的人文主义藏书量却非常低。除了上文提及的牛津大学基督圣体学院外，牛津大学其他学院图书馆都远没有那样的藏书规模。例如，基督教堂学院就没有这么好的运气，尽管红衣主教沃尔塞费尽心力要在威尼斯和梵蒂冈搜寻希腊文本，但收效甚微。另外，在莫顿学院图书馆1556年一份未完成的书单里，我们发现该图书馆几乎没有多少人文主义书籍。在1543年林肯学院的人员借阅记录中也没有相关作品。万灵学院的记录则描画了一幅更为清晰的图景：1502年在总共250本手抄本和100本印刷书中，值得夸耀的仅有一本瓦拉的《拉丁词藻》，是詹姆斯·古德威尔（James Goldwell）于1467年在罗马得到的，而其他人文主义作品也数量有限。② 这些都说明，在16世纪中前期，人文主义书籍，特别是印刷书籍，在牛津大部分学院的收藏量是很有限的。为了扩大学院的印刷书藏量，牛津大学莫德林学院在

---

① David McKitterick, *A History of Cambridge University Press*, Vol. 1, Cambridge: Cambridge University Press, 1992, p. 43.

② David McKitterick, *A History of Cambridge University Press*, Vol. 1, Cambridge: Cambridge University Press, 1992, p. 38; Rosemary O'Day, *Education and Society, 1500-1800: the Social Foundations of Education in Early Modern Britain*, London and New York: Longman Group Ltd., 1982, p. 121.

1535 年至 1550 年，共花费 73 镑购买印刷书籍。新学院则在
1544 年至 1555 年花费 27 镑添置新书。同时，莫顿和万灵学院也
都购买了书籍。① 16 世纪中期之后，牛津大学各学院图书馆的藏
书规模才有了显著扩大。

　　不光是当时学院图书馆本身的藏书量有限，而且各个学院图
书馆及后来成立的牛津大学图书馆的规章制度和硬件条件，很不
便于教师和学生取用所需图书，这也从另一方面促进了学校师生
购买更加廉价的印刷书。当时，牛津大学很多学院的手抄本并不
能外借，即便是阅览，也多局限在教师和研究生，而本科学生很
难有机会接触到手抄本，其中自然也包括人文主义手抄本。另
外，手抄本占用空间较大，而学院图书馆本身的空间极为有限，
很难腾出新地储藏新书，特别是市场上出现的大量印刷书。这种
局面最终倒逼一些学院开始筹划建立新馆，如新学院和圣约翰学
院便在 16 世纪末期陆续建起新图书馆以扩大藏量。② 即便如此，
学生用书仍然几乎无法靠图书馆来解决，这便为印刷书占领市场
提供了机会，进而影响到了教学的方式。

小　结

　　综上所述，我们可以认为受欧洲大陆人文主义思潮的影响，

---

①　N. R. Ker, "Oxford College Libraries in the Sixteenth Century", *Bodleian Library Record*, 6 (1957-1961), pp. 459-515.

②　Rosemary O' Day, *Education and Society, 1500-1800: the Social Foundations of Education in Early Modern Britain*, London and New York: Longman Group Ltd., 1982, pp. 121-124.

英格兰人文主义思潮从15世纪下半叶开始兴起。与之相伴随的人文主义印刷书也在这个时期出现在英格兰本土，顺应了时代要求。但是，与欧洲大陆人文主义印刷业相比，英格兰在此方面的发展水平显然还比较落后，这体现在印刷书生产技术的相对滞后，但更重要的是学术积淀有限，而市场又相对狭小，难以与欧洲大陆的印刷所竞争，从而严重影响了印刷商在英格兰本土从事生产的信心。这样就造成15世纪后期至16世纪中期，英格兰对人文主义印刷书的需求主要依靠从欧洲大陆进口书籍来满足，其人文主义印刷书贸易的区域性和国际性色彩浓郁。外国商人起先占有一定优势，但随后由于政策保护的因素，这一贸易逐渐被英格兰本国人主导。从人文主义书籍被购买和收藏的情形来看，手抄本被牛津、剑桥大学及其各学院图书馆收藏的数量可观，但学院图书馆内的印刷书藏量有限。当时印刷书的受众主要是学院教师和学生个人。这可突出说明印刷术发明所带来的最基本的影响，即它带来了书价的降低和书的相对平凡化。[1]可以说，在15世纪后半叶和16世纪前半叶，印刷书展现了其既制作快速，又便于运输携带的特性，推动了人文主义思想从欧洲大陆南部向西北欧的传播，并有力促进了人文主义思想在英格兰的兴起，这为16世纪后半叶和17世纪英格兰思想文化水平的显著提升奠定了基础。

但是，我们并不能同意一种将印刷书作用无限放大的观点，

---

[1] 〔法〕弗雷德里克·巴比耶：《书籍的历史》，刘阳等译，广西师范大学出版社，2005，第132页。

即认为印刷书的出现足以成为划分文艺复兴不同阶段的标志。①
事实上，一如前述，英格兰人文主义潮流在印刷书到来之前即已
出现，而其本土人文主义印刷业的发展迟滞也明显受到了当地经
济、社会、文化环境的影响。同时，在书籍受众那里，手抄本与
印刷书也并非截然对立、非此即彼，而是经历了一个较为漫长的
并存时期。

---

① 〔美〕伊丽莎白·爱森斯坦：《作为变革动因的印刷机：早期近代欧洲的传播与文化变
革》，何道宽译，北京大学出版社，2010，第 138~139 页。

第四章　印刷媒介与学校教学方式
及学科的演变

从 15～16 世纪开始，在中世纪由天主教会全权负责的英格兰教育领域，正逐步经受着来自文艺复兴与宗教改革思想浪潮的冲击，特别是牛津、剑桥等英格兰主要大学，受到来自意大利的社会文化思潮的强烈影响，教学理念开始转向对人文主义的诉求。这使英格兰高、中、初等教育发生了一次涉及教育理念、教学内容和方式的全方位变革，为现代英国教育制度的形成奠定了基础。因此，教育史家常常将这一时期的诸多变化冠以"教育革命"之名。①

英格兰学校教育经历深刻变革之际，也是印刷术真正走上欧洲历史舞台的时期。这种时空上的"巧遇"不是偶然的。有学者认为，传播技术的变化无一例外地产生了三种结果：它们改变了人的兴趣结构（即人们所考虑的事情）、符号的类型（即人用以

---

① 〔英〕奥尔德里奇：《简明英国教育史》，褚惠芳等译，人民教育出版社，1987，第 107 页；劳伦·斯通：《1560～1650 年英国教育革命》，刘芮编译，见侯建新主编《经济—社会史评论》（第三辑），三联书店，2007，第 43 页。

思维的工具）以及社区的本质（即思想起源的地方）。① 具体到印刷媒介对近代早期英格兰教育变革的作用，国内不少学者也曾指出其重要性，② 但大都缺乏更为具体缜密的论述。本章即从印刷媒介在传播信息方面所独具的稳定性和广泛性出发，对其在这场教育变革中发挥的重要影响进行较为细致的梳理。换句话说，欲解释这场教育变革何以如此风行草偃，就必须重视印刷媒介的力量，这便是本章所要讨论的主题。

第一节　印刷书推动大学教学方式的改进

中世纪的教育主要依赖口授方式。学校为本科生提供内容宽泛的讲座，在课堂上，刚刚毕业的文科学士大声朗读指定的课本，并以逐词注释的形式向学生讲授相关信息。流传下来的一个笑谈说，当一名学生被问到他在学校里读了什么书时，他厚着脸皮说道："我只是听，没有读。"（Non lego, sed audio）这则笑话依据的是教师和学生行为之间的区别："教"便是"读"，而"学"则是"听"，而且并没有想过要积极地听。他们依据讲座者的话做笔记，讲者则读得尽量缓慢以使学生能逐字记下。③

这是一种典型的经院哲学的教学方式。在基督教世界中，虽

① 〔美〕尼尔·波兹曼：《娱乐至死·童年的消逝》，章艳等译，广西师范大学出版社，2009，第185页。
② 如刘明翰、陈明莉：《欧洲文艺复兴史·教育卷》，人民出版社，2008，第111、113页。
③ Kristian Jensen, "Text-Books in the Universities: the Evidence from the Books", in Lotte Hellinga and J. B. Trapp, eds., *The Cambridge History of the Book in Britain*, Vol. 3, 1400–1557, Cambridge: Cambridge University Press, 1999, p. 355.

然各大学间的差别极大，但是经院哲学在早期基督教哲学家的坚持之下，一直固守亚里士多德的教训。在本质上，这种方法无非是训练学生根据某些预先设立、正式被承认的标准——他们费尽千辛万苦才习得——来解释文本。就教导阅读而言，这种方法能否成功靠的不是学生的智慧，而是他们的毅力。[①]

15 世纪之后，这种方式发生了改变。至少在人文主义学校，阅读渐渐成为一些读者该做的事。先前的权威人士——翻译者、评注者、编目者、文集选编者、检查官员以及各种规范的制定者——已经赋予著作以正式的认可，并针对它们的用途贴上了不同标签。而如今，读者要为自己阅读，只是偶尔用到那些"权威"解释来判定自己摸索出的价值与意义。当然，这种变化并非突然，也不限于单一的地点和时间。早在 13 世纪时，一位不知名的抄写员便在一本修道院编年史的旁白处写道："阅读书籍时，你应该养成注意意义胜过文字的习惯，专注在果实而非叶饰上。"[②]

前文已述，由彼特拉克在意大利发起的人文主义运动，早在印刷术出现之前就已逐渐扩展至欧洲。在寻找"纯正的"拉丁语风格时，学者们逐渐转向了昆体良（Quintilian）模式，并接受了其理念，即教育的目的是培养演说家，闲暇时间能够与"最好的"作家相伴。在这个层面上，新观念对所有教授文学艺术的老师们都产生了根本性影响。与此同时，当时人们对文字的热情、

---

① 〔加〕阿尔维托·曼古埃尔：《阅读史》，吴昌杰译，商务印书馆，2004，第 91~92 页。
② Ernst Goldsmith, *Medieval Texts and Their First Appearance in Print*, London: Bibliographical Society, 1943, p. 100.

对受到忽视的手抄本的找寻、对希腊语的渴望，几乎波及所有的研究领域。

　　这一潮流对于英格兰来说已是姗姗来迟，但随着越来越多学者从欧陆旅行归来，"新知识"逐渐充盈了大学校园。一如前文所述，汉弗莱公爵赞助意大利人文主义者，并将他们带到英格兰，而且他赠送的书籍无疑可以促进牛津人文主义课程的推广。格雷和其他英格兰学者在他们的欧陆旅行过程中接触到了人文主义，在海外学习希腊文，并将人文主义作品带回国内。又如，约翰·冈索普于 1452 年在剑桥大学取得硕士学位后，远赴意大利，1460 年返回母校，在学校讲授期间，冈索普很可能已经将他学到的"新知识"融进了教学中。① 此外，还可以举出更多这样的事例，如来自君士坦丁堡的伊曼纽尔从 1462 年开始便在牛津教授希腊文，约翰·索波鲍罗斯（John Serbopoulos）当时与伊曼纽尔一道在牛津共事，可能也有一些学生跟随他学习希腊文。

　　在都铎王朝早期，很多制作于中世纪晚期用于阅读的文本大量消失，继而被罗马古典作品所取代。这种趋势肇始于牛津大学莫德林学院，时至 1500 年，学校开始阅读西塞罗、贺拉斯、奥维德、萨卢斯特和维吉尔的作品。② 此后，这一趋势不断得到强化。③ 在 16 世纪的牛津，经院哲学的教法开始不断受到质疑，并

①　Kristian Jensen, "Text-Books in the Universities: the Evidence from the Books", in Lotte Hellinga and J. B. Trapp, eds., *The Cambridge History of the Book in Britain*, Vol. 3, 1400–1557, Cambridge: Cambridge University Press, 1999, p. 365.

②　Nicholas Orme, *English Schools in the Middle Ages*, London: Methuen & Co Ltd., 1973, pp. 123–151.

③　Elisabeth S. Leedham-Green, "University Libraries and Book-Sellers", in Lotte Hellinga and J. B. Trapp, eds., *The Cambridge History of the Book in Britain*, Vol. 3, 1400–1557, Cambridge: Cambridge University Press, 1999, p. 335.

逐渐产生了变化，即从中世纪的课程提纲转向"人文主义"的课程；从基于辩证和亚里士多德的方式转向更加强调修辞和伊拉斯谟的方式；由基于聆听到基于阅读。① 文学艺术课程的新发展要求学生不再仅仅是聆听，而且要读和写。

由于需求激增，在 16 世纪，学生的笔记经常在未得到讲座者或作者同意的情况下便被付诸印刷。② 讲座笔记可以集成一本教科书，这种书籍通常以较小的开本制作，价格比较低廉。从牛津书商多恩的日记簿中可以看到，一些初级书籍的售价仅为几便士。③ 这些印刷品对于那些备受笔记折磨的学生来说，实在是一个投机取巧的捷径，因而获得了越来越大的市场。当然，无论其文本多么重要，这些小开本书的价值还不足以占据学院图书馆的空间，但由于非常便宜，所以能够传到学生手中。在这个世纪的头十年里，一个学生便有机会拥有用于学习的书籍了。④ 无疑，印刷所制作的相对便宜的文本满足了他们的此项需要，在这个意义上，印刷机的出现促进了这种新学术的成长。

在剑桥，希腊文课程的永久确立可能始自伊拉斯谟的到来。

---

① Kristian Jensen, "Text-Books in the Universities: the Evidence from the Books", in Lotte Hellinga and J. B. Trapp, eds., *The Cambridge History of the Book in Britain*, Vol. 3, 1400 - 1557, Cambridge: Cambridge University Press, 1999, p. 357.

② Kristian Jensen, "Text-Books in the Universities: the Evidence from the Books", in Lotte Hellinga and J. B. Trapp, eds., *The Cambridge History of the Book in Britain*, Vol. 3, 1400 - 1557, Cambridge: Cambridge University Press, 1999, p. 356.

③ Elisabeth S. Leedham-Green, *Books in Cambridge Inventories: Book Lists from Vice-Chancellor's Court Probate Inventories in the Tudor and Stuart Periods*, Cambridge: Cambridge University Press, 1986, pp. 61-70.

④ Kristian Jensen, "Text-Books in the Universities: the Evidence from the Books", in Lotte Hellinga and J. B. Trapp, eds., *The Cambridge History of the Book in Britain*, Vol. 3, 1400 - 1557, Cambridge: Cambridge University Press, 1999, p. 355.

在当时的北欧地区，他是当之无愧的最著名的人文主义者。
1506 年，他首次来到剑桥。1511 年，时任剑桥大学校长的费舍
尔说服他在此任教。其间，伊拉斯谟印刷出版了大量作品：他为
其希腊文《新约圣经》的新版本做了准备工作，并着手写出了
《格言》（*Adages*），编辑了哲罗姆和塞内加的书信，还翻译了巴
西尔、普鲁塔克和卢西安的作品。同时，他有关教学法的著作，
诸如《雄辩术》（*De Copia Verborum*）也在数年内进入市场；他
编辑的《双行讯》（*Disticha*）等其他初级教材也都广受教师和学
生的欢迎。

除了伊拉斯谟，理查德·克洛克等人也助推了剑桥大学人文
主义课程的推广。克洛克在 1509 年从国王学院获得学士学位后，
远赴巴黎、鲁汶和科隆继续其学业，二十六岁时便在莱比锡成为
希腊语教授。在那里，他出版了一本初级的希腊语入门书和加扎
语法书，其对希腊语的大众教育起到了普及的作用，并在1518 年
被剑桥大学聘为希腊文讲师。[1] 到了 1535 年，托马斯·克伦威尔
接替费舍尔担任剑桥大学校长一职。他担任校长期间，剑桥大学
正式树起了人文主义和新教主义两面旗帜。"需要给文科学生教
授逻辑、修辞、算术、地理、音乐和哲学，并要阅读亚里士多
德、鲁道弗斯·阿格里科拉、菲利普·梅兰希通等人的作品，而
不再钻研斯科图斯（Scotus）、伯鲁斯（Burleus）、安东尼·特隆
贝特（Anthony Trombet）、布里科特（Bricot）、布鲁里弗鲁斯

---

① Elisabeth S. Leedham-Green, "University Libraries and Book-Sellers", in Lotte Hellinga and
J. B. Trapp, eds., *The Cambridge History of the Book in Britain*, Vol. 3, 1400–1557, Cambridge:
Cambridge University Press, 1999, p. 336.

（Bruliferius）等人所写的琐碎话题和模糊注释。[1] 这一导向性政策很快便付诸实施。

除了本土印刷商开始大规模生产此类书籍之外，书商亦将书籍作为一种投机产品带回英格兰，从而释放出了新教材的巨大潜力，为一种新兴的教学风格提供了机会。此时，学生们拥有的那些课本是他们学习的直接对象，新作家作品更加频繁地出现，而老作品则配上了新评注。这些廉价机械产品的增加正好与新教学理念丝丝入扣。学生可以单独阅读图书，而不再仅仅待在教室中听讲座。辅导课起初处于补充地位，后来则愈发重要。因为有了印刷书，他们的导师和朋友可以比从前更加自由地向其推荐阅读作品。[2] 此外，假期作业也于此时出现了。[3] 因此，印刷术的出现为高等教育教学方式的转变提供了有利条件，推动了人文主义教学方式取代中世纪教学方法的进程。

第二节 印刷书促进学科的发展演变

除了对授课方式有所影响外，印刷书与学科本身的发展演变是一个更为重要的问题。按照通常的宏大历史叙述，印刷术对很

---

① David McKitterick, *A History of Cambridge University Press*, Vol. 1, Cambridge: Cambridge University Press, 1992, p. 42.

② Elisabeth S. Leedham-Green, "University Libraries and Book-Sellers", in Lotte Hellinga and J. B. Trapp, eds., *The Cambridge History of the Book in Britain*, Vol. 3, 1400-1557, Cambridge: Cambridge University Press, 1999, p. 337.

③ Elisabeth S. Leedham-Green, "University Libraries and Book-Sellers", in Lotte Hellinga and J. B. Trapp, eds., *The Cambridge History of the Book in Britain*, Vol. 3, 1400-1557, Cambridge: Cambridge University Press, 1999, p. 338.

多学科的发展产生了非常重大的影响。但是，今天几乎已没有人对这样的断言表示满意了。书籍史专家麦基特里克就指出，中世纪文本的复制绝不像爱森斯坦所暗示的那样不可靠和不稳定；[①]卡塞尔则强调，一直到近代早期，手抄本对科学发展都在持续发挥着其至关重要的作用。他们认为印刷文本的稳定化着实经历了一段漫长而痛苦的过程，即使到 16 世纪末期也没有完成。另外，印刷出版对学术的影响并不总带来确定无疑的益处，达尔文曾说，出版滋长了"新的哄骗欺诈"（New Impositions）以及"把它们侦察出来的艺术"。[②] 为了对这一问题有一较为清晰和客观的看法，我们需要对这一时期各类学术著作的写作、印制、发行和接受情况做一番考察。

在神学领域，新的学术分支开始出现。这种学术不再是对注释本的解读，而是基于对《圣经》文本的细致考察，并且积极利用以希腊文、希伯来文、叙利亚文甚至亚拉姆文书写的文本来对《圣经》内容作新的解读。此外，学者们对早期圣父作品的研究范围也更为宽泛。[③]

在逻辑学领域，尽管人文主义者的研究纲领旨在以语言等研究取代中世纪经院哲学对逻辑的重视，但逻辑学仍然是 16 世纪

① David Mckitterick, *Print, Manuscript and the Search for Order 1450 - 1830*, Cambridge: Cambridge University Press, 2003, pp. I -IV.

② 玛丽娜·弗拉斯卡-斯帕达、尼克·贾丁："导言：书籍与科学"，见〔英〕玛丽娜·弗拉斯卡-斯帕达、尼克·贾丁主编《历史上的书籍与科学》，苏贤贵等译，上海科技教育出版社，2006，第 3~4 页。

③ Elisabeth S. Leedham-Green, "University Libraries and Book-Sellers", in Lotte Hellinga and J. B. Trapp, eds., *The Cambridge History of the Book in Britain*, Vol. 3, 1400-1557, Cambridge: Cambridge University Press, 1999, p. 334.

牛津和剑桥文科课程的基础，并且是四年制学士学位课程中前两年的主干科目。就牛津和剑桥这一时期使用的逻辑学教科书来说，在内容上确实发生了不小的变化。该学科原先与自然哲学联系紧密，而此时则特别强调人文主义的研究，甚至用包括希腊文、古典诗歌和历史作品以及伦理学、政治学的作品取而代之。大学法令规定，学生需要阅读亚里士多德的《工具论》（*Organon*）和关于《范畴篇》（*Category*）的导论（Isagoge），但值得注意的是，人们已经开始研究大量更具有现代性的逻辑学材料。约翰·塞顿的《论辩法》便是新型逻辑学的典型代表，虽然书中还保留有一些中世纪的空想理论，但在其他方面，该作品则与此前的逻辑学文本没有什么相同之处。从另一个角度来说，此时人们使用具有人文主义色彩的逻辑学印刷教材，其目的已经不再指向自然哲学，而更多的是诉诸文学；其教育目标不再是叙述分析，而是用来证明观点。同时，教师教授语法也不是为学生提供逻辑学的基本技巧，亦即，缺乏以逻辑学为基础的大学文科课程开始出现了。①

当然，那些早在14世纪前半期就在欧洲享有盛誉的逻辑学家，诸如奥卡姆的威廉（William of Ockham）、沃尔特·博利（Walter Burley）等人的作品，在16世纪欧洲各大学里仍被广泛阅读并被加以注解，印刷商也在频繁加以印刷。例如，博利对亚里士多德《后分析篇》（*Posterior Analytics*）所做的注解于

---

① Kristian Jensen, "Text-Books in the Universities: the Evidence from the Books", in Lotte Hellinga and J. B. Trapp, eds., *The Cambridge History of the Book in Britain*, Vol. 3, 1400-1557, Cambridge: Cambridge University Press, 1999, p. 365.

1517 年在英格兰印制，在 1520 年牛津书商多恩的记录中标有十册博利的作品。① 这表明中世纪的传统在 16 世纪初期并没有完全被摒弃。

这一时期，文本的阅读、编辑和评论是研究自然哲学的主要实践活动。文艺复兴的到来，使文本评论面临一个新的局面，即需要阅读的相关书籍在范围和数量上有了大幅度增长。人文主义者致力于找寻散佚的古代作品，这使得人们一千年以来第一次能够见到大量关于自然问题的著作，尤其是迪奥斯科里季斯（Dioscorides）、卢克莱修和阿基米德的作品。同时，欧洲探险家们在"新世界"及"旧世界"那些具有异国风情地区的旅行，带来了关于动植物种类和人类风俗的新信息。而新兴的印刷术使得人们不仅容易获得这些新材料，而且更容易得到那些仍然备受尊敬的古代和中世纪权威著作，从体积笨重的"初版"（Editiones Principes）、"全集"（Opera Omnia），到各地方言译本，甚至单部作品的廉价学校版，此时它们都有了大量的印刷版本。印刷术同时还刺激了越来越多当代作者编纂自己的作品，其中大部分人本来是没有什么可依仗的大学或宫廷关系来传播自己的手稿的。②

另外，从 15 世纪后期和 16 世纪早期开始，教师教授自然哲

---

① Elisabeth S. Leedham-Green, "University Libraries and Book-Sellers", in Lotte Hellinga and J. B. Trapp, eds., *The Cambridge History of the Book in Britain*, Vol. 3, 1400-1557, Cambridge: Cambridge University Press, 1999, p. 351.

② 安·布莱尔："为自然哲学做注解和索引"，见〔英〕玛丽娜·弗拉斯卡-斯帕达、尼克·贾丁主编《历史上的书籍与科学》，苏贤贵等译，上海科技教育出版社，2006，第 80~81 页。

学时，很少使用配有注释的标准文本了，而是采用其概略和缩写本。① 为了与此趋势相适应，印刷商开始大量印行标准文本的缩写本，其中最重要的当属雅克·勒费弗尔·戴塔普尔的著作。从1492 年印刷商开始付印戴塔普尔对亚里士多德自然哲学的解释作品，其被广泛使用于英格兰各地。到了 1538 年，莫顿学院的多米努斯·休斯（Dominus Hughes）准备举办有关戴塔普尔研究道德哲学的讲座，这又刺激印刷商大量印制戴塔普尔的作品。可见，印刷商始终与课程变化紧密联系。

与此同时，缩写本也进入其他学科领域。如担任过伦敦主教的卡斯伯特·滕斯托尔（Cuthbert Tunstal）在伦理学领域创作了符合当时潮流的教科书缩写本。他于 1554 年在巴黎出版了《伦理学》（Ethnics）的概略本。此后，他遵照这种模式又相继出版了很多书。②

此外，当时的人们还经常可以见到讨论学术问题的印刷信件。近代早期学者效仿西塞罗、普林尼（Pliny）和圣哲罗姆等人的做法，有意将他们自己的书信编纂成论辩的文本，作为自我推销的手段。人文主义者将这些书信体作品当作写作手册和范文作品，用来补充修辞学的一个分支——书信体——教学中使用经典著作的不足，同时也在法律和医学等学科中作为教学课本使

---

① Kristian Jensen, "Text-Books in the Universities: the Evidence from the Books", in Lotte Hellinga and J. B. Trapp, eds., *The Cambridge History of the Book in Britain*, Vol. 3, 1400 – 1557, Cambridge: Cambridge University Press, 1999, p. 376.

② Kristian Jensen, "Text-Books in the Universities: the Evidence from the Books", in Lotte Hellinga and J. B. Trapp, eds., *The Cambridge History of the Book in Britain*, Vol. 3, 1400 – 1557, Cambridge: Cambridge University Press, 1999, p. 376.

用。另外，书信还可以被重印或摘选在大型著作中，或者以小册子的形式单独出版，许多涉及天文问题的书信就是以后一种形式发表的。①

至于地理学，尤其是地图的准确绘制，则更需要印刷术所具有的相对标准化的特点。学者威廉·埃文斯（William Ivins）曾提出，印刷机能够生产出一种"可以精确复制的图画作品"，这种能力本身就引起了一场传播革命。利用印刷机把一个独特的图像复制并标准化，给人们的视觉意识带来了一场深刻的变革，它可能使地图这样的图像施加于潜在观众的影响，比手绘地图深远得多。② 埃文斯注意到了印刷术在印刷和复制标准化地理学图像方面的能力，并认为这一能力使整个16世纪的人们对陆地世界的理解发生了有迹可循的变化。不过，印刷术的影响力，尤其是在地理学领域，并非大得足以使它所处时代的文化发生决定性的、不可逆转的转变或突破。根据现存的印刷版地图来看，其准确性的提高是一个缓慢的优胜劣汰过程，当时人们的地理概念还远未统一。

在中世纪的大部分时间里，医学的地位一直徘徊在严肃的学术研究与机械性的技艺之间。博学的医师更愿意将医学看作兼有科学和艺术的学问，而且认为这种二元性是医学与其他学科相区

---

① 亚当·莫斯利："天文学著作与宫廷传播"，见〔英〕玛丽娜·弗拉斯卡-斯帕达、尼克·贾丁主编《历史上的书籍与科学》，苏贤贵等译，上海科技教育出版社，2006，第136页。

② 杰里·布罗托恩："世界地图印刷"，见〔英〕玛丽娜·弗拉斯卡-斯帕达、尼克·贾丁主编《历史上的书籍与科学》，苏贤贵等译，上海科技教育出版社，2006，第42页。

别的标志。^① 医学研究从 14 世纪开始在欧洲各大学变得异常繁荣，这一学科通常有两类文献，一种反映的是理论研究和作为大学课程的实践，另一种则为从业者提供了预防、诊断、治疗的指导。就前者来说，当时林纳克翻译的盖伦作品的最新版本（对开本，1519 年在巴黎出版）销售情况良好，林纳克在课堂上讲授盖伦医学时所使用的正是他自己翻译的文本。^② 另外，牛津大学还使用过在巴黎出品的普林尼的印刷版本。通过这些记录，我们似乎可窥见一种新的学术潮流，体现了医学人文主义对牛津的影响。就后者来说，有学者对书商多恩和戈弗雷各自销售记录中的医学类书籍做了一番考察。从 1535 年至 1558 年留存下来的一百零一份书单来看，医学类书籍获得了更为广泛的读者群，其中不仅有与大学存在联系的"特权人物"，还包括大学本科生、书商以及城镇中的医学从业者。当时，像外科医生这种职业，也需要有较高的学术素养，正如约翰·托马斯和约翰·珀曼（两人双双于 1545 年去世）的两份清单显示的那样，他们的图书室藏量惊人，而且其藏书颇有学术性。这是因为，只有具备了一定的学术资格，人们才可获得在大学里从事医学实践的许可。^③

　　应该说，印刷术的出现在某种程度上确实引起了医学和科学

① Peter Murray Jones, "Medicine and Science", in Lotte Hellinga and J. B. Trapp, eds., *The Cambridge History of the Book in Britain*, Vol. 3, 1400-1557, Cambridge: Cambridge University Press, 1999, p. 433.

② David McKitterick, *A History of Cambridge University Press*, I, Cambridge: Cambridge University Press, 1992, p. 44.

③ Peter Murray Jones, "Medicine and Science", in Lotte Hellinga and J. B. Trapp, eds., *The Cambridge History of the Book in Britain*, Vol. 3, 1400-1557, Cambridge: Cambridge University Press, 1999, p. 435.

的"信息革命",这种变化不仅局限于学术性较强的医学研究领域,而且也大规模渗透到日常医学常识的普及传播方面。在英格兰生产的众多早期印刷品中,乍一看似乎缺少了历书这种民间生活指南类产品。通常认为,英格兰的印刷所在16世纪初期只出产了少量历书、日历或预言书,在"摇篮本"时期则几乎没有这类产品。然而,这种看法在两方面有误导倾向。首先,这种观点忽视了时辰祈祷书(Books of Hours)中所包含的有关日历、占星术和放血疗法的信息,尽管它远没有手抄本历书那样内容复杂,但已经包括了一些内容。其次,正如学者卡普所指出的,16世纪中期以前,英格兰市场中的印刷版历书主要依靠进口,这类印刷品经常是在欧洲大陆即被翻译成英语,然后运至英格兰销售。①

　　从数量来看,大部分"医学书籍"所有者不是正式研究或从事医学行业的人,医书内容也主要在于叙述实际操作。这些书籍代表了一种医学文化,显然已经超出了学校教授的范围。其中一位平信徒理查德·格斯耐尔(Richard Gosynell),担任过彼得学院的院士,同时也是圣爱德华教区中一座旅馆的经营者。根据其财产清单中的记录(他于1552年去世),他总共保有五本医学书,其中包括一本汇编。格斯耐尔经常从他的书籍中寻找医学答案,可能不仅仅是进行自我诊疗,而且还向其他人提供建议,人们(包括他的家人、族人、邻居,甚至是旅店顾客)通常也会询问他一些健康保健方面的问题。只有当他的建议不起作用时,病

---

① Bernard Capp, *English Almanacs 1500 - 1800: Astrology and the Popular Press*, Ithaca: Cornell University Press, 1979, pp. 23-66.

人才去看剑桥的职业医生。① 一部医学印刷书对人们日常生活的影响可见一斑。

当然，如同其他学科的书籍一样，这一时期很多出版频率很高的流行类医书，在出现印刷版本以前一个世纪便已经开始流通。例如，一部名叫《健康之镜》（*Mirror or Glass of Health*）的书籍，是一位名为托马斯·摩尔顿（Thomas Moulton）的多明我会修士在15世纪创作的作品，该书在1530年至1580年至少出了十七个版本。同样，一篇传统上归为"坎努图斯"（Canutus）的论述瘟疫的论文、罗斯林（Roesslin）的《人类之诞生》（*Byrth of Mankynde*）、托马斯·维卡里（Thomas Vicary）的解剖学著作（在一部1392年完成的中古英语作品基础上进行的创作），以及更多我们还没有确认的著作，都不是那个时代的原创作品。这些作品的"前言"都声称要启发教导医学从业者，防止他们以不够丰富的医学知识从事实践而贻害病人。这些声明在1375年以后的各类手抄本中便频繁出现。②而16世纪的作者和印刷商，也并没有借助更廉价的印刷本开拓市场，进而创造出一种健康保健书籍的新类型。总体来说，这些印刷书与已经流通的手抄本类型相似。

不可否认，印刷术的确大幅提高了书籍生产能力。16世纪之

---

① Peter Murray Jones, "Medicine and Science", in Lotte Hellinga and J. B. Trapp, eds., *The Cambridge History of the Book in Britain*, Vol. 3, 1400-1557, Cambridge: Cambridge University Press, 1999, p. 446.

② Peter Murray Jones, "Medicine and Science", in Lotte Hellinga and J. B. Trapp, eds., *The Cambridge History of the Book in Britain*, Vol. 3, 1400-1557, Cambridge: Cambridge University Press, 1999, p. 445.

后，大量印刷书的出现导致的结果是，在所有研究领域中，有太多数量的作品需要阅读和引证。到了 17 世纪下半叶，信息过多（Information Overload）的危机意识不断增强，以致长期以来被尊为"神圣"发明的印刷术不得不为自己辩护，以洗脱被指控导致了一个新的蒙昧时代的罪名。这便促使那些最直接与书籍本身打交道的人，如学者、教师和印刷商联合起来，制定了做注解和索引的方法。16 世纪开始，印刷索引的数量增多，篇幅增大，而且更加系统化。到 16 世纪末，索引总体上已经严格按照字母排序，而且变得更加详细，对于一个项目给出了多个条目，并有相关条目的互见参照，相关的条目也统一到一个有几个副标题的主条目之下。① 比起文摘笔记，它为一部著作提供了一种更具针对性的指南。这种由印刷书催生出来的发明，显然是更有效的查找工具和记忆手段，极大地提高了读者接受和处理信息的能力，从而能够更好地应对信息剧增的问题。同时，认识到索引的效用和长处的还有那些审查索引的书刊审查员，以及为自己的书作索引的作者。这些人都把索引当作一个显示书籍特性的工具，否则，这些特性是无法为人所知的。②

与印刷书相伴而生的还有很多种摘要性印刷书籍，为读者提供了从众多作者那里选取来的分门别类的语录和例证，同时还提

---

① 安·布莱尔："为自然哲学做注解和索引"，见〔英〕玛丽娜·弗拉斯卡-斯帕达、尼克·贾丁主编《历史上的书籍与科学》，苏贤贵等译，上海科技教育出版社，2006，第93页。

② 安·布莱尔："为自然哲学做注解和索引"，见〔英〕玛丽娜·弗拉斯卡-斯帕达、尼克·贾丁主编《历史上的书籍与科学》，苏贤贵等译，上海科技教育出版社，2006，第87页。

供了一些印刷索引，可以引导首次或者再次阅读一部书的读者找到该书的主题和例证。① 例如，集萃就是这类工具书的一种体裁。近代早期欧洲最著名也是最成功的对开本集萃是由多梅尼科·纳尼·米拉贝利编写的《文苑集萃》，初版于 1503 年，到 1686 年至少印了四十四版，篇幅也从 1503 年的大约四十三万字增加到 1619 年的二百五十万字。这部集萃超越了同时代的集萃著作，编者把讲道者所用的传统宗教经典和论题与新近受到重视的、迎合人文主义教师和学生的经典编排在一起。② 《文苑集萃》自出版后开始传遍整个欧洲。仰赖英格兰与意大利书商之间的书籍交易，伦敦、牛津和剑桥很早便出现了 1503 年萨沃纳版和 1514 年萨沃纳版的《文苑集萃》。③

　　当然，像集萃、格言集这类体裁的作品在编选中都是按照一定顺序编排的，而当时还有一些体裁，如杂录和百科读本，则没有考虑顺序问题，而是将内容混编在一起。不过，只要有很好的按字母排序的索引作为检索工具，混合编排的汇编著作也能同样有效地被用作工具书。④

　　总之，印刷书顺应了当时大学学科课程变化的要求，在一定程度上推动了教学方式的变革，鼓励更多人依据印刷本进行相对

---

① 安·布莱尔："为自然哲学做注解和索引"，见〔英〕玛丽娜·弗拉斯卡-斯帕达、尼克·贾丁主编《历史上的书籍与科学》，苏贤贵等译，上海科技教育出版社，2006，第 81~82 页。

② 〔美〕安·布莱尔：《工具书的诞生：近代以前的学术信息管理》，徐波译，商务印书馆，2014，第 165~166 页。

③ 〔美〕安·布莱尔：《工具书的诞生：近代以前的学术信息管理》，徐波译，商务印书馆，2014，第 290~291 页。

④ 〔美〕安·布莱尔：《工具书的诞生：近代以前的学术信息管理》，徐波译，商务印书馆，2014，第 167~168 页。

独立的学习思考。同时，各种新兴学科本身的发展壮大也仰赖印刷术的有力促进，可以肯定地说，印刷术加快了学科变革的步伐。另外，由印刷书催生出的索引和文献汇编方法对学术研究的进一步发展而言，亦不啻一种更加坚实的保障。

第三节　印刷书推进初、中等教育的
普及与教学内容的统一

英格兰教育界人文主义之变迁和其影响所及，不仅限于大学、朝廷或理想家而止。相比那个时代大学内容丰富的课程及范围广博的理想更加重要而堪注意的，就是人文主义对英格兰普通学校的影响。①

英格兰普通学校向公众开放大概始于撒克逊时期。这些学校的遗迹基本上是在城镇中被发现的。进入 15 世纪，这种学校的运行已渐趋稳定，当地的赞助人（主教、修士或庄园领主）会不时任命新的教师。由于获得了富人的捐助，教师可以拥有稳定的薪水，并且教育也是免费的。自从亨利六世在 1440 年成立了伊顿公学之后，这种捐助方式便在此后一直延续了下去。到宗教改革开始的 16 世纪 30 年代，在英格兰至少已经有了八十所捐助学校，特别是在那些不太容易为教师支付费用的小城镇中，这类学校增数明显。②

---

① 〔美〕格莱夫斯：《中世教育史》，吴康译，华东师范大学出版社，2005，第 180 页。
② Nicholas Orme, *English Schools in the Middle Ages*, London: Methuen & Co Ltd., 1973, pp. 161-162.

　　要想准确了解这一时期英格兰学校和学生的总体数量是非常困难的。我们对此只能进行粗略的猜测。在 15 世纪的英格兰，平均每个郡拥有的公立学校数量为五到十所，估计全国拥有两百至四百所学校。假设每所学校有二十名学生（有些达到了五十名或八十名之多），那么同一时间里最少也会有四千至八千名学生。再加入宗教机构、私立学校和大家族中的教师和学生数量，这种情况可能使职业教师总数增加到四百至六百名，并将使学生人数增加到八千到一万六千名，这也意味着学生正在进行有组织的识字学习。[①] 到 16 世纪中期，学生总数有可能会更高。[②]

　　就一般性的学校教育而言，男孩和女孩（这一时期英格兰中上层家庭的孩子在很小的时候便要开始接受学校教育，在贵族中甚至早至三或四岁，有时这种教育要一直延续到二十岁出头。在以伦敦为代表的一些城镇里，有一些初级学校允许年龄小的男女生合校上课，同时也有只向女生授课的情况，教师则由神父或女老师充任）在学校中最先学习字母表，通常是拉丁字母表，学习方式则是学生根据教师写在黑板上的内容记忆背诵。在掌握了基本字母后，接着是阅读练习。他们要从基础的祈祷文学起，如拉丁语或英语的主祷文《福哉玛利亚》和《使徒信条》，尤其是那些正规学校里的男孩，需要在教会仪式中即兴朗读从《圣诗集》

----

① Nicholas Orme, "Schools and School-Books", in Lotte Hellinga and J. B. Trapp, eds., *The Cambridge History of the Book in Britain*, Vol. 3, 1400-1557, Cambridge：Cambridge University Press, 1999, p. 450.

② Nicholas Orme, "Schools and School-Books", in Lotte Hellinga and J. B. Trapp, eds., *The Cambridge History of the Book in Britain*, Vol. 3, 1400-1557, Cambridge：Cambridge University Press, 1999, p. 451.

和《轮唱赞美诗集》中选出的拉丁文圣歌。男孩们接下来要学习拉丁语法，学习如何理解语言以及书写和演讲。世俗家庭中的女孩学习拉丁语在 1500 年之前仍然十分少见，但随着人们逐渐认识了其价值，此类学习也开始变得常见，如亨利七世让女儿学习拉丁语，这使 16 世纪的其他贵族女孩纷纷效仿。①

由于拉丁语的语法和句子构成与英语截然不同，故英格兰人在学习此种语言方面比较困难，必须借助一定的学习工具。如从 15 世纪开始，英格兰人便广泛使用多纳图斯语法书，其中最流行的版本是由享有盛名的牛津教师约翰·利兰（John Leland）写就和修订的《语法入门》（Accedence）。② 该书用英语完成，说明此时英语已经在日常应用方面取得优于法语的地位。

一旦学生掌握了基本的拉丁语知识，他们便开始使用拉丁语文本学习，像亚历山大·戴（Alexander de Villa Dei）的《文法教本》（Doctrinale）便对拉丁语词法、句子构造、数量和格律等进行了系统调查和分析，是当时的一部标准作品，到 16 世纪早期仍然风行于欧洲各地，教师们对其详加阐释和引用，学生们则依此学习和记忆。其他重要的学习课本则是拉丁语诗歌。这些诗歌具有优雅的文风，并不乏富有智慧和启迪意义的道德准则，因此广受教师和学生的青睐。

有鉴于这类书籍拥有相当可观的潜在顾客，印刷商自然不会

---

① Nicholas Orme, *English Schools in the Middle Ages*, London: Methuen & Co Ltd., 1973, pp. 161–162.

② Nicholas Orme, "Schools and School-Books", in Lotte Hellinga and J. B. Trapp, eds., *The Cambridge History of the Book in Britain*, Vol. 3, 1400–1557, Cambridge: Cambridge University Press, 1999, p. 452.

袖手旁观。事实上，印刷业在英格兰出现的第一个十年便是与英格兰学校所发生的重大变化相伴随的。一如前述，卡克斯顿主要专注于贵族市场，从其出版的作品内容来看，共有十三部与教育相关的作品。1474 年，在未返回英格兰之前，他便在布鲁日印制了雅各布斯·德·塞索里斯（Jacobus de Cessolis）的《国际象棋的比赛与游戏》英译本。这是一部立足于国际象棋游戏的道德和社会哲学作品，属于广义上为贵族儿童提供的教导和教育类书籍。1476 年，他于威斯敏斯特建立印刷所后不久，便印刷了两个短小的英语版本，分别是《加图》和利德盖特翻译的诗歌作品，后来又制作了稍长一些的《哲学家箴言录》，这些也适用于教导贵族孩童。① 卡克斯顿为了进一步开拓这一市场，还出品了数量可观的印刷版识字书和字母表，另外，包括圣诗集之类的宗教文本也在此时大量出现，以满足孩童学习和参加宗教活动的需要。在他的全部出版品中，还有一部是法语与英语的习语书（1480年）。卡克斯顿晚些时候出版的比较引人注目的教育类作品则是他自己翻译的《塔楼骑士》。该书印制于 1484 年，这是为英格兰贵族女孩提供的首部教导类印刷书。②

15 世纪中后期，学校教师开始受到人文主义的影响，用古典拉丁文作品代替了中世纪诗歌，并且对语法用途进行了修正，以使其适应古典标准而非中世纪标准，古典拉丁文作品成为学校中

---

① Colin Clair, *A History of European Printing*, London: Academic Press, 1976, p. 94.

② Nicholas Orme, "Schools and School-Books", in Lotte Hellinga and J. B. Trapp, eds., *The Cambridge History of the Book in Britain*, Vol. 3, 1400-1557, Cambridge: Cambridge University Press, 1999, p. 457.

阅读的主要书籍。①　随后，越来越多的人开始觊觎学校的市场，发现它有利可图，便开始进一步开拓市场，并生产数量更多的印刷产品。欧洲大陆的印刷商和书商大约从 15 世纪 80 年代开始在英格兰出售学校用书，如瓦拉的《拉丁词藻》便有着很好的销路，而英格兰本土印刷商在生产这类产品上，与其他人文主义印刷书的生产状况类似，也是处于相对迟滞的状态。

　　为什么学校用书的印刷本在英格兰也会出现这种状况呢？我们知道在印制学校拉丁语用书的早期阶段，印刷商的生产并不稳定，偶然因素的影响往往非常重要。例如，卡克斯顿即对此兴趣索然，而其他早期印刷所的经营时间又太过短暂，这些都是造成印刷学校用书的事业发展迟缓的因素。同时，英格兰本土印刷商在开拓市场方面也存在诸多问题。首先，有一些作品，特别是具有利兰传统的初级语法书存在众多不同的版本，究竟其中哪一种会令购买者更加满意，确是一个颇费周章的事情；其次，像《文法教本》（Doctrinale）这样的大部头作品相对较贵，需要资本投入，而小部头书价格便宜，但总体来说利润也比较少。这些都是导致印刷商踌躇不前的原因。

　　不过，随着时间的推移，到了 15 世纪 90 年代，与学校教育相适应，语法书最终成为英格兰印刷品生产中常规和重要的组成部分。这一发展应归功于理查德·平逊（Richard Pynson），他在

---

①　Nicholas Orme, "Schools and School-Books", in Lotte Hellinga and J. B. Trapp, eds., *The Cambridge History of the Book in Britain*, Vol. 3, 1400–1557, Cambridge: Cambridge University Press, 1999, p. 458.

大约1492年开始在伦敦印刷语法书，紧随其后的是德·沃德。①
平逊第一部著名的学校用书是亚历山大的《文法教本》和多纳图
斯的《语法入门》（*Rudimenta Grammatices*），这两部书之前曾由鲁德
和卡克斯顿分别出版。1494年，平逊印制了人文主义文法学家苏
尔皮基奥的语法书，这是该书在英格兰的首个印刷版本。随后，
他与德·沃德展开竞争，制作了一部《语法入门长编》（*Long
Accidence*）（取自利兰的版本）和一部叫作《拉丁语入门》
（*Introductorium Lingue Latine*）的语法书，该书出自温切斯特公学
教师威廉·霍尔曼（William Horman）之手。②

平逊和德·沃德采取了当年鲁德和马赫林尼亚的经营策略，
既印制流行的传统文本，也伴随有一两部人文主义或受赞助人资
助的原创作品；③既印制廉价文本，也制作昂贵文本，而且通常
都不止一版。与其前辈不同的是，他们的事业持续了较长时间，
文法书的出版也成了常规业务。从1495年以后，很多印刷所每
年至少要出版一部学校用书。

值得一提的是，1499年，平逊出版了第一部印刷本的《英
语—拉丁语词典》（*Promptorium Parvulorum*）。1500年德·沃德出

① 据学者统计，16世纪初，德·沃德40%的业务是为语法学校印刷教材。参见〔英〕凯
文·威廉姆斯《一天给我一桩谋杀案——英国大众传播史》，刘琛译，上海人民出版社，
2008，第25页。

② Nicholas Orme, "Schools and School-Books", in Lotte Hellinga and J. B. Trapp, eds., *The
Cambridge History of the Book in Britain*, Vol. 3, 1400–1557, Cambridge: Cambridge University
Press, 1999, p. 458.

③ Nicholas Orme, "Schools and School-Books", in Lotte Hellinga and J. B. Trapp, eds., *The
Cambridge History of the Book in Britain*, Vol. 3, 1400–1557, Cambridge: Cambridge University
Press, 1999, p. 460.

版了第一部印刷本《拉丁语—英语词典》（*Ortus Vocabulorum*）。到了下一年，他们又都分别出版了加兰的约翰（John of Garland）的《同义词》（*Synonyma*）。① 此外，在 16 世纪初期，北欧人文主义学者的作品也被英格兰印刷商送上了印刷机。佛莱芒人文主义者乔安尼斯·德·斯庞特（Joannes de Spouter）曾创作了一部讨论重读问题的著作，该书于 1525 年由德·沃德印刷，伊顿公学从 1530 年开始将它作为指导学生作诗的著作使用。

前文已经述及，伊拉斯谟是在英格兰影响力最大的北欧人文主义者。他帮助时任圣保罗学校高级讲师威廉·利利写出了颇受欢迎的初级学校课本，并在 1513 年首次出版；他给《对句》（*Distichs*）所作的英语注释本在 1525 年之后逐渐代替了中世纪的注释本；其讨论写作问题的《雄辩术》（*De Copia Rerum et Verborum*）也于 1528 年在英格兰印刷，两年后被伊顿公学采用；他为儿童所写的关于优雅礼仪的书，当中配有罗伯特·惠廷顿（Robert Whittinton）的英语翻译本，1532 年由德·沃德印行，并先后出现过六个版本。此外，还有《对话集》（*Colloquia*）、《丰富多样的词语》（*De Copia*）和《书信指南》（*De Conscribendis Epistolis*），以及《论基督教君主的教育》（*Institutum Christiani Hominis*）等，后来都成为科利特为圣保罗学校规定的书目。②

至于 16 世纪早期英格兰最有影响的文法作者，则要数约翰·

---

① Colin Clair, *A History of European Printing*, London: Academic Press, 1976, p. 96.
② Elisabeth S. Leedham-Green, *Books in Cambridge Inventories: Book Lists from Vice-Chancellor's Court Probate Inventories in the Tudor and Stuart Periods*, Cambridge: Cambridge University Press, 1986, pp. 337-339.

斯坦布里奇。他出生于牛津郡，曾在温切斯特公学和牛津新学院学习，后取得硕士学位，并担任过安维凯尔的助手，在其职业生涯晚期则在班伯里学校当教师（从1501年至1510年）。在大约1505年时，平逊就印制了一部基础性的《文法入门》，并称是斯坦布里奇的作品，而且这部作品在接下来的三十年中不断被他和其他印刷商再版。其印量之大，足以让学生直接使用该印刷本教材，事实上，包括伊顿和温切斯特在内的英格兰众多学校也的确都使用过该书。此外，其他基础性课本的版本在接下来的几年里也相继被印制，而且都被冠以斯坦布里奇编辑之名。它们包括论述拉丁造句的《词典》（*Parvula*）（1507年），论述形容词比较的《韵律比较》（*Gradus Comparationum*）（1509年），同年还出现过有关俗语（*Vulgaria*）的一个汇编，以及一篇论述普通不规则动词的小册子。到了1510年，教师便可以在班里讲授斯坦布里奇关于基础拉丁文的所有主要印刷著作了，这标志着人们借助新技术，首次可以使同一个作者的文法书得到如此广泛的使用。根据最新的一些确认作品年代的研究，其中的大多数作品是在斯坦布里奇有生之年出版的，[①] 而这又反过来证明了其编辑身份的可靠性。

斯坦布里奇的成功得益于如下几方面的因素。首先，他曾在牛津或其附近工作，那里无疑是英格兰学校教育的中心，可以获得充分的知识储备；其次，他有一位名叫威廉·史密斯的赞助人，时任林肯教区的主教，同时也是一位卓越的教育家，对斯坦

① Nicholas Orme, "Schools and School-Books", in Lotte Hellinga and J. B. Trapp, eds., *The Cambridge History of the Book in Britain*, Vol. 3, 1400-1557, Cambridge: Cambridge University Press, 1999, p. 462.

布里奇的创作活动给予了充分支持；最后，也是最为重要的原
因，可能在于他找到了一种可以令人文主义者和传统主义者都满
意的写作方式。学校课程的变化是由人文主义思潮引发的，而那
些怀有保守情感的作者认为，当时文法书的种类过于多样，例如
诗人和学校教师亚历山大·巴克莱（Alexander Barclay）在 1500
年便嘲笑那些喜欢《文法教本》而将普里西安（Priscian）和苏
尔皮基奥文法书弃置一旁的人。① 而斯坦布里奇则采用了折中手
法，因此使英格兰在引入人文主义学术时，让受众没有感到特别
突兀。他熟悉传统主义者所推崇的利兰风格的学校课本，在此基
础上，他又向人文主义者的诉求靠近，于是便找到了两者的交
集，其作品因而能够更好地满足两类人群的口味，所以影响力也
就非常大。到 1534 年，《俗语汇编》已知的版本就有十八个，
《韵律比较》和论述普通不规则动词的小册子（两部作品通常连
在一起）则有二十四个版本。到 1545 年，《词典》有二十五个版
本。1539 年，《语法入门》也达到了三十三个版本。存在时间最
长的是《词汇》（Vocabula），到 1538 年已知的有二十六个版本，
在 1560 年到 1644 年则有超过十四个版本。② 英格兰印刷商凭借
斯坦布里奇的这类学校用书，在经营上头一次取得了大胜，其作
品的广泛传播，使得在不同学校开设同一种语法课程不再是遥不

① Nicholas Orme, "Schools and School-Books", in Lotte Hellinga and J. B. Trapp, eds., *The
Cambridge History of the Book in Britain*, Vol. 3, 1400-1557, Cambridge: Cambridge University
Press, 1999, p. 462.

② Nicholas Orme, "Schools and School-Books", in Lotte Hellinga and J. B. Trapp eds., *The
Cambridge History of the Book in Britain*, Vol. 3, 1400-1557, Cambridge: Cambridge University
Press, 1999, p. 463.

可及的事情。

当然，在斯坦布里奇于1510年逝世时，与人们实现这种在课堂上用同一种语法书的可能性尚有一大段距离。在16世纪20年代，印刷商还在继续生产品种多样的学校课本。当时不断有匿名版本问世，再加上斯坦布里奇、苏尔皮基奥和从事教师工作的约翰·霍尔特（John Holt）、威廉·赫尔曼、威廉·利利以及罗伯特·惠廷顿等人的语法书出现。这些作品有些是用英语写成，有些则使用拉丁语。总体而言，16世纪上半叶仍然是人文主义进一步巩固地位的年代。①

另外，人们对人文主义风格作品的接受也经历了一个更新换代的过程。譬如，学校用诗歌作品的版本在此间即发生了显著变化。在英格兰印刷商出版的这些作品中，原先广被推崇的《狄奥多鲁斯田园诗》（*Eclogue of Theodulus*）已经悄然消失于人们的视野中，其最后一次出版是在1515年；而阿兰·德·里尔（Alain de Lille）的谚语集也在1525年以后不再出版。② 我们可以从保留下来的一份教学阅读计划中更为清晰地了解到当时书籍变化的情况。这份教学阅读计划的作者是伦敦圣保罗学校的创立者约翰·科利特。该计划分别于1512年和1517年出版，要求学生学习14～15世纪晚期罗曼语基督教作家的作品，如朱文可斯

---

① Elisabeth S. Leedham-Green, *Books in Cambridge Inventories: Book Lists from Vice-Chancellor's Court Probate Inventories in the Tudor and Stuart Periods*, Cambridge: Cambridge University Press, 1986, p. 346.

② Elisabeth S. Leedham-Green, *Books in Cambridge Inventories: Book Lists from Vice-Chancellor's Court Probate Inventories in the Tudor and Stuart Periods*, Cambridge: Cambridge University Press, 1986, p. 347.

（Juvencus）、拉克坦提乌斯（Lactantius）、西都里乌斯
（Sedulius）、普罗巴·法尔科尼亚（Proba Falconia）和普鲁登提
乌斯（Prudentius）等人的作品。① 实际上，早在科利特担任伦敦
圣保罗大教堂副主教时，便曾热血沸腾地要做一番大改革，这自
然会招致许多顽固保守的前辈的反对。但是，这种形势驱迫反倒
使科利特更加努力于人文主义、宗教改革和人类进化的事业。在
这位睿智的建设家看来，一般人民最大的希望和幸福都藏在教育
儿童以及无上的学问和真正的宗教事业之中了，而其学校实为北
方人文主义的代表。②

　　像科利特这样的学校导师当然希望由英格兰的印刷商负责印
制学校用书，正如我们所见，其使用的文法书也基本是由本国印
刷商承印的。在科利特自己创作的众多作品中，能够确定在他有
生之年出版于英格兰的是他为教士会议撰写的拉丁文布道书，由
平逊在 1512 年出品，现存其最早的印刷版文法书籍则始现于
1527 年。③

　　当然，这个阅读计划本身也是有所缺憾的，同时也没有得到
强制执行。若将科利特在 1512 年发布的教学计划阅读的书目与
实际阅读的书目做一个对比，无疑是一件非常有意义的工作，从
中可以看出人文主义教育理念实际落实的情况。有鉴于当时的授
课方式还未完全脱离口授形式，因此，像《教理问答》这类书籍

---

①　Nicholas Orme, *English Schools in the Middle Ages*, London: Methuen & Co Ltd., 1973, p. 113.

②　〔美〕格莱夫斯：《中世教育史》，吴康译，华东师范大学出版社，2005，第 182 页。

③　N. Orme, "Schools and School-Books", in Lotte Hellinga and J. B. Trapp, eds., *The Cambridge History of the Book in Britain*, Vol. 3, 1400-1557, Cambridge: Cambridge University Press, 1999, pp. 461-468.

基本是以传统方式传授，大概只有高级导师、副导师和神父需要这些文本。另外，他规定的那些圣父作品的印制情况也不尽如人意。同时，科利特还确定了一些古典作品和教父遗书作品的作者，但所涉人物作品仍然不甚全面。①

相反，牛津大学莫德林学院开创的研究异教拉丁作家作品的传统则扩展到了很多文法学校，其中也包括圣保罗学校。大约从1530 年开始，伊顿公学和温切斯特公学便已展开此项研究。在这些学校所用的课本中，只有两种或三种文本是从中世纪晚期课程中保留下来的：第一种是《加图》，其间已经有过多次修订，从1525 年起，开始使用伊拉斯谟的注释本；第二种是赞美诗集，现有记录显示这类书只在伊顿被使用，而且很快就完全消失于人们的视野之外；第三种也许就是《伊索寓言》（Aesop），此书在中世纪晚期比较有名，到都铎时期仍然继续沿用。其他学校也有使用苏尔皮基奥著作的情况。除此之外，学校规定的其他阅读作品则都是异教古典作品，这些作品在 15 世纪 80 年代以前的英格兰学校中并不怎么使用，它们包括西塞罗的《书信集》（Epistles）、贺拉斯的诗歌、卢西安的拉丁语《对话录》（Dialogues）、奥维德的《变形记》、萨卢斯特（Sallust）的著作、泰伦斯的剧作以及维吉尔的《田园诗》（Eclogues）和《埃涅阿斯纪》。上述作品中在 16 世纪前半期的英格兰被付印的只有三种，即卢西安的《对话录》、泰伦斯的剧作和维吉尔的《田园诗》，其余作品则都是

---

① J. B. Trapp, "The Humanist Book", in Lotte Hellinga and J. B. Trapp, eds., *The Cambridge History of the Book in Britain*, Vol. 3, 1400 - 1557, Cambridge: Cambridge University Press, 1999, p. 311.

在欧洲大陆印制，所以人们必须依靠进口来获得。①

　　另外，从书商约翰·多恩和加内特·戈弗雷的销售记录中也可看出当时初中等人文主义书籍的变化情况。在多恩每日销售情况的详细记录中，有学者发现，他出售了大量普通纸质和羊皮纸质的初级识字读本、斯坦布里奇和惠灵顿的初级学校用书，以及普罗迪和苏尔皮基奥的语法书。但是，属于中世纪后期的作品已经不再吸引大多数购买者了。在戈弗雷的记录中，初级识字读本、斯坦布里奇和惠灵顿的作品数目同样可观，威廉·利利的语法书和德斯鲍特里乌斯（Despauterius）、伊拉斯谟、梅兰希通和彼得·莫塞兰努斯（Peter Mosellanus）的作品数量也不少。② 多恩和戈弗雷的记录表明，初级读本的价格比较低廉。③ 多恩的语法书可能大多卖给了学校教师，譬如当时每一位语法教师都拥有至少一本专业书籍。同时，学生也开始购买此类用书，而不再依靠老师提供，但在书籍数量上仍非常有限，一般仅拥有斯坦布里奇的《语法入门》或意大利文法学家维罗纳的瓜里诺（Guarino Veronese）的《文法规则》（*Regulae Grammaticales*）等为数不多的几本。④

① Nicholas Orme, "Schools and School-Books", in Lotte Hellinga and J. B. Trapp, eds., *The Cambridge History of the Book in Britain*, Vol. 3, 1400-1557, Cambridge: Cambridge University Press, 1999, p. 465.

② Falconer Madan, *Oxford Books: A Bibliography Relating to the University and City of Oxford, and Printed or Published There*, Ⅰ, Oxford: Clarendon Press, 1895, pp. 91, 99.

③ Falconer Madan, *Oxford Books: A Bibliography Relating to the University and City of Oxford, and Printed or Published There*, Oxford: Clarendon Press, 1895, Ⅰ, p. 4.

④ Nicholas Orme, "Schools and School-Books", in Lotte Hellinga and J. B. Trapp, eds., *The Cambridge History of the Book in Britain*, Vol. 3, 1400-1557, Cambridge: Cambridge University Press, 1999, p. 453.

16 世纪早期各种语法书的流通情况，基本呈现了当时印刷书的传播范围。不可否认，印刷本的大量印行使这些书不再遥不可及，对学生学习各种语法知识起到了至关重要的作用。但是，我们在这里必须指出的是，它们在内容上与真正的标准化还有相当长的距离。例如，从已知的十二种利兰《语法入门》的手抄本来看，该作品在发音、拼写甚至材料方面都是多种多样的。早期的印刷商仍然无法克服这个问题，他们出版的《语法入门长编》和《语法入门短编》等与手抄本一样在内容上各不相同。有学者对保存下来的八种《语法入门长编》版本和四种《语法入门短编》版本做了细致的研究，指出当时印刷商至少是根据三类不同的文本付印的：一种是随意编辑的；另两种则分别是插入和删除过材料的。结果是，一个学校的同班学生在不同时间购买的《语法入门长编》在内容上各不相同，这给老师出了难题。[①] 时人在 1526 年就此问题曾给出了忠告，认为老师在开始讲授一部新作品时，一定要在全班大声通读整部作品，在此过程中，教师需要提醒学生"注意随时修正他们自己的副本，添加或删去老师的文本中所没有的内容"。可想而知，在那些使用不同语法书的学校，名称相同的课程实际上存在更大的差异。例如，地处兰开夏的沃灵顿学校选用惠廷顿的语法书，伊顿使用斯坦布里奇和利利的作品，而温切斯特则喜欢斯坦布里奇和苏尔皮基奥的著作。坎特伯雷教士会议（1533 年在伦敦召开）在一项法令中指出，当一个男孩

---

① Nicholas Orme, "Schools and School-Books", in Lotte Hellinga and J. B. Trapp, eds., *The Cambridge History of the Book in Britain*, Vol. 3, 1400–1557, Cambridge: Cambridge University Press, 1999, p. 467.

由于瘟疫或老师过世需从一所学校转往另一所学校时，将会接收到很多互不相同的教学方式，以至于他可能会被"所有人取笑，那些仍然使用较为原始的文法书的学生在其学习进程中将遭受巨大损失"。[①]

因此，这一时期英格兰的学校和印刷商依然无法依靠自身力量实现教科书内容的统一，而真正实现这一目标的是更强大的社会力量。其中，宗教改革是一个决定性因素。当时，人们的信仰、礼拜仪式和行为模式都通过法令的形式而逐渐演变成一种文化行为，从而对普通民众施加了比之前更为巨大的影响。[②]

英格兰的宗教改革是由国王和教会领袖自上而下主动发起的，也正是他们首次提出要让学校的文法教学实现统一。早在1525年，曼彻斯特文法学校颁布了一项经过修订的规章制度，指出要使用一种在一定地域范围内"能够通用"的文法书。[③] 1529年，印刷商彼得·特雷弗里斯（Peter Treveris）出版了一部科利特和利利的语法书，并经过了大主教沃尔塞的修订，特雷弗里斯宣称该书在英格兰被规定为所有学校使用的书籍。[④] 沃尔塞可能准备将这部书抬高成为权威版本，但他于1529年秋季失去了权

---

① Nicholas Orme "Schools and School-Books", in Lotte Hellinga and J. B. Trapp, eds., *The Cambridge History of the Book in Britain*, Vol. 3, 1400−1557, Cambridge: Cambridge University Press, 1999, p. 466.

② Nicholas Orme, "Schools and School-Books", in Lotte Hellinga and J. B. Trapp, eds., *The Cambridge History of the Book in Britain*, Vol. 3, 1400−1557, Cambridge: Cambridge University Press, 1999, p. 467.

③ Nicholas Orme, *English Schools in the Middle Ages*, London: Methuen & Co Ltd., 1973, p. 255.

④ Nicholas Orme, *English Schools in the Middle Ages*, London: Methuen & Co Ltd., 1973, p. 255.

力，所谓"权威版本"也就成了无稽之谈。坎特伯雷教士会议继续制订相关计划，并在 1530 年 3 月成立一个由神职人员组成的委员会，旨在选择一部普遍适用的语法书。但可能由于教会领袖与亨利八世就国王的权限及其再婚等问题上难以合作，所以也没有产生什么实际结果。当亨利八世在 1534 年成为教会首脑后，责任便转到了他那里。然而，亨利八世在接下来的几年里还盘算着其他事情，如解散修道院等事宜，这件事遂一再拖延。

当亨利八世最终决定扫除天主教会的权力障碍时，遂在 16 世纪 30 年代后期任命了一个新委员会，用以选择一部统一的语法书。这届委员会的成员已经发生了显著变化，他们力图推行利利和科利特的作品。因此，这两位作者的文法书在 16 世纪 30 年代仍然被频繁再版，① 从而在公众中赢得了较高和较为持久的声望。1540 年至 1542 年，王家印刷商托马斯·伯瑟莱特对利利和斯坦布里奇的作品又分别进行了重印。由于有了王家权威机构的出版品，其他文法书在王国境内被禁止使用。1542 年之后，两部作品通常合在一起出版。

权威语法书的强制使用是一项颇有效力的措施。随着授课内容同一性的实现，学校教育也翻开了新的一页。学校不再仅仅抱有像 1400 年时那样纯粹的教育兴趣，而是具有绝对君主制色彩的国家中的一个有机组成部分。学校尽管有选择其他教学用书和文学作品的自由，但必须教授共同的语法，以贯彻君主的统一观

---

① Nicholas Orme, "Schools and School-Books", in Lotte Hellinga and J. B. Trapp, eds., *The Cambridge History of the Book in Britain*, Vol. 3, 1400–1557, Cambridge: Cambridge University Press, 1999, p. 468.

念。印刷业对这种变化出力甚勤，而且诚如前文所言，它本身在这一进程中也经历了改变。早期伦敦印刷商努力满足学校的需要，但效果显现得较为缓慢，地处英格兰其他地方的印刷商及进口图书销售商发现了其中的空隙，并且迅速将其填补。实际上，印刷商的作用在于采用了一项重要的书籍生产技术，这成为学校用书市场发展的推动力，他们在生产经营上的成功帮助强化了同一性观念，也为权力机构提供了强制执行的手段。[①]

小　结

不论是大学还是文法学校，在这一时期的教学活动中都受益于印刷书籍的大量出现，这无疑使教师更加容易按照新要求授课。印刷书作为一种教学工具，逐渐替代了配有注释的手抄本，加快了课程改革的步伐，使教学逐渐摆脱了地方传统和口头讲座的形式。同时，正如有学者已经指出的那样，印刷书作为一种便宜易得的传播媒介，也促进了获取知识时"脱离语境"或"疏离"的过程，而这一过程对所有创造性的接受活动都是至关重要的。因为教师或学生通过印刷书本直接阅读某种观念，而不是从别人那里听到某种观念，所以能使接受者更容易保持超然和批判的态度。读者能够比较和对照不同文本表达的观点，而不是面对

---

① Nicholas Orme, "Schools and School-Books", in Lotte Hellinga and J. B. Trapp, eds., *The Cambridge History of the Book in Britain*, Vol. 3, 1400-1557, Cambridge: Cambridge University Press, 1999, p. 469.

面地被一个雄辩的演说家征服。① 在这个意义上，我们可以说，人们对于"权威"的认识因印刷术的介入而变得日趋复杂。

在原先作坊式的传授方式下，师父是毫无疑问的专家，具有极高的评断解释权力，但是，印刷品的出现与普及导致人们更愿意求助于纸上文字，而将原有的权威弃置一旁。然而，过多的印刷品又会导致一种更深层次的怀疑情绪。书籍繁增使更多的人认识到：对同一现象的不同描写和对同一事件的不同记述，彼此之间有许多矛盾。小册子，尤其是报纸，也有同样的效果，因此促使读者以猜疑的态度对待各方面的议论。一个事件发生不久，不同的报道便有区别。这种情形很容易使更多的近代早期读者成为实际的怀疑论者。1569年时一个英格兰人评论说："我们每天有好些新闻，有时互相矛盾，可是大家都说是对的。"②而17世纪时报纸的兴起，使"事实"报道的不可靠更明显地呈现在人们面前。这种怀疑和批判思维通常被认为是进入现代社会的典型特质之一，而印刷书的功用恰与文艺复兴思潮的核心思想——强调人的能动性与创造性——是极吻合的。

除了对授课方式有所影响外，印刷书与学科本身的发展演变也关系紧密。在神学领域，新的学术分支开始出现，这种学术不再是对注释本的解读，而是基于对《圣经》文本的细致考察；在逻辑学领域，此时特别强调人文主义的研究，新型逻辑学作品选

---

① 〔英〕彼得·伯克：《欧洲文艺复兴：中心与边缘》，刘耀春译，东方出版社，2007，第70页。

② 〔英〕彼得·伯克：《知识社会史：从古腾堡到狄德罗》，贾士蘅译，麦田出版社，2003，第332~334页。

出，其教育目标不再是叙述分析，而是用来证明观点；至于地理学，尤其是地图的准确绘制，则更加借助于印刷术所具有的相对标准化的特点；医学类书籍获得了非常广泛的读者群，不仅有严肃的医学教材用于医学教学，还有普通人所拥有的医用小册子，在实际生活中作用巨大。

虽然有学者为了凸显印刷书的重要性，而一再强调印刷书在保存时间和内容统一性上的优势，但我们认为不可一概而论。譬如手抄本大多由羊皮纸制作而成，从保存时间长度而言比印刷书有过之而无不及。至于内容的统一性，实际上早期印刷书在内容上也并不如想象般一致。因此，这一时期英格兰的学校和印刷商依然无法依靠自身力量统一教科书内容，而真正实现这一目标的是外在的权威，即在亨利八世强力推行统一教育内容过程中才逐渐实现了授课内容的一致。换句话说，印刷版教科书俨然已经成为政治控制的一种重要工具。

如果我们将人文主义思潮看作整个社会变迁的其中一个方面，那么，从媒介与社会互动的角度来看，我们更愿意认为，传播技术的变革是在与社会其他因素相互影响下才发挥其媒介社会功用的，其自身发展一方面受到社会环境的影响和制约，另一方面又能够为社会变迁提供契机和可能性。总体而言，媒介技术的变革从理念到实践都促进了人文主义教育改革的施行与发展。

第五章　英格兰宗教改革时期的
新教改革者与印刷媒介

说到 16 世纪英格兰的社会变迁，就其深刻性和对社会影响的广泛性而言，最重要的事件无疑要属 16 世纪 30 年代发起的宗教改革。这一变革表面上源自一场王室婚姻的分合，看似偶然，但其背后却蕴藏着深刻的政治经济原因，因而使得起初的宗教分歧迅速演变为一场政治权力的角逐。亨利八世通过一系列法案使教皇的权威在英格兰一落千丈，大大小小的修道院被分割解散，财产尽归世俗人士所有，教会礼仪则在保留了相当一部分天主教成分的基础上，加入了新教因素，从而形成具有英格兰特色的国教传统。此外，这场宗教改革牢固确立了英格兰国王作为教会与世俗统治者的双重地位，"绝对君主"的意味达到极盛，从而导致英格兰政治权力结构发生了巨大转变，民族国家的雏形已然产生。这便是哈贝马斯曾经强调的宗教改革私有化（Privatizing）过程的结果，① 亦即将信仰拉回到本土领域。

---

① 〔美〕阿萨·布里格斯、彼得·伯克：《大众传播史：从古腾堡到网际网路的时代》，李明颖等译，韦伯文化国际出版有限公司，2004，第 91 页。

宗教改革激发了一场激烈的宗教神学辩论。改革初期，各种观点纷纷产生，大家争辩的焦点在于教皇与罗马教会的功能、权力以及宗教本质，这些对后来英格兰人批判性思维方式的形成以及民意的酝酿都有相当大的影响。这场意识形态色彩浓厚的冲突，自然离不开印刷媒介的推动作用。因为发生在精英阶层的争辩，后来转向对广大民众的诉求，以寻求"人民"的支持。为了接触到更多的人民，精英分子不能只依赖面对面的沟通，他们开始转向公众辩论，并且通过小册子传播自己的理念。虽然"民意"这个字眼在 16 世纪上半叶的英格兰还没有出现，但为了务实的理由，当时的政府已经不得不注意人们的想法，尽管他们也同时试着镇压、引导、修正"民意"。在印刷媒介的巨大冲击下，中世纪那种由天主教会垄断信息的局面遭到彻底瓦解，虽然这样的表述稍有夸张，但是当时的确有人已经意识到了这种趋势，如英格兰的新教徒约翰·福克斯（John Foxe）就宣称："不是教皇下令废止知识与印刷，就是印刷术最终根除教皇。"①

第一节　改革派政府与作为政治
宣传品的印刷媒介

中世纪英格兰的知识主要由教会垄断，羊皮纸做的手抄本是教会实行垄断的主要知识载体，这种媒介适应修道制度的兴起，并流传数百年，在生产传播方式上的特质主要表现为经久耐用，

---

① John Foxe, *Acts and Monuments*, George Townsend ed., London: Seeleys, 1885, p. 720.

但制作效率低下，产品数量有限，不利于流通传播，倚重的是时间上的延续性。[①] 金属活字印刷术虽然在 15 世纪中后期便已被引入英格兰，但由于印刷出版业在起初的数十年发展中仍主要依靠贵族的赞助，主要涉足领域为骑士文学、教育和宗教普及读物，总体来看其生产与销售的社会化程度有限，并没有撼动天主教会的知识垄断地位。

但是，当由亨利八世与凯瑟琳离婚案引起的一系列脱离罗马天主教统治、解散修道院以及确立国王为教会与世俗双重统治者的事件发生时，新教改革者意识到，要想顺利推进改革进程，就必须借助更加有效的传播手段以压制天主教的知识垄断体系。16世纪 30 年代的宣传活动，即是由上述特殊压力所导致的现象。[②]

印刷机为此提供了必要的技术条件，而大主教沃尔塞通过授予王家印刷商以单独印制官方出版物的权利，确保了政府在印刷活动中的主导地位。但要发动一场有效的印刷品攻势，除了上述条件外，还需要一位深谙印刷媒介功能的行家——托马斯·克伦威尔（Thomas Cromwell）满足了这一重要条件。尽管不能说克伦威尔发现了印刷媒介在政治上的潜力，但可以说他发起的运动确

---

① 〔加〕哈罗德·伊尼斯：《传播的偏向》，何道宽译，中国人民大学出版社，2003，第 39~40 页；〔英〕阿萨·布里格斯、彼得·伯克：《大众传播史：从古腾堡到网际网路的时代》，李明颖等译，韦伯文化国际出版有限公司，2004，第 11~12 页。需要说明的是，限于中世纪与近代早期英格兰人口中识字率水平较低，口语依然是日常生活中的主要传播媒介，但教俗机构倚重手抄本是展示其权威性的主要手段。

② Geoffrey R. Elton, *Policy and Police: The Enforcement of the Reformation in the Age of Thomas Cromwell*, Cambridge: Cambridge University Press, 2008, pp. 171-216.

实开创了一片新天地。①

为了阐明以新教改革者为首的政府在这场运动中的主导作用，笔者将考察的重点集中在两类印刷品上：一为受政府雇用作家的作品，二为由皇家印刷商承印的作品。以上述标准来看，新教改革者对印刷机的运用首先是进行新教教义和思想的宣传，出版学术性和普及类论辩作品，为国王的宗教改革营造舆论氛围。

在克伦威尔正式发起这场运动之前，先由皇家印刷商伯瑟莱特印制了《意大利和法国最著名和卓越大学的决定，即一个男子迎娶其兄弟之妻是不合法的，教皇无权对此豁免》（*The Determination of the Most Famous and Excellent Universities of Italy and France, That It Is Unlawful for a Man to Marry His Brother's Wife and the Pope Hath No Power to Dispense Therewith*，1531 年）。这部 154 页的印刷书头一次阐释了王家对于娶兄弟之妻和教皇权限这两个重要问题的看法，以《圣经》、教父作品、早期教会会议规定以及中世纪权威著述中对国王有利的观点为主要内容，其前言是八所外国大学提出的赞同意见。该书学术气息浓厚，文字沉闷隐晦，而且并未直接提及国王、王后或争论中的那场特殊婚姻，因而从宣传效果上看并不理想。

之后，克伦威尔亲自督导了相关论辩书籍的印制工作。②《真理之镜》（*A Glasse of the Truthe*，1532 年）便是在他主导下印制

---

① Pamela Neville-Sinfton, "Press, Politics and Religion" in Lotte Hellinga and J. B. Trapp, eds., *The Cambridge History of the Book in Britain*, Vol. 3, 1400 - 1557, Cambridge: Cambridge University Press, 1999, p. 576.

② Geoffrey R. Elton, *Policy and Police: The Enforcement of the Reformation in the Age of Thomas Cromwell*, Cambridge: Cambridge University Press, 2008, p. 177.

的第一部有据可查的此类书籍。该书并没有对教皇在教会中的首脑地位提出挑战，而是反复强调教皇无权免除《圣经》中的律法。此外，书中首次提到了解决这一难题的一种方法，即如果议会能够发挥出"智慧与善意"，就会很快找到一条途径，从而为这件事提供指导，以达到令人满意的结果。为了强化宣传效果，该书在表达其神学和宗教法学观点时，运用的是一位神学家与一位教会法律师之间对话的形式，这给人一种相互辩论的假象，而得出的又都是支持国王的观点，因而使读者获得强烈的代入感，其文字也更具可读性，令国王的立场得到了生动而清晰的表述。在该书出版三个月后，政府便出台了《上诉法》（Act of Appeals）。新任坎特伯雷大主教托马斯·克兰麦（Thomas Cranmer）紧接着在 1533 年 5 月宣布了解除亨利八世与凯瑟琳婚姻的最终判决。因此，我们可以说印刷书在实际政策实行之前很好地完成了两大使命：捍卫国王离婚要求的正当性；为既定的新路线铺设道路。①

　　1533 年的形势发展使《真理之镜》也有些过时了，国王与安·博林的结合表明，英格兰与罗马教廷的关系已经趋于瓦解，当时政府迫切需要一种新的官方辩护。1533 年底，伯瑟莱特印制了九篇以《由最令人尊敬的御前会议全体通过形成的条例》（Articles Deuisid by the Holle Consent of the Kynges Moste Honourable Counsayle）为题的小册子。在表述有关离婚、再婚和皇家至上的

① Geoffrey R. Elton, *Policy and Police: The Enforcement of the Reformation in the Age of Thomas Cromwell*, Cambridge: Cambridge University Press, 2008, p. 179.

问题时，该小册子"不仅是在劝诫，而且也在向国王忠诚的臣民告知真理"。有学者认为，这个小册子可能与 1533 年 12 月 2 日召开的一次重要御前会议有关，在这次会议上，政府同意采用多项措施传播新知。这一缘起决定了小册子的基调。那些条例本身都是简短的事实表述，表现出一种不容争辩的姿态。其中指出，没有人能免除上帝的律法，离婚因此是合法和必要的；法律的问题要在其提出之初就地解决；御前会议的地位高于所有主教；根据自然法，任何上诉要由罗马转向大会议；诸如国王提出的上诉，教皇无权继续过问，其革除亨利八世教籍的做法因此也是非法的；克兰麦的行为不仅正确，而且正如在王国境内证明的，是上帝所喜悦的；现今的教皇不值得尊敬。该条例对议会的作用特别予以重视，认为议会的赞成可增大政府行为的分量和权威性，对教皇则明显予以漠视。① 该小册子的态度与《真理之镜》相比，显然强硬许多，并突出强调了英国人自行管理国家事务的不容争辩的权力。

　　改革的下一个步骤是要使王权凌驾于教会之上。在论证此问题时，两位王家牧师福克斯（Edward Foxe）和桑普森（Richard Sampson）以拉丁语出版的著作冲锋在前，② 根据克伦威尔的一部备忘录衍生出的《一篇反对那些在角落里发牢骚的教皇制拥趸的

---

① Geoffrey R. Elton, *Policy and Police: The Enforcement of the Reformation in the Age of Thomas Cromwell*, Cambridge: Cambridge University Press, 2008, p. 180.

② 福克斯的《论述王家新教与教会之间差异的经典作品》（*De Vera Differentia Regiaepotestatis et Ecclesiasticae…Opus Eximium*）是从《圣经》、教父作品和适宜的中世纪论辩家作品中撷取的大量段落的汇总，以说明教会的权力属于国王。作为王家礼拜堂教长的桑普森出版的这份《集祷经》（*Oratio*）应该直接取自其在讲道坛上的布道内容。两部作品均由伯瑟莱特印制。

短文》（*A Little Treatise Against the Muttering of Some Papists in Corners*）（1534年）则用英语将该思想进一步普及。该文清楚地表明，政府对当时一些流言蜚语在国内四处传播的情况是有所掌握的。① 这些流言蜚语主要是质疑改革开启后，对原先执行了数世纪之久的服从罗马教会做法的改变；一些人向往美好的往昔时代，并将英格兰出现的雨季和腐烂的作物理解为上帝的不悦。针对这一情形，这篇文章鲜明地指出，即使是古老的事物，也必须为真理让路，而这一"真理"就是，罗马教会攫取的权力在任何情况下都从未居于国王权威之上。该短文由伯瑟莱特印制，并凭借其生动有力的语言而具备了一份成功宣传品的基本条件。② 同时，通过这部印刷品从最初的拉丁语著作到克伦威尔形成小册子的全部过程可看出，通过印刷机为改革进行辩护和说服的宣传运作流程已经变得很流畅。这一定会让亨利八世非常满意，因为他不断借助印刷媒介的目的便在于"按照职责教育自己的民族，同时揭穿那些低俗的谣传"。③

两年之后（1536年），由于改革引发的利益分配不均等问题，英格兰国内陆续出现了民众反抗行为，由林肯郡率先起事。国王对此马上做出了应对，出版了《对林肯郡叛乱者及反叛诉求的回答》（*Answer to the Petitions of the Traitors and Rebels in Lincolnshire*）（1536年）。这篇回答严厉斥责了民众犯上作乱的冒

---

① Geoffrey R. Elton, *Policy and Police*：*The Enforcement of the Reformation in the Age of Thomas Cromwell*, Cambridge：Cambridge University Press, 2008, p. 183.

② Geoffrey R. Elton, *Policy and Police*：*The Enforcement of the Reformation in the Age of Thomas Cromwell*, Cambridge：Cambridge University Press, 2008, p. 185.

③ George Cranfield, *The Press and Society*, London：Longman, 1978, p. 1.

犯行为，并全然拒绝听取他们的任何诉求，而且特别为两位改革派重臣托马斯·奥德利（Thomas Audley）和克伦威尔做了辩护。这在当时实际上发挥了一种政策声明的作用，并被广泛传播。随后克伦威尔又让理查德·莫里森（Richard Morison）写出了《悲叹煽动叛乱所出现的毁灭性后果》（*A Lamentation in Wiche Is Showed What Ruine and Destruction Cometh of Seditious Rebellion*），由伯瑟莱特于同年出版。莫里森在书中反复说道："顺从是一名真正基督徒的标志"，"……冲突，冲突，已经成为废墟，毒液……"当反叛蔓延至约克郡时，亨利八世马上又命人出版了《国王陛下对约克郡叛乱诉求的回答》（*Answer Made by the Kinges Highness to the Petition of the Rebels in Yorkshire*），基调与其上一篇回答完全一致。莫里森也马上完成了《一种对叛乱的补救》（*A Remedy for Sedition Wherin Are Conteyned Many Thynges，Concernyng the True and Loyall Obeysance*）。在该书中，莫里森着力突出了一个主题，即秩序和等级制的益处。较之其上一部书中冗长繁复的谩骂诋毁，这部书风格更加清晰明了，将守法、权威和赞同的理念合而为一，从而确立了都铎时期国家政治哲学的基础。[①]应该说国王及其政府正是有效借助了印刷机高效快捷的特性，才能够在较短时间内对反抗行为进行舆论反制，也才牢牢控制了镇压"叛乱"的话语权，加快了应对国内动荡局势的速度。

　　同时，叛乱的兴起也令改革派意识到增强社会凝聚力的必要

[①]　Geoffrey R. Elton, *Policy and Police：The Enforcement of the Reformation in the Age of Thomas Cromwell*, Cambridge：Cambridge University Press, 2008, p. 202.

性和紧迫性。从 1536 年起，克伦威尔委派伯瑟莱特连续印制了十篇《国王钦定的条例，使基督徒保持稳定并团结在我们中间》（*Articles Devised by the Kynges Highnes Maiestie, to Stablyshe Christen Quietnes and Vnitie Amonge Us*）。另外，托马斯·斯塔基（Thomas Starkey）的《一篇指导人民走向联合和顺从的训词》（*An Exhortation to the People Instructing Them to Unity and Obedience*），由于其中提出了一条宗教和政治的中间路线而引起国王、一些牧师和克伦威尔的注意。作者在上述人士的批评意见指导下进行了重写，使该书具备了宣传价值，并在 1536 年 4 月付梓。[①]

　　1538~1539 年，在国内叛乱渐次平息之际，英格兰的外部环境日益恶化。政府令印刷商在这一时期印制的诸多融合了爱国主义与新教思想的作品，无疑有利于激发出强烈的民族主义情绪，凸显了英格兰宗教改革中蕴含的民族国家形成的因素。例如，借着法国人扬言入侵的紧迫形势，英格兰国教会在棕枝全日的布道上向信徒宣讲战争，同年由伯瑟莱特将布道词印制出版。另外，莫里森针对波尔（Pole）主教受教皇派遣阴谋颠覆国王统治的行径，创作了两部内容充实的作品《痛陈叛国罪的重大恶行》（*An Invective Ayenst the Great and Detestable Vice, Treason*）（1539 年）和《激发全体英格兰人保卫祖国的训词》（*An Exhortation to Styrre All Englyshe Men to the Defence of Theyr Countreye*）（1539 年）。前一部书引述《圣经》、马其顿和雅典的

---

　　① Geoffrey R. Elton, *Policy and Police: The Enforcement of the Reformation in the Age of Thomas Cromwell*, Cambridge: Cambridge University Press, 2008, p. 193.

法律、西塞罗书信中的事例，证明叛国没有好下场，虽然英格兰
遭到围攻，却无所畏惧；后一部书从臣民协助国王的职责、教皇
及其同党的虚弱以及被历史所证明的英格兰在军事上的英勇等三
个方面展开论述，旨在让民众接受做好战争准备的思想。此外，
莫里森的译著《战争的战略、战术与对策》（*The Strategemes,
Sleyghtes, and Policies of Warre*）等鼓吹对法强硬的书籍也相继出
版。① 这些书的印制发行无疑进一步加大了英格兰与法国之间的
分歧。

亨利八世于 1547 年 1 月去世后，整个形势受爱德华六世政
府中的少数人控制，他们由萨默塞特公爵领衔，旨在贯彻一种适
中而又完全是新教的措施。② 伯瑟莱特此时可能出于年龄因素，
已不再担任王家印刷商，并转而支持理查德·格拉夫顿（Richard
Grafton）出任此职。虽然人事有所变动，但新晋统治者也充分意
识到了印刷品在维护君主政体和推动改革中的独特性。正是借助
印刷机，萨默塞特公爵和坎特伯雷大主教克兰麦最终将英格兰变
为一个较为彻底的新教国家。

与克伦威尔类似，格拉夫顿也关注到了印刷品所具有的思想
宣传功用。为了强化爱德华六世和亨利八世统治的连续性以及和
平过渡的特性，格拉夫顿在 1548 年出版了爱德华·哈勒（Edward
Halle）的《兰开斯特与约克两家族的联合》（*Vnion of the Two*

---

① Pamela Neville-Sinfton, "Press, Politics and Religion" in Lotte Hellinga and J. B. Trapp, eds.,
The Cambridge History of the Book in Britain, Vol. 3, 1400–1557, Cambridge: Cambridge University
Press, 1999, p. 596.

② David Loades, "Books and the English Reformation Prior to 1558", in Jean-François Gilmont
ed., *The Reformation and the Books*, Aldershot: Ashgate Publishing Limited, 1998, p. 282.

Noble and Illustrate Famelies of Lancastre〔and〕Yorke）献给爱德华六世。这部编年史一直写到"高贵而英明的亨利八世统治"时期，书中强调了创立英格兰国教会是通往宗教正义的大道的思想。凯瑟琳·帕尔（Catherine Parr）作为亨利八世的遗孀也在继续推动改革，1547～1548年，她资助维彻奇（Edward Whitchurch）印制了两部堪称典范的作品：《一个不信奉者的悲叹》（*Lamentacion of a Sinner*）和伊拉斯谟的对开两卷本《〈新约圣经〉释义》（*The Paraphrase of Erasmus upon the Newe Teatamente*），[①] 以提醒人们信奉新教的必要性，并提供了正确理解《圣经》的方式。

改革派政府借助印刷机发起的攻势，有力打击了天主教会原有的知识垄断，正如学者埃尔顿指出的，当新秩序受到攻击时，克伦威尔令其成员（利用纸张）摧毁对方，他非常集中、谨慎而含有目的地性使用了印刷媒介以支持其政治行为。这是"欧洲范围内首次由政府发起的此类运动"。[②] 可以说，改革者通过国家机器，使机械化知识屈从了权力的要求，[③] 并力图使政府建立在舆论的基础上，从而掌握改革的话语权。如果考虑到这一时期针对天主教印刷品的书报审查制度的不断完善，那么可以说这一时期政府利用印刷机展开的宣传活动，其实质是借由打破旧垄断而建立一种新垄断。

---

① Pamela Neville-Sinfton, "Press, Politics and Religion" in Lotte Hellinga and J. B. Trapp, eds., *The Cambridge History of the Book in Britain*, Vol. 3, 1400 – 1557, Cambridge: Cambridge University Press, 1999, pp. 598-599.

② Geoffrey R. Elton, *Policy and Police: The Enforcement of the Reformation in the Age of Thomas Cromwell*, Cambridge: Cambridge University Press, 2008, p. 206.

③ 〔加〕哈罗德·伊尼斯：《传播的偏向》，何道宽译，中国人民大学出版社，2003，第169页。

第二节　新教改革者与英语《圣经》的传播

相比很多新教印刷品来说，英语《圣经》无疑在宗教改革过程中占据着最为重要的地位，已经成为人们谈论这场变革时无法回避的主要问题之一。威克里夫早在 14 世纪便提出，为了更好地理解上帝旨意，需要使用本国语《圣经》。[①] 然而，在天主教会的压力和羊皮纸书籍本身缓慢的制作流程等因素制约下，15 世纪的英格兰始终没能出现改革派人士期望的英语《圣经》的大范围传播。到了 16 世纪 20 年代，这种情况终于发生了较大变化。威廉·廷代尔（William Tindale）、迈尔斯·科弗代尔（Miles Coverdale）等人借助印刷机的力量，使英语《圣经》在亨利八世和克伦威尔确定权威版本和专利系统之前便已在英格兰流通。[②]

廷代尔受当时已经出现的拉丁语和希腊语印刷版《圣经》的影响，逐渐萌生了要使《圣经》妇孺皆知的想法。他曾经写道："我已经由经验得知，要使凡夫俗子信服真理是如何的不可能，除非以他们的母语将《圣经》明明白白展现在其面前，让他们可以亲自读到《圣经》的内容并理解其中的意义。"[③] 廷代尔辗转来到德意志西北地区印刷业中心科隆。1525 年，他与信奉天主教的印刷商彼得·昆泰尔（Peter Quentell）合作，偷印了一部由其

① Anne Hudson, *Lollards and Their Books*, London: Hambledon, 1985, pp. 183–184.
② Pamela Neville-Sinfton, "Press, Politics and Religion" in Lotte Hellinga and J. B. Trapp, eds., *The Cambridge History of the Book in Britain*, Vol. 3, 1400 – 1557, Cambridge: Cambridge University Press, 1999, p. 591.
③ 〔加〕阿尔维托·曼古埃尔：《阅读史》，吴昌杰译，商务印书馆，2004，第 335 页。

根据路德版本翻译的英语版《新约圣经》。[①] 该书随后在英格兰传播，是首部使用英语印制的路德派文献。[②] 需要指出的是，一向从事正统天主教印刷品业务的昆泰尔却开始印制这些"异端"译本，这种转变的一种可能性是其突然改变信仰，现已无从考证；而另一种可能性则更大，即印刷商出于商业营利的考虑，对这些产品在英格兰的销售充满信心。

廷代尔起先在科隆出版的这部《新约圣经》并不是一个完整的版本，其首部完整版《新约圣经》应该是与彼得·修埃佛（Peter Schoeffer）在路德派小城沃姆斯合作完成的，时间在1525年底或1526年初。[③] 廷代尔的这个译本在内容上极富启迪性，他凭借出众的语言能力，直接译自《圣经》的希腊语版本，从而暴露了拉丁语《圣经》中的很多不足之处，并影响了数十年后詹姆斯一世的《钦定本圣经》，甚至在今日的英文译本中仍可找到其当年的影子。这个版本的《新约圣经》一共印出6000本。其形制小巧，便于携带，可随着衣料货物一同被偷运进英格兰。读者只要花费少量现金便可获得一本，批发的话则更便宜。到1526年2月，有记录显示一位名叫加内特的万圣节助理牧师已经开始

---

① Sigfrid H. Steinberg, *Five Hundred Years of Printing*, Harmondsworth: Penguin Books, 1974, pp. 62-63.

② David Daniell, "William Tyndale, the English Bible, and the English Language", in Orlaith O'Sullivan ed., *The Bible as Book: the Reformation*, London: The British Library & Oak Knoll Press, 2000, p. 40.

③ David Daniell, "William Tyndale, The English Bible, and The English Language", in Orlaith O'Sullivan ed., *The Bible as Book: The Reformation*, London: The British Library & Oak Knoll Press, 2000, p. 43.

在伦敦的蜜蜂小道上公开贩卖。①

　　1526～1530 年，廷代尔又在德意志学会了希伯来语。② 之后，他根据希伯来文《圣经》开始了新一轮翻译工作。1530 年，他在安特卫普翻译出版了《摩西五书》（*Pentateuch*），这是首个从希伯来语翻译的英语版本。其中，《创世记》（*The First Book of Moses，Called Genesis*）在 1530 年 1 月便开始在英格兰各地出现，在该书序言的开头还头一次印上"W.T 献给读者"的字样。此外，在《出埃及记》中附有 11 幅整页木刻画，它和《申命记》都是第一次进入英语印刷版《圣经》的正文。③ 此时廷代尔在安特卫普的印刷商已由霍赫斯塔腾（Johannes Hoochstraten）变成了马丁·德·凯泽（Martin de Keyser），后者是当时安特卫普最为重要的印刷商之一。④ 到了 1534 年，廷代尔重新修订了《新约圣经》，并完成了《旧约圣经》中的"历史书"部分。在这部修订版《新约圣经》的开篇有两个长篇序言，而且几乎每一章节都有一个短序，有些文字内容与路德版本极为相近。该修订版于当年 11 月由凯泽出版，算得上凯泽全部产品中最为重要的一种，因为

①　John Foxe, *Acts and Monuments*, George Townsend ed., London: Seeleys, 1885, p. 421.

②　曾经有一种说法认为廷代尔不懂希伯来语，其工作仅仅是将路德版《圣经》译成英语。但大量印刷本文字证据显示，尽管他对路德的希伯来文译本非常熟悉，而且也经常借重于其中的单词和语法，但事实上廷代尔本人的希伯来文水平就非常出色。David Daniell, "William Tyndale, the English Bible, and the English Language", in Orlaith O'Sullivan ed., *The Bible as Book: The Reformation*, London: The British Library & Oak Knoll Press, 2000, p. 42.

③　David Daniell, "William Tyndale, the English Bible, and the English Language", in Orlaith O'Sullivan ed., *The Bible as Book: The Reformation*, London: The British Library & Oak Knoll Press, 2000, p. 42.

④　Guido Latré, "The 1535 Coverdale Bible and Its Antwerp Origins", in Orlaith O'Sullivan ed., *The Bible as Book: The Reformation*, London: The British Library & Oak Knoll Press, 2000, pp. 91-92.

它是英语《圣经》众多版本的真正先祖。

在廷代尔英文版《圣经》出现之前，应该说英格兰民众基本上无法接触到本国语《圣经》，人们通过聆听布道、观看教堂里的彩绘玻璃画和挂毯以及逐年上演的神迹剧才能对《圣经》故事略知一二。非英语印刷版《圣经》出现后，时任大法官的托马斯·莫尔为了防止其出现大范围传播的局面，曾经提议将整部《圣经》发给一些精心挑选的民众阅读，因这些人常常已垂垂老矣，不可能聚众传播。① 而廷代尔的《圣经》则冲破了这种藩篱，使英格兰普通民众也能接触到《圣经》内容，客观上为亨利八世后来推行的宗教改革做了动员准备，打下了民众基础，这是廷代尔在宗教改革史上的最大功绩。

继廷代尔之后，另一位对 16 世纪前半期英文《圣经》的翻译出版作出重要贡献的人物要数科弗代尔。在亨利八世统治时期，他是英格兰首批公开声称信仰《福音书》的人。他在希伯来语方面造诣颇深，不仅致力于英语《圣经》的翻译工作，而且还撰写了与《圣经》有关的各种书籍，其学说在那个时代是非常新奇的，也由此受到主教的憎恨并遭到迫害，导致其被迫逃往低地国家。② 科弗代尔怀抱着出版本国语《圣经》的强烈愿望，在 16世纪 30 年代初期到达了安特卫普，并曾经同廷代尔一道工作。③

---

① Thomas More, "A Dialogue Concerning Heresies", in Thomas M. C. Lawler ed., *The Complete Works of St Thomas More*, New Haven & London: Yale University Press, 1981, p. 341.

② Guido Latré, "The 1535 Coverdale Bible and Its Antwerp Origins", in Orlaith O'Sullivan ed., *The Bible as Book: The Reformation*, London: The British Library & Oak Knoll Press, 2000, p. 97.

③ J. F. Mozley, *Coverdale and His Bibles*, London: Lutterworth Press, 1953, pp. 5-6.

与廷代尔一样，科弗代尔当时的合作者也是凯泽。如前所述，这位印刷商通过印制诸种版本的《圣经》而对宗教改革产生了巨大影响。到了 1535 年，科弗代尔的英语《圣经》终于被送上了印刷机。这个版本是历史上首部完整的印刷版英语《圣经》，通常也被看作英语《圣经》的初版。①在该版《圣经》出现不久，英格兰国内的政治和宗教政策又向着改革派进一步倾斜，国王及其权臣对此版本则表现出较大兴趣。随着科弗代尔的作品在政治上受到肯定，印刷商的生产热情更加高涨，大大提升了这个版本的影响力。需要说明的是，虽然 1535 年版的《圣经》在英格兰历史上具有举足轻重的地位，但是长期以来却始终无法确定其印制地点，有人说在科隆，也有人认为是在马尔堡，甚至还有人提出了在苏黎世印行的观点。但是，书中的木刻画为这个谜团找到了答案。在这一版本的《出埃及记》中，配有一幅方舟图案，方舟周围是以色列人的帐篷，而四边用荷兰语标明了东西南北四个方位。此外，图案中帐篷的名称也与 16 世纪前半叶安特卫普的拼写法一致。②种种迹象表明，安特卫普最有可能是这部《圣经》的印刷地。

1538 年 9 月，克伦威尔向神职人员发布了一道指令，命令"最大篇幅的《圣经》"要"放置在各个教堂修院的显眼之处，

① Guido Latré, "The 1535 Coverdale Bible and Its Antwerp Origins", in Orlaith O'Sullivan ed., *The Bible as Book：The Reformation*, London：The British Library & Oak Knoll Press, 2000, p. 89.

② Guido Latré, "The 1535 Coverdale Bible and Its Antwerp Origins", in Orlaith O'Sullivan ed., *The Bible as Book：The Reformation*, London：The British Library & Oak Knoll Press, 2000, p. 95.

并细心保管，以使本教区信众可以便捷地看到并读到它"。全国各地随即遵照指令，在所有教堂的诵经台上都放置了这一作品。①这里所说的"最大篇幅的《圣经》"即《大圣经》（Great Bible），是科弗代尔在克伦威尔直接赞助下出版的最新修订版。标题页中印有表现亨利八世的著名木刻画，图案中克兰麦与克伦威尔在民众高喊"万岁"和"天佑君王"的口号声中四处散发《圣经》。这一版本由佛朗索瓦·勒瑙（François Regnault）首先在巴黎开始印制，②随后，克伦威尔又指派专人督导印刷商维彻奇、格拉夫顿（此后成为王家印刷商）及其印刷工人的工作，这是当时克伦威尔最为宏大的出版计划。政府的举措进一步掀起了出版英语《圣经》的热潮，据统计，1535~1541年，至少出现了14种英语《圣经》版本，另外还有附带《新约圣经》《圣歌》的两种版本以及附有《箴言篇》的两种版本。③1540~1547年海外出版了逾40种英文书籍，其中将近四分之一是《圣经》或其中的一部分内容。④此时，关于本国语《圣经》存在的合理性早已不再是人们争论的焦点，《大圣经》已经成为人们信仰生活的重要一环，在后来的政权更迭中也保持屹立不倒。

当时，很多人已经意识到自己阅读《圣经》具有重要的意

①　J. F. Mozley, *Coverdale and His Bibles*, London: Lutterworth Press, 1953, p. 114.

②　Pamela Neville-Sinfton, "Press, Politics and Religion" in Lotte Hellinga and J. B. Trapp, eds., *The Cambridge History of the Book in Britain*, Vol. 3, 1400 - 1557, Cambridge: Cambridge University Press, 1999, p. 592.

③　David Loades, "Books and the English Reformation Prior to 1558", in Jean-François Gilmont ed., *The Reformation and the Books*, Aldershot: Ashgate Publishing Limited, 1998, p. 281.

④　David Loades, "Books and the English Reformation Prior to 1558", in Jean-François Gilmont ed., *The Reformation and the Books*, Aldershot: Ashgate Publishing Limited, 1998, p. 272.

义，而且这种阅读应以母语进行，不使用拉丁语，不假手教会。[1]
虽然其后玛丽一世在位时期曾残酷压制所有新教作品的印刷和阅
读，但当时的英格兰读者想出了许多聪明的办法来逃避检查。例
如，本杰明·富兰克林的新教徒祖先，就藏有一本属于禁书的英
文版《圣经》。这本书被"用带子绑在一只折凳的凳面底下"。
当家中开始祷告时，就将折凳翻搁在自己的膝上，向全家人诵读
经文，并在带子下面翻动书页。这时，家里的一个孩子守在门
口，只要看到教会法庭的官吏走来，便回来报告。于是，折凳被
翻转过去放正，《圣经》也就像之前那样藏在凳面底下了。[2] 与
之前被动听讲的方式不同，这一积极方式在很大程度上摆脱了天
主教会对宗教观念的控制权，提供了个人独自理解《圣经》教义
的机会。在《圣经》英译的过程中，译者和印刷商大量借用外来
词汇，大大丰富了英语作为民族语言的表现力，而且在客观上
"强化了民族与民族之间的'语言壁垒'……并着手消除了任何
特定的语言群体内部说话方式的微小差异"。[3] 从这一时期英语版
《圣经》的翻译出版历程还可看出，社会对英语《圣经》的需求
是促使有着不同宗教信仰的印刷商争相印制的主要因素，再次说
明一种新媒介的推广离不开社会文化环境的影响和制约，而从小
规模地下出版到受到教俗政权公开支持的过程也表明，媒介与社
会的关系会随着社会矛盾的转化而处于不断变化之中。

---

[1] 〔新西兰〕史蒂文·罗杰·费希尔：《阅读的历史》，李瑞林等译，商务印书馆，2009，第205页。

[2] 〔加〕阿尔维托·曼古埃尔：《阅读史》，吴昌杰译，商务印书馆，2004，第161页。

[3] Sigfrid H. Steinberg, *Five Hundred Years of Printing*, Harmondsworth: Penguin Books, 1974, p. 88.

第三节　改革派教俗机构与发挥实际功用的印刷媒介

　　为了更加有效地将改革措施落到实处，各种禁令、税收表格和探访记录（Visitation）也被送上印刷机。在克伦威尔的要求下，各种王家禁令的印制活动在各个教区逐渐常态化。1535年，林肯主教约翰·朗兰（John Longland）下发了由印刷商约翰·白代尔印制的一份表格，并命令教区牧师宣誓承认国王是英格兰教会的首脑。索尔兹伯里的主教尼古拉斯·沙克斯顿让白代尔在1538年印制了一系列指令，"以便在索尔兹伯里附近出售"。1538年8月5日，里奇菲尔德和考文垂的主教罗兰·李曾写信给克伦威尔说："我（们）已经在视察中为本教区提出了若干指令，一如其他高级教士做的那样，将其交给了印刷商伯瑟莱特先生，如得您首肯即将其付诸印刷。"①

　　对于印刷品发挥实际的收税功用，实则是为隐藏在宗教改革背后的利益调整提供了便利条件。1534年之后，主教承担了财政管理方面的繁重职责，朗兰、伯纳和其他很多主教纷纷开始利用印刷表格收取各种税费。现存最早的一份英格兰的印刷收据印制于1538年，旨在配合罗瑟索普教区牧师（Vicar of Rothersthorpe）的工作。这是一种留有空白或"窗口"的印刷纸张，采用了一种

---

①　David Loades, "Books and the English Reformation Prior to 1558", in Jean-François Gilmont ed., *The Reformation and the Books*, Aldershot: Ashgate Publishing Limited, 1998, p. 287.

手抄本表格形式，这种形式从 1319 年以来一直在英格兰教会管理中沿用，在皇家管理机构中也有零星使用。克伦威尔主政时期进一步推进使用这种表格，对于税收工作来说有明显效果。例如，朗兰运用印刷机这一简便设备便解决了税务管理的关键问题，因为它为收缴人提供了造价相对低廉的付款收据，而拿到印刷表格的纳税人则可以表明他们是顺从的臣民。另外，之前的一些纳税人为了逃税而频频使用伪造收据，但政府在使用印刷收据后便有效禁止了这一行为，因为逃税者用于购买印刷机的花费远远高于其所逃税额。[1]因此，这种采用印刷收据收取教士什一税和补助金的做法大大提升了征收税款的效率。当然，从现有资料来看，因为每个教区的税收表格所用的字模不尽相同，而且在版面设计等方面也有差异，[2] 所以或许当时很多教区已拥有了各自的印刷设备，从而带动了印刷品的进一步普及，而这种普及大大提高了王国境内的税收效率，进而为奠定民族国家的经济基础贡献了力量。

更值得注意的是，这一时期的印刷品在规定宗教礼拜仪式方面发挥着无法替代的作用。1547 年 4 月，萨默塞特公爵授予格拉夫顿特权，不仅可以印制"所有法令、法案、文告、禁令以及国王颁布的其他书册"，而且能印行"国教会授权的有关宗教仪式

---

① Arthur J. Slavin, "The Gutenberg Galaxy and the Tudor Revolution", in Gerald P. Tyson and Sylvia S. Wagonheim, eds., *Printing and Culture in the Renaissance*, London and Toronto: Associated University Presses, 1986, p. 101.

② Arthur J. Slavin, "The Gutenberg Galaxy and the Tudor Revolution", in Gerald P. Tyson and Sylvia S. Wagonheim, eds., *Printing and Culture in the Renaissance*, London and Toronto: Associated University Presses, 1986, p. 102.

或需要使用的各种布道词或讲道词"——主要是公共祈祷书和布道书。1547 年 7 月 31 日，官方发布了一份文告，规定在举行宗教仪式期间，要宣读《讲道选粹》，每一座教堂都需在《圣经》旁边放置一本《〈新约圣经〉释义》，并使用亨利八世在 1545 年授权的初级读本。随后又发布文告重复强调宣讲《讲道选粹》，禁止使用其他任何布道书（1548 年 9 月 23 日）。① 此外，萨默塞特公爵和克兰麦还用《圣餐仪式的规定》（*The Order of the Communion*）重新规定了英格兰的礼拜仪式，由格拉夫顿在 1548 年 3 月 8 日印刷。

当然，在此方面最核心的文本无疑要数 1549 年出版的《公祷书》（*Book of Common Prayer*），由维彻奇和格拉夫顿印行（前者印制的时间为 1549 年 3 月 7 日；后者为 1549 年 3 月 8 日），后来还出现了 1549 年 5 月 24 日在伍斯特的印刷版本以及 1551 年的都柏林版本。② 实际上早在中世纪晚期，礼拜仪式就已经需要大量书籍作为辅助工具。仅就弥撒来说，原先一个人必须有一部弥撒书、一部每日祈祷书、一部游行圣歌、一部轮唱集、一部日刊及一部仪式书。显然，这些书籍在同一仪式活动中有着不同的功用。当这些书被送进同一家印刷所印制时，印刷商很快就发现，各地的弥撒用书很不统一，这给印制工作造成很大不便。结果，

---

① Pamela Neville-Sinfton, "Press, Politics and Religion" in Lotte Hellinga and J. B. Trapp, eds., *The Cambridge History of the Book in Britain*, Vol. 3, 1400 – 1557, Cambridge: Cambridge University Press, 1999, p. 599.

② Pamela Neville-Sinfton, "Press, Politics and Religion" in Lotte Hellinga and J. B. Trapp, eds., *The Cambridge History of the Book in Britain*, Vol. 3, 1400 – 1557, Cambridge: Cambridge University Press, 1999, p. 601.

当克兰麦在 1549 年制作《公祷书》时，其最正当的理由便是制作经济，利于礼拜仪式的统一。这部《公祷书》吸纳了几乎所有公共礼拜仪式用书的内容，结为单本发行。克兰麦要求王国境内的教区牧师在举行公共仪式时，不得使用其他书籍，只能使用这部书。[①] 他以强硬方式将该书发放给教士和世俗人士，在很大程度上消弭了不同人群对礼拜仪式的理解差异。

克兰麦不仅要求在全国范围内奉行一种礼拜仪式，而且还下令在仪式过程中只采用英语。在由《公祷书》主导的仪式中，参加圣会的人们被鼓励用英语朗读《圣诗集》，并参加共同祈祷。[②] 与此要求相匹配，印刷商在此期间印制了大量英语宗教印刷品。由于机械复制具有制作快速、内容统一以及传播范围广泛的特点，中世纪英语方言的多样性有所减弱，印刷内容的同一性、稳定性大为增强，并且由于英语表达方式的逐渐丰富，广大民众能够切身感受到本国语言的庄严宏伟，进一步巩固了英语作为权力语言的地位，并直接导致了拉丁语的式微。因此，我们看到国家权力在此过程中得到强化，民众对民族国家的认同感也有了进一步提高。反观手抄本则限于其较低的可复制性和可传播水平，在提供这种政治和文化的"归属感"方面作用有限。

正是通过这些印刷品，再伴以官方授意出版的其他各类初级

---

① *The First and Second Prayer Books of Edward* Ⅵ, Introduction by the Right Reverend E. C. S. Gibson, London: J. M. Dent & Sons, New York: E. P. Dutton, 1964, pp. v-xiii.

② John N. Wall, Jr., "The Reformation in England and the Typographical Revolution: 'By this printing…the doctrine of the Gospel soundeth to all nations' ", in Gerald P. Tyson and Sylvia S. Wagonheim, eds., *Printing and Culture in the Renaissance*, London and Toronto: Associated University Press, 1986, p. 212.

读本，从而为人们制定了一种信仰生活的新规范。英格兰宗教改革者使民众从利用偶像和图画学习教义的方式转变成通过阅读、聆听和朗读学习的方式。事实上，克兰麦并没有用一种新学说代替旧学说，而是用新书籍取代了旧书籍，这也可以令民众更为全面地理解这场改革想要达到的目标。因此，就某种意义而言，《公祷书》是理解英格兰宗教改革独特性不可或缺的锁钥。① 尽管克兰麦也采用了欧洲大陆的一些神学理论，但他很清楚，共同礼拜的经历才是英格兰国教的核心，也是宗教改革时期英格兰基督徒界定自身身份的源泉。亦即，他认为一个基督教国家只有在礼拜仪式上达成统一才能转变为一个真正的共同体。印刷术为实现这一目的提供了巨大的可能性，并满足了民族国家形成时期对本疆域内实施有效统治的空间要求，而克兰麦没有让这个机会从自己眼前溜走。也正因如此，有学者甚至认为英格兰宗教改革更像是礼拜仪式和行为举止而非神学和思想上的运动。②

小　结

印刷媒介与手抄本相比，具有生产效率高、成本低廉、易于

① John N. Wall, Jr., "The Reformation in England and the Typographical Revolution: 'By this printing⋯the doctrine of the Gospel soundeth to all nations'", in Gerald P. Tyson and Sylvia S. Wagonheim, eds., *Printing and Culture in the Renaissance*, London and Toronto: Associated University Press, 1986, p. 214.

② John N. Wall, Jr., "The Reformation in England and the Typographical Revolution: 'By this printing⋯the doctrine of the Gospel soundeth to all nations'", in Gerald P. Tyson and Sylvia S. Wagonheim, ed., *Printing and Culture in the Renaissance*, London and Toronto: Associated University Press, 1986, p. 208.

传递的特性，故满足了这一时期英格兰宗教改革者向更多民众进行思想宣传和实际施政的需要。而改革者对印刷媒介的运用，发挥了印刷媒介在时效性上的优势，有力冲击了教会长期的知识垄断，并且有利于民族主义思潮的兴起和国家对空间的垄断。这应该被看作这一时期英格兰新教传播的时空特征，凸显了"快"（快速）和"狭"（相对于罗马教廷原先在空间上的影响范围）的因素。从英格兰宗教改革时期新教改革者对印刷媒介的积极运用来看，我们可以得出这样的认识，即为了打破原有的知识垄断格局，谋求社会变革者与新兴媒介之间存在某种天然的关联性。

　　反观手抄本的相对没落，不但在于它较低的可复制性，而且其可传播水平也受到了它与教俗权力以及赞助人之间关系的制约。手抄文化倾向于从一个拥有特权的生产中心向外传播，随着与这个特权中心距离的逐渐扩大，它们的权威和影响力也逐渐减弱。这种情况不但影响了手抄本的地位，而且也影响了各种权力机构展现其权威的形式，所以，教会与手抄本相结合的结构难以抵挡改革者与新兴媒介结合后的冲击力。

　　爱森斯坦在其著作中曾指出，印刷术的出现有力地促进了全欧洲的宗教改革。[①] 这一观点对交流媒介的作用着墨颇多，却忽视了传播过程中各个参与者传达的信息以及相应的机制。我们在这里更愿意强调的是，印刷媒介是在与有组织力量的"联合"中发挥其效力的，而且在实际传播过程中，也要受到各个国家和地

---

① 〔美〕伊丽莎白·爱森斯坦：《作为变革动因的印刷机：早期近代欧洲的传播与文化变革》，何道宽译，北京大学出版社，2010，第303～450页。

区自身社会文化特点的影响与制约。例如，印刷术在很多欧洲国家内部，发挥了空间整合的作用，但从整个欧洲范围来看，却更多起到了分裂的作用。又如，印刷术在阿拉伯、俄罗斯等地的传播受阻，即与宗教习俗及民众思想文化水平等因素有关。因此，在评判媒介的社会影响力时，我们需要从媒介与社会互动的视角出发，除了要关注媒介技术变革的影响外，更要对媒介传播过程中的个体以及与之相关的机制问题给予足够的重视。

第六章　印刷媒介与英格兰书报
审查制度的完善

鉴于印刷媒介在宗教和政治议题上表现出的强大舆论导向作用，国家统治者不得不在利用之余对其保持高度的警觉，并时刻准备对不利于己方的印刷品予以打压和禁绝。因此，书报审查在这一时期有了形成与完善的必要。通常意义上的书报审查，是权力机构根据一定的衡量标准，在其管辖领域内对出版物进行审查，对不利于统治当局的出版物实行禁止和压制的行为。这种行为经由权力部门颁布的公告、法令等而取得合法性，并由专门机构和人员负责具体施行，遂形成相应的书报审查制度。这一制度体现的是一种自上而下的强制性权力。

实际上，书报审查贯穿于有文字记录以来人类历史发展的绝大部分阶段，并遍布于世界各地，是一种普遍存在的政治和文化现象。书报审查制度与书籍这一媒介形态具有密切的联系，因而由媒介形态变化引起的媒介性质转变也会导致书报审查制度的相应变化。就中世纪英格兰而言，教会作为主导人精神领域的重要权力机构，曾多次以纯洁教义为名，颁布法令，对以手抄本为主的各类纸质媒介实行审查。随着活字印刷术的出现及广泛运用，书籍生产能力骤然增强，起初，书籍生产者与权力机构还可以在一种相对平稳的状态下共存，但进入16世纪后，印刷媒介的传播能力愈益显露，进而引发社会思潮的显著变化，权力机构便要对其进行强力控制，以防止对自身权威性的挑战。有鉴于此，我们可以说，16世纪英格兰书报审查制度是以活字印刷术传入带来的印刷业的显著发展为契机而形成的，对近代以来英国思想文化的发展产生了巨大而深远的影响。

愈趋严密的书报审查制度，在实际操作中开始涉及专利授权问题。由于权利与利益分配的不均衡，很容易引起那些没有获得授权的印刷商的反抗，再加上印刷术提供的可行性，英格兰的盗印活动频发。而政府遏制无序盗印的过程，也是我们理解英格兰法治进程的一个窗口。

第一节　亨利八世前期：天主教会
对新教思想的扼杀

教会与王室是中世纪晚期英格兰的主要权力机构，二者都在印刷术出现之前便已拥有了对书籍进行审查的法律依据。诚如引言所述，在英格兰，最早直接对书籍生产发布的禁令来自天主教会。14~15世纪之际，罗拉德教派在英格兰掀起了一股"异端"思潮，挑战天主教会的统治地位。为了阻止该思潮的蔓延，1408年的坎特伯雷教士会议严令禁止复制英文《圣经》。1409年，托马斯·阿隆德尔对威克里夫翻译的《圣经》大加挞伐，在他拟定的牛津大学章程中规定，如果没有校方首先予以检查，一切英语《圣经》译本不得私自流通。1414 年，议会又确认了教会在反对异端书籍方面的权力。[①] 这些措施虽然未能完全阻止罗拉德派书籍的印刷和传播，但由于手抄本的生产能力毕竟有限，教会在这一时期仍基本能够控制局势。[②]

15 世纪中叶，活字印刷术被引入英格兰。实际上，在英格兰印刷业发展的最初数十年里，当时主要的印刷商如卡克斯顿、鲁德等人都将主要精力放在印制宫廷文学、语法书等方面，并且多采取与执政者相配合的策略。即使是一些政治题材的书籍，其内容也多以歌功颂德为主。[③] 这一时期的印刷书是被当作一种新奇玩意看待的，[④] 并没有成为一支显著的社会或政治力量。爱德华四世及亨利七世曾先后对一些印刷商予以赞助，而且在其统治期间，并未颁布任何禁止印刷活动的法令，甚至在理查三世统治期间，还曾于 1484 年下令鼓励外国印刷商在英格兰本土从事经营活动。亨利七世在 1504 年任命了英格兰历史上第一位皇家印刷商，此后，这一制度被长期沿用。亨利七世后的每一位都铎王朝国王都会任命自己的皇家印刷商，从而使这些印刷商享有印制法令、公告等官方文件的特权。从亨利八世开始，由于印刷品的影响力逐渐增

① David M. Loades, *Politics, Censorship and the English Reformation*, London: Bloomsbury Publishing, 1991, p. 97.

② David Loades, "Books and the English Reformation Prior to 1558", in Jean-François Gilmont ed., *The Reformation and the Books*, Aldershot: Ashgate Publishing Limited, 1998, p. 280.

③ Norman F. Blake, *Caxton and His World*, London: Andre Deutsch Limited, 1969, Appendix.

④ David M. Loades, *Politics, Censorship and the English Reformation*, London: Bloomsburg Publishing, 1991, p. 99.

强，统治者开始更加关注这一领域的动向，针对书籍产品的审查权力便被不断予以运用，而审查制度也开始不断加强和完善。

1515 年，英格兰议会通过一项法案，规定除经过"被指定的明智、谨慎的人阅读、讨论和审查过"，否则，不得印刷和出版任何拉丁文和英文图书、民谣、歌本和悲剧作品。[1] 1518 年，作为皇家印刷商的平逊第一次在其书籍首页印制了说明，即"享有特权"（Cum Privilegio Regis）的字样。按照当时的规定，这一权利的授予权掌握在国王及大学校长等人手中。这一说明被看作版权的雏形，同时也是 16 世纪 40 年代出现的专利权的前身。

同样在 1518 年，英格兰已经开始有人讨论路德的宗教主张。16 世纪 20 年代，在剑桥出现了一个由高级知识分子组成的小型新教组织，[2] 那些身处剑桥的书商则负责向其提供书籍。[3] 这些书商很多是低地国家人，其中三位在这一时期扮演了非常重要的角色，分别是加内特·戈弗雷、尼古拉斯·斯波瑞和西加·尼科尔森。当时他们在英格兰被称为"居留民"，即有权定居并与当地市民进行贸易的外国人。他们三人肯定已经知道发生在德意志的改革运动，戈弗雷和斯波瑞还知道伊拉斯谟的名字。这些书商最直接的贸易路线是海路，从莱茵河与斯凯尔特河口的大型港口出发，穿过北海到达英格兰东部沿海港口，甚至可以驾船直接驶入

---

① William Robert, *The Earlier History of English Bookselling*, London: Spampson Low, Marston, Searle & Rivington Limited, 1889, p. 25.

② Michael Black, *A Short History of Cambridge University Press*, Cambridge: Cambridge University Press, 1992, p. 5.

③ Michael Black, *A Short History of Cambridge University Press*, Cambridge: Cambridge University Press, 1992, pp. 3-4.

剑桥。因此，他们可以较为便利地从事这种带有"危险性"的进口书籍贸易。①

英格兰的天主教会早在路德思想刚刚开始扩散的 1521 年便采取了因应之策。5 月 14 日，沃尔塞发布了一份教会使节委任书，命令英格兰和威尔士的主教在举行弥撒时宣读这份委任书，向其听众发出警告，以抵制"路德的各种邪恶、有害和讹误的主张"，并要求所有包含这类错误内容的书籍作品要在 15 天内交给主教或其代表。② 领命之后，费舍尔主教在伦敦圣保罗教堂进行布道后将路德的书籍付之一炬。据估计，当年被焚烧的路德派书籍的数量颇为可观。

1524 年，伦敦主教卡斯伯特·滕斯托尔根据 1408 年教士会议和 1414 年议会的法令以及 1409 年阿隆德尔制定的章程，召集伦敦的印刷商和书商来面见他，警告他们不要经营异端书籍。他进而发布了首个许可证法令，规定没有主教的允许不得进口任何书籍，没有审查委员会（成员由他以及费舍尔、沃尔塞等人组成）的同意也不得出版任何新作品。③ 1526 ~ 1527 年（一说为 1525 年 10 月 19 日④），印刷商德·沃德由于为书商约翰·高夫私自印刷了一本名为《爱之镜像》（Image of Love）的译著而被告上法庭，二人在受到警告之后被予以释放。从该书内容来看，似

---

① Michael Black, *A Short History of Cambridge University Press*, Cambridge：Cambridge University Press, 1992, pp. 3-4.

② P. Took, "Government and the Printing Trade", PhD, University of London, 1978, p. 67.

③ P. Took, "Government and the Printing Trade", PhD, University of London, 1978, p. 67.

④ Fredrick S. Siebert, *The Freedom of the Press in England 1476 - 1776*, Urbana：University of Illinois Press, 1965, p. 43.

乎并无离经叛道之处，但由于有例行的检查规定，即使内容没有触犯官方旨意，但如果缺失其中必要的程序，也要受到一定惩罚。另一位印刷商伯瑟莱特也曾被迫承认，他所承印的伊拉斯谟等人的作品未经检查官首先过目。当然，在实际执行中，诸如拉斯特尔和平逊这样的特权印刷商可以享受到相对宽松的审查环境，而其他人则必须一部部地接受检查。

当局面临的不仅仅是这些小的程序问题，事实上，英语《圣经》的翻译出版才是他们需要面对的更大挑战。当廷代尔于1525年和1526年先后出版了英语《圣经》的节略版和完整版后，这些印刷书籍很快便大量出现在伦敦市场。当局迫于压力，下令严查。1526年10月，或许是出于查禁效果不够理想，滕斯托尔再次警告了伦敦书商组织（成员包括德·沃德、平逊、雷德曼、罗伯特·科普兰、罗伯特·威尔、伯瑟莱特、约翰·雷恩和约翰·拉斯特尔）："很多受到蛊惑的路德教派的孩子，偏离了通往真理的道路和天主教信仰，将《新约圣经》狡猾地翻译为我们的英语，掺进很多异端言论和错误思想……"他下令所有文本必须在30天内交到教区执事长那里，并规定："他们（指书商组织成员——引者注）既不能通过自己也不能通过其他人出售、拥有、给予任何形式的路德异端或其他书籍，不论这些书籍是用拉丁文还是英文写成，他们也不得印制或被指使印制其他任何书籍，除非他们预先呈送给勒盖特爵士、坎特伯雷大主教或伦敦主教。"[1] 这一做法导

---

① Fredrick S. Siebert, *The Freedom of the Press in England 1476-1776*, Urbana: University of Illinois Press, 1965, p.44.

致在宗教法院的档案中很少出现违规记录。① 因此，我们认为这一时期的查禁措施还是收到了一定成效，至少从表面上看，这一时期还没有见到明确出自英格兰境内印刷所的异端书籍。值得一提的是，就在滕斯托尔再一次发出警告的同时，坎特伯雷大主教向埃克塞特主教开列了一份禁书书单，这被认为是主要针对英格兰而发布的第一份正式的禁书目录，其矛头直指当时欧洲主要的宗教改革领袖。三年后，这份目录又有所扩充。②

除了在国内严令禁止传播廷代尔翻译的《圣经》外，滕斯托尔还煞费苦心地指派英格兰天主教商人在欧洲大陆的书籍产地大量收购廷代尔翻译的《新约圣经》，目的是烧毁这些版本。其中一位天主教商人是住在安特卫普的派金顿。根据当时的一份资料——霍尔的《编年纪事》记载，派金顿找到廷代尔并经过一番讨价还价后，购买到了全部印本。而廷代尔则拿到了钱，并凭借这些资金继续钻研《圣经》以提高翻译质量。③ 在伦敦主教如愿获取了大批《圣经》印刷本后，当局在圣保罗大教堂门前举行了公开的焚毁仪式。滕斯托尔在布道中宣称，廷代尔的作品里包含"两千处错误"。④ 这种焚烧行为深深触动了廷代尔的内心，让他

① David McKitterick, *A History of Cambridge University Press*, Vol. 1, Cambridge：Cambridge University Press, 1992, p. 23.

② David McKitterick, *A History of Cambridge University Press*, Vol. 1, Cambridge：Cambridge University Press, 1992, p. 24.

③ 〔英〕阿萨·布里格斯、彼得·伯克：《大众传播史：从古腾堡到网际网路的时代》，李明颖等译，韦伯文化国际出版有限公司，2004，第 100 页。

④ David Daniell, "William Tyndale, the English Bible, and the English Language", in Orlaith O'Sullivan ed., *The Bible as Book*：*The Reformation*, London：The British Library & Oak Knoll Press, 2000, p. 49.

对本国语《圣经》无法在英国通行感到忧伤。① 从那以后，廷代尔开始对主教和教阶制度展开了更加激烈的口诛笔伐。事实证明，滕斯托尔等人低估了印刷机的传播力量，上述这种统购式的查禁实际上反倒为廷代尔继续从事此项事业提供了必要的资金，而海外印刷商更是有恃无恐，在接下来的十年里，先后出版了另外十种版本的英语《圣经》版本，而且每一个版本的印量都在1500 本左右。对于想一举禁绝其传播的天主教会而言，这种局面与其初衷南辕北辙。

从 1527 年开始，英格兰国内形势发生了微妙变化，教会与国王的利益交集开始缩小，二者间的矛盾逐渐浮出水面。亨利八世为了维护其家族对英格兰的政治统治，着手解除与王后凯瑟琳的婚姻关系。有一种说法认为，他虽然在公开场合仍支持教会，但在私下里却鼓励"异端"书籍的传播。亨利八世此时的策略是通过表现出竭力维护天主教会在英格兰既有地位的意愿，以尽量争取教皇准许其离婚。他计划通过暗中推动宗教改革书籍的流通，然后再一举扫除这些既有的"异端"而树立起英雄地位。② 亨利八世的做法使查禁形势变得愈发扑朔迷离。另外，即使教会相关人员采取暴力手段逮捕了一些代理商，但由于其内部的腐败或主观上不愿求刑过于严苛，查禁效果大打折扣。如廷代尔主要的经济支持者汉弗莱·蒙茅斯于 1528 年遭到逮捕和审讯，但他

---

① William Tyndale, *Old Testament*, ed. by David Daniell, New Haven & London: Yale University Press, 1992, p. 5.

② Fredrick S. Siebert, *The Freedom of the Press in England 1476 - 1776*, Urbana: University of Illinois Press, 1965, p. 44.

依靠城中有势力的朋友相助而被释放。另外，一位名为范·拉里蒙德的巡回书商也同样遭到收押，但在忏悔之后即被释放。①

　　到 1528 年，违禁书籍的传播有增无减。商人们通过港口与伦敦的地下贸易而使路德派书籍和廷代尔的《圣经》译本轻松易得，而两个大学城也面临着实施审查的困难。在牛津，很多学院教师就从事着这种偷运贸易。例如，加内特是沃尔塞新成立的基督教堂学院的教师，他就曾携带两包路德派书籍在大学里出售，其中有逾 60 册书籍被预审官查获。加内特在被逮捕后得以成功逃离，后来又被抓到，在伦敦主教面前发誓放弃这项营生。然而，在被释放之后，加内特依然不肯作罢，继续以帮助学习《圣经》语言为名出售这类书籍。② 在剑桥，一位名叫福尔曼的人曾在 1526～1528 年担任了几个月的王后学院院长，但也正是在此期间，他秘密获得了大量路德派书籍，以为研究所用。③ 尽管沃尔塞试图以怀柔政策拉拢那些在大学周围从事经营活动的书商和印刷商，但还是有许多人不予理睬，继续从事传播新教作品的工作。

　　综上所述，我们可以认为，面对宗教改革浪潮的冲击，英格兰天主教会为了维护其既有的权力和地位，利用其业已建立的相关机制（主要依靠各教区主教）对印刷书籍开展了颇有声势的查禁活动，使用的手段包括焚烧"异端"书籍、禁止反天主教的书

---

① David McKitterick, *A History of Cambridge University Press*, Vol. 1, Cambridge：Cambridge University Press，1992, p. 25.

② David McKitterick, *A History of Cambridge University Press*, Vol. 1, Cambridge：Cambridge University Press，1992, p. 24.

③ David McKitterick, *A History of Cambridge University Press*, Vol. 1, Cambridge：Cambridge University Press，1992, p. 25.

籍进入流通领域、审查印刷商、颁布包括革除教籍在内的各种惩罚措施、组织对异端的攻击和反宣传等。[1] 这些措施在一定时期内显示了其效用，维护了教会与国王共享的权力。但由于亨利八世在王权继承方面逐渐暴露出与教会的分歧，因而 16 世纪 20 年代末的审查制度出现松动，效果有限。而这一已经露出变革端倪的审查制度，随着王权与教权之间激烈的冲突而将发生更加显著的变化。

第二节　亨利八世后期：审查目标的摇摆不定

　　教会已经显露出其无力控制印刷品传播的迹象，而王权观念日益加强的亨利八世准备亲自采取行动。首先，他出台了一系列加强控制书籍销售的法令。1529 年，亨利八世发布了"抵制异端"的法令，该法将原先属于教会法庭的审查权力转到枢密院，即从这时起，国王开始主导对印刷和发行的控制。同时，亨利八世还发布了一份禁书目录，并责成一个委员会监督执行。这份禁书目录比欧洲大陆的第一份同类目录早 15 年，由多位教士协助起草，但最终以国王名义颁布。教会人员被授权逮捕任何藏有禁书的不法分子，并可处以罚金，但需将罚金交到国王个人的金库中。所有王室法律的执行官员被命令需与教士一同缉捕犯罪分子，然而，安全官员在处理此类事件中的一切费用由教会承担。[2]

---

① 沈固朝：《欧洲书报检查制度的兴衰》，南京大学出版社，1999，第 56 页。

② Fredrick S. Siebert, *The Freedom of the Press in England 1476－1776*, Urbana: University of Illinois Press, 1965, p. 45.

一年以后，一位名叫西顿的人被指控贩卖廷代尔的书籍，并根据上述法令遭到处决。

1530 年 5 月，亨利八世通过星室法庭颁布了一项法令，谴责廷代尔的《新约全书》，并委托大学"检查民众阅读图书中错误和有害的单词、语句和结论"，而当年 6 月又一次颁布了加大审查力度的公告，其中还包含了一份经过补充的禁书目录。应该说这份公告并没有对已有的法律增加什么新的内容，却使星室法庭开始介入审查事务，对已有的审查机制是一种强化。无疑，亨利八世此举有效确立了其"异端仲裁者"的地位。①

这一时期亨利八世的严厉举措在很大程度上是由托马斯·莫尔在幕后指导的。他曾说服亨利八世支持伦敦主教的行动，还曾对两位售卖宗教书籍的小贩施以极刑。莫尔特别反对在海外印刷"亵渎神明和邪恶的英语书籍"，目标指向廷代尔、西蒙·费什和约翰·弗里斯的作品，他坚持认为应由伟大而博学的天主教人士翻译一部新的《圣经》。② 当时有很多人因从事违禁图书贸易而遭到逮捕。如乔治·康斯坦丁在 1531 年后半年入狱，而长期控制科尔切斯特、诺福克和伦敦书籍贸易的圣埃德蒙修道院修道士理查德·贝菲尔德也因康斯坦丁事发而遭到逮捕。1531 年在诺威奇还对神学家托马斯·比尔尼实施了火刑。行动较为审慎的贡维尔学院教师尼古拉斯·沙克斯顿也如同比尔尼一样受到了审判，

① Paul L. Hughes and James F. Larkin, eds., *Tudor Royal Proclamations*, Vol. 1, New Haven and London: Yale University Press, 1964, pp. 193-197.
② David McKitterick, *A History of Cambridge University Press*, Vol. 1, Cambridge: Cambridge University Press, 1992, p. 31.

并被迫声明放弃路德的"异端"信仰，这才侥幸逃脱了火刑的惩罚。虽然查禁力度加大，但这类交易继续发展并呈现出多样化的趋势。在廷代尔的激发下，很多英格兰人开始出版翻译作品或原创性论辩作品，其中的大多数也是在安特卫普完成的。令印刷商铤而走险的原因是当时英格兰对这类书的需求量巨大，故而从事这种违法书籍贸易能够获利丰厚。

从1532年开始，英格兰国内的政治形势发生了明显转变，教士屈从于国王的领导，而离婚案则被教皇于1533年否决。1534年，议会正式通过了《至尊法》。王权的扩大虽然并没有立刻影响亨利八世对路德派一贯的敌视态度，却缓解了书籍贸易的压力，并使皇家权威的审查动机变得更加复杂。[1]如前所述，在1535年以前，国王作为"信仰的捍卫者"而竭力禁止廷代尔翻译作品的流通，但他也是最先看到其潜在价值的人之一。1534年教士会议要求亨利八世支持一本公共用途的《圣经》英语译本，尽管亨利八世到1537年方才给予事实上的支持，但尼科尔森到那时已经出版了科弗代尔译本的三种版本，而且未受阻碍。此时，伦敦印刷商格拉夫顿和维彻奇也委托一位安特卫普的印刷商为其制作《圣经》。他们的这一版《圣经》实际上是官方经过对廷代尔和科弗代尔译本比较后，以廷代尔译本为主进行的综合。在印刷时，为了保全国王的颜面，遂去掉了廷代尔的名字，而以

---

① David Loades, "Books and the English Reformation Prior to 1558", in Jean-François Gilmont ed., *The Reformation and the Books*, Aldershot: Ashgate Publishing Limited, 1998, p. 269.

"托马斯·马太"加以替换。[①] 但国王及主教都对这一新版本不甚满意。除了这一版本明显是以廷代尔的译本为基础外，其中很多注解内容也带有威胁王权的成分。因为虽然该书并不支持教皇的统治权，但对国王的地位也未加肯定。另外，该书还充斥着很多新教理论。事实上，亨利八世的意旨在于将英格兰教会置于自己的控制之下，而对改变其神学理论并无兴趣。

随着克伦威尔地位的上升，其在审查制度中的作用更显突出。克伦威尔列出了一份由学者、出版商和印刷商组成的大名单，旨在利用他们来为国王的离婚诉讼进行辩解和宣传。同时，对于散布叛国和煽动性言论者的起诉也在加紧进行。[②] 按照《第一继承法》的规定，任何反对国王和王后安·博林的行为或言论（包括手写和印刷）都将被视为严重的叛乱。1536 年 1 月，一份新公告宣布，凡包含毁谤国王陛下及其王位尊严内容的各种不同的手抄本和印刷书，都需在 40 天内上交给大法官或克伦威尔。同时，随着费舍尔主教被处决，公告还宣布其所有作品也一同遭到禁止。[③] 紧接着，克伦威尔又迅速取得亨利的允许而令科弗代尔编辑一部新的《圣经》译本。这一版本是按照英格兰教士的思想完成的，并由格拉夫顿和维彻奇负责印制。科弗代尔的版本剔除了大多数新教理论，结果便是 1538 年出版的《大圣经》。但是，没有一个版本可以完全抹掉新教理论中含有的"激进"成分，这或许是导

① Fredrick S. Siebert, *The Freedom of the Press in England 1476 - 1776*, Urbana: University of Illinois Press, 1965, p. 47.

② Paul L. Hughes and James F. Larkin eds., *Tudor Royal Proclamations*, Vol. 1, New Haven and London: Yale University Press, 1964, pp. 193 - 197.

③ P. Took, "Government and the Printing Trade", PhD, University of London, 1978, p. 68.

致克伦威尔最终倒台的原因之一。

1538年，随着宗教改革进程的深入，教士中弥漫着惊慌情绪，亨利八世自身举棋不定也考验着其改革的真正动机。为了进一步加大管控的力度，亨利八世需要一种在更大范围内施行控制的体系。这年11月16日的一项公告清晰地反映了英格兰查禁书籍的紧张程度，这份文告再次重复了关于进口或本地产品的已有许可证条例："自本公告发布之日起，本疆域内的任何人都不得印制任何英语书籍，除非经过枢密院的审查或其他类似职官的许可，获得许可证后方可印制……"其他"用英语印制，并在页边配有注释或序言、附录的《圣经》"也依此办理。[①] 这项法令是1530年公告的延续，但目标不仅指向宗教类图书，而且将所有图书涵盖在内，因而被看作第一部企图正式确立书籍审查制度的法令，[②] 也成为亨利八世此后数年中开展审查活动的主要法律依据。这一公告的发布表明，教会审查者的地位被枢密院大臣或"国王陛下任命的人士"完全取代。总体来说，将颁发印刷许可法令的执行者由教士转向国家政府官员是亨利八世对印刷出版管理所做的重大变革之一，一般也将1538年视为许可证制度正式确立的时间。

对于《圣经》而言，一旦权力机构决定支持科弗代尔的修订版《大圣经》为正统的《圣经》版本，就有必要改变使用《圣

---

① Paul L. Hughes and James F. Larkin, eds., *Tudor Royal Proclamations*, Vol. 1, New Haven and London: Yale University Press, 1964, pp. 270-276.

② Fredrick S. Siebert, *The Freedom of the Press in England 1476-1776*, Urbana: University of Illinois Press, 1965, p. 48.

经》的混乱局面。然而，不管是亨利八世或克伦威尔的指令，还是《大圣经》的问世，都无法保证只印制、出售和阅读这部受到支持的《圣经》版本。约翰·白代尔在 1539 年为伯瑟莱特印制的由理查德·塔弗纳翻译的《圣经》版本，也标有授权和单独印制的字样，这更加剧了混乱。针对这种情况，克兰麦选择支持印刷商维彻奇及其搭档格拉夫顿，规定只有他们的版本可在标题页中印出"教会专用《圣经》"的字样。① 亨利八世和克伦威尔最终于 1540 年授予两人印制《大圣经》的独享权利。② 这一举措标志着出版专利权的诞生。

随着克伦威尔在次年倒台，英格兰又短暂回到了 16 世纪 20 年代末的情景。③ 廷代尔和科弗代尔的《圣经》译本再次遭到查禁。尽管新的专利权颁发给了克伦威尔的被保护人格拉夫顿、维彻奇和梅勒，《大圣经》继续被授权使用，但阅读范围被严格限制在上层社会。因此，在 1541～1547 年几乎没有印制什么新版本。格拉夫顿因为印制敏感作品（如梅兰希通的小册子以反对《六信条法》）而遭到关押，另有其他八位印刷商也受到枢密院的审问，并在 1543 年缴纳了保证金。④ 这一系列举动大概与属于

① Pamela Neville-Sinfton, "Press, Politics and Religion", in Lotte Hellinga and J. B. Trapp, eds., *The Cambridge History of the Book in Britain*, Vol. 3, 1400 - 1557, Cambridge: Cambridge University Press, 1999, p. 593.

② J. F. Mozley, *Coverdale and His Bibles*, London: Lutterworth Press, 1953, pp. 270-271.

③ E. F. M. Hildebrandt, "English Protest Exiles in Northern Switzerland", PhD, Durham University, 1982, passim.

④ David Loades, "Books and the English Reformation Prior to 1558", in Jean-François Gilmont ed., *The Reformation and the Books*, Aldershot: Ashgate Publishing Limited, 1998, p. 281.

保守派的加迪纳主教出任枢密院要职有关。[①] 同时，或许由于论辩性小册子的产量居高不下，政府 1543 年第一次在法令中明确做出了对无许可证的印制行为的惩处规定：如有印刷商、装订商或任何其他人在王国境内印制、准备印制或口头宣讲、出售、赠送或散发被禁书籍作品，违反者按每部书籍监禁三个月并罚款 10 英镑论处。如果再犯，则要被没收财产并处以终身监禁。[②]

　　政府随后决定采取行动以影响其他地方生产的印刷品，想要无视市场规则而建立地区性的印刷中心。但事实证明这种强制做法收效甚微。而约翰·贝尔（John Bale）、约翰·胡珀（John Hooper）、科弗代尔等曾经受惠于克伦威尔的赞助、保护或赦免的人，这时又返回欧洲大陆，海外的出版业随之又有所发展。[③] 这些海外印刷所印制了大量宽幅书和歌谣集，伦敦人对此种消遣娱乐产品的需求量极大，这是令那些受到专利权压制的年轻印刷商无法抵御的诱惑。保守权威在王后凯瑟琳·霍华德（Catherine Howard）1543 年倒台后遭到严重挫败，加迪纳也未能破坏克兰麦的影响力，反而导致其自身力量的削弱。但在亨利八世行将寿终正寝时，新教出版品并未出现急剧的增加。

　　总体来看，这一时期亨利八世为了维护其作为国家宗教和世俗统治者的独一无二的至高权力，逐渐向新教改革派倾斜，其真

---

①　P. Took, "Government and the Printing Trade", PhD, University of London, 1978, pp. 121–129.

②　David M. Loades, *Politics, Censorship and the English Reformation*, London: Bloomsburg Publishing, 1991, p. 101.

③　Tim Thornton, "Propaganda, Political Communication and the Problem of English Responses to the Introduction of Printing", in Bertrand Taithe and Tim Thornton, eds., *Propaganda: Political Rhetoric and Identity, 1300–2000*, Thrupp: Sutton Publishing Limited, 1999, p. 51.

实动机决定着审查机构的打击目标。在此期间逐渐形成的许可证制度和出版专利权制度的目的便是要不遗余力地保证民众的宗教思想和信仰符合其家族的根本利益。

第三节　爱德华六世与玛丽一世时期：审查目标的复杂多样

亨利八世去世后，萨默塞特公爵继续推行新教改革。在爱德华六世时期的第一届议会会期（1547 年 11～12 月）中，萨默塞特公爵废除了自爱德华一世以来制定的叛国罪和异端法令，也包括亨利八世的《六信条法》，而萨默塞特公爵也成为新教辩论家的积极赞助人。1547～1548 年，印刷商第一次可以随心所欲地印制各类新教作品。①

随着政策的明显偏转，更多激进派印刷商（如约翰·戴和威廉·塞里斯）显示出了极大的热情，他们以"H. 吕福特、维腾堡"或"汉斯·希特普里克"的假名出版了大量新教作品，如《一位绅士与一位牧师的对话》（*A Dyalogue Betwixt a Gentylman and a Preest*）。当时，外国印刷商也大量返回伦敦，外国避难者举行圣会时使用的是翻译为其本国语言的祈祷书。种种迹象表明，萨默塞特公爵在主政之初颇有一番雄心，欲促使英格兰在信仰方面实现快速而平稳的大转变。

---

①　Fredrick S. Siebert, *The Freedom of the Press in England 1476－1776*, Urbana: University of Illinois Press, 1965, p. 51.

萨默塞特公爵起初在解除了对新教印刷业审查的同时，加紧了对天主教作品的压制。这一时期最为显著的控制事例发生在加迪纳和理查德·史密斯身上。加迪纳在 1546 年被改革者击败，其《正确信仰》（*A Declaration of Such True Articles*…）和《魔鬼的诡辩术》（*A Detection of the Devils Sophistrie*）两部作品遭到查禁；而史密斯因为出版《捍卫祝圣弥撒》（*Defense of the Blessed Masse*）而被迫于 1547 年 5 月在圣保罗大教堂门前宣布放弃自己的天主教信仰，并且焚烧了其《阐明种种真理的论辩和短论》（*A Brief Treatyse Settynge Forth Diuers Truthes*）（T. 佩蒂特，1547 年）一书。[1] 他的放弃声明随后也被官方印刷商出版。

　　1549 年上任的诺森伯兰并不像萨默塞特公爵那样热心于新教思想的传播，因此，到 1550 年，新教出版品的短暂巅峰也随之逝去，枢密院开始重新规定种种限制，[2] 但对天主教的遏制并无放松。爱德华六世政府在 1551 年发布的一份公告中表明了加强控制进口书籍的意图。同年 3 月，一位名叫威廉·塞斯的人因被指控进口天主教书籍而遭到逮捕。[3] 相关资料显示，1552 年英格兰国内印刷出版的书目数量为 105 种，又恢复到了 1547 年的水平，外国印刷工人又纷纷返回故地。[4]

———————————

①　David Loades, "Books and the English Reformation Prior to 1558", in Jean-François Gilmont ed., *The Reformation and the Books*, Aldershot: Ashgate Publishing Limited, 1998, p. 287.

②　David Loades, "Books and the English Reformation Prior to 1558", in Jean-François Gilmont ed., *The Reformation and the Books*, Aldershot: Ashgate Publishing Limited, 1998, p. 283.

③　P. Took, "Government and the Printing Trade", PhD, University of London, 1978, p. 86.

④　Pamela Neville-Sinfton, "Press, Politics and Religion" in Lotte Hellinga and J. B. Trapp, eds., *The Cambridge History of the Book in Britain*, Vol. 3, 1400 - 1557, Cambridge: Cambridge University Press, 1999, p. 602.

审查目标的变动除了有宗教信仰方面的因素外，政治斗争的因素也不可小觑。爱德华六世时期总体上无疑是偏向新教改革的，但由于各个政治势力都想控制年幼的国王，因此在上层官员中免不了要对各种政策展开激烈讨论，其结果就是在普通民众中也出现种种猜测和流言。为了打压政敌，维护自身既得利益，萨默塞特政府多次发布公告以阻止不利于己方的流言散播，如 1547 年 5 月 24 日的公告宣布造谣惑众者将被作为流氓无赖论处。① 诺森伯兰公爵主政后，先后发布了九道命令，主要目的在于压制对政府的批评意见和为萨默塞特公爵进行辩护的书籍文件，抑制支持反对派的各类信息的传播。② 当作者和印刷商双双被抓时，政府对待作者要比对待印刷商更加严厉。因为在政府眼中，印刷商是商人而不是宣传家，遂将其以从犯而非主犯对待。1552 年，一个"煽动性乐曲"的作者约翰·劳顿被戴上颈手枷，而其印刷商威廉·马丁仅仅遭到没收储存货物的处罚。

由于各派政治势力忙于在激烈的政治斗争中加强自身实力，因而没有多少精力关注出版许可事宜。直至 1551 年，政府的一份公告才再次宣称印刷商未经国王或其枢密院成员许可并附属国王及六位成员的签名，不得在王国境内及境外印制任何英语印刷品。③ 这份文稿虽属老生常谈，但其意义在于再次恢复了 1530 年

① Fredrick S. Siebert, *The Freedom of the Press in England 1476－1776*, Urbana: University of Illinois Press, 1965, p. 52.

② Fredrick S. Siebert, *The Freedom of the Press in England 1476－1776*, Urbana: University of Illinois Press, 1965, p. 53.

③ Fredrick S. Siebert, *The Freedom of the Press in England 1476－1776*, Urbana: University of Illinois Press, 1965, p. 54.

出现的许可证制度。

　　1553年7月，玛丽一世继位。她在这一年发布了其关于宗教政策的第一份公告，旨在控制任何针对国家事务及女王本人的煽动性言论。该公告宣称女王将坚持其自己的信仰，但目前尚未强迫其臣民与之保持一致。另外，任何人未经女王许可，不得印制或出售"错误的"书籍、歌谣集、乐谱等。[①] 此后，英格兰的新教印刷所纷纷转为地下。自史蒂芬·米尔德曼于1553年8月出版了约翰·布雷德福的两篇新教讲道词——《忏悔布道书》（*Sermon of Repentaunce*）和《神圣祈祷文》（*A Godlye Treatyse of Prayer*）之后，便再没有公开问世的任何新教作品。米尔德曼很快离开了伦敦，只有像伊丽莎白一世时期的著名印刷商约翰·戴这样的人仍在使用"米歇尔·伍德"的名字继续从事印刷工作，他大概是唯一一位实际从事地下新教作品出版的商人，并一直坚持到其1554年10月被捕入狱。[②] 到1553年底，由于遭到审查部门的驱赶，很多印刷商纷纷离开英格兰。在接下来的五年多时间里，大约有70部涉及宗教争论或具有牧歌性质的作品在海外印制，并被走私到英格兰，这是令玛丽一世及其官员感到焦虑的根源。[③] 这些出版行为从何种程度上讲算是一场有组织的运动，或是一种集体或个人的一时情绪性举动，还不好断然下结论。有一

① Fredrick S. Siebert, *The Freedom of the Press in England 1476-1776*, Urbana: University of Illinois Press, 1965, p. 55.
② David Loades, "Books and the English Reformation Prior to 1558", in Jean-François Gilmont ed., *The Reformation and the Books*, Aldershot: Ashgate Publishing Limited, 1998, p. 284.
③ David Loades, "Books and the English Reformation Prior to 1558", in Jean-François Gilmont ed., *The Reformation and the Books*, Aldershot: Ashgate Publishing Limited, 1998, p. 273.

些学者指出，在不同时期确实有一些组织在秘密运作。^① 因此，我们可以说玛丽一世的枢密院如同 1525~1532 年亨利八世的枢密院那样，虽然较为成功地控制了本国异端著作的出版，但对大量来自海外的作品却无能为力。

更重要的是，因为这些禁书的实际拥有者只是冰山一角，正如较早的罗拉德手抄本那样，人们相互传递书籍，并在人群中大声朗读，由此而让大量不识字者也能获得信息。一旦新教论战从拉丁语转为本国语，整个国家便成为其潜在的影响之地。^② 而且，当时普遍存在着秘密阅读的情况。

尽管如此，玛丽一世认为她已经使国家恢复了正常状态，她本人无意大力推动天主教作品的大量印行，而是希望让"市场力量"再造天主教会。^③ 但事实是几乎没有多少翻译成英语的反宗教改革作品问世，而采用英语写作的这类作品更是寥寥无几。

玛丽一世的丈夫菲利普于 1554 年 7 月到达英格兰，教皇的权力也于当年 12 月得到恢复。1555 年 3 月，政府开始大规模迫害新教徒。玛丽一世指使议会扩大了叛逆法的实施范围，规定出版诽谤国王和女王书籍者一律处以重刑，而且在另一项法令中规定，以写作和讨论的形式反对菲利普者，或企图以类似方式谋反者，一律视为叛逆。1555 年 6 月，政府发布了一份被禁作家的名

---

① P. Took, "Government and the Printing Trade", PhD, University of London, 1978, pp. 236-237.

② Margaret Aston, *Lollards and Reformers: Images and Literacy in Late Medieval Religion*, London: The Hambledon Press, 1984, passim.

③ P. Took, "Government and the Printing Trade", PhD, University of London, 1978, p. 255.

单。① 1558年6月6日，玛丽一世又发布了一份措辞强烈的公告，威胁要以戒严法对拥有"异端"或反叛书籍的人处以死刑。无疑，那些各类新教派别中的狂热分子首当其冲，但真正遭到迫害的印刷商或书商则少之又少。②

此时，海外流亡者的宣传活动也更趋政治化。一方面，他们开始直接歌颂新近的殉教者；另一方面便是在宗教问题上挑战女王政府的合法性。这种风格与早期新教领导者（如克兰麦）有着明显的差异，体现出了欧洲大陆特别是加尔文教派的影响——这在很大程度上改变了英格兰人的思想。③ 综观这一时期玛丽一世在意识形态领域的斗争，应该说其道德说教策略是完全失败的。而主要凭借上述举措，玛丽一世根本无法应对小册子作者对政府和宗教政策的猛烈抨击，因为这些小册子拥有广泛的读者群。

面对颇为不利的形势，玛丽一世采取了一项对后世英格兰书报审查制度影响极大的措施，即授予伦敦书商公会（Stationers Guild）在出版事务方面的特权，④ 书商公会也借此得以确立了自身在英格兰出版业中的地位。实际上，早在1542年，书商公会便曾作为一个特殊的行业组织申请成立独立的公司，但未获准许。玛丽一世继位后，印刷媒介令这位女王深陷窘境，伦敦书商瞅准时机再次申请特许状。玛丽一世看到了其在控制出版方面的价值，

---

① David M. Loades, *Politics, Censorship and the English Reformation*, London: Bloomsburg Publishing, 1991, pp. 102-103.

② Fredrick S. Siebert, *The Freedom of the Press in England 1476-1776*, Urbana: University of Illinois Press, 1965, p. 55.

③ David Loades, "Books and the English Reformation Prior to 1558", in Jean-François Gilmont ed., *The Reformation and the Books*, Aldershot: Ashgate Publishing Limited, 1998, p. 275.

④ 沈固朝：《欧洲书报检查制度的兴衰》，南京大学出版社，1999，第63页。

遂在 1557 年颁发了皇家特许状，使它成为书商公会。该公会的管理机构由会长（Master）、正副总管（Uper Warden and Under Warden）以及董事会（Court of Assistant）组成。根据规定，该公会被授权对书籍销售、印刷和其他书籍贸易进行限制，规定所有书籍的出版都必须在书商公会注册，这便是书商登记簿（Stationers' Register），须将印刷商姓名、书名、登记时间以及交纳费用等信息据实录入。登记之后便表明印刷商具有了印制某部书籍的唯一权利，其他人不得擅自印刷发行，从而使印刷商成为书籍版权的实际拥有者。

从维护国王权力的角度来说，这种方式通过贸易的集中化和书商的自我约束行为而保证了政治的控制。从此，国王有了管制"诽谤"、"恶意攻击"和"异端言论"的又一有力工具。从出版商谋取利益的角度而论，他们借此取得了独占权，并把管制非法出版物作为对国王恩惠的回报。当然，从长远来看，这种做法与印刷出版业蓬勃发展的态势是相背离的，在根本上也不符合资本主义工商业发展的特性。因此，自该措施出现以来，不断有印刷商向其提出挑战。

总之，在爱德华六世和玛丽一世在位期间，政府除了在萨默塞特初期放宽新教印刷品限制外，总体上未就许可证制度做出任何重大改变。但前后两位最高统治者在宗教信仰上存在巨大差异，各自在位期间纷纷通过各种法令文告实现其审查目标，而爱德华六世在位期间萨默塞特公爵和诺森伯兰等不同政治派别的相互倾轧又使这种审查制度增添了更多维护政治利益的味道，使审查制度的出发点显得更加复杂。

第四节　伊丽莎白一世时期：
审查力度的渐趋加强

在伊丽莎白一世统治时期，从事印刷业的人数骤增，这些后来加入者便难免要与那些已经"享有特权"的印刷商展开竞争。于是，很多"在野的"印刷商不惜铤而走险，印制被政府禁止的各类宣传品。这一时期社会思潮愈趋复杂，天主教与清教思想同时向英格兰国教发起攻击，而国王则主要依靠枢密院、教会人士和书商公会应对局势变化。

1559年，伊丽莎白一世以教会首脑的名义发布了王家禁令，规定如下。第一，所有新作品在出版前必须获得女王、枢密院中的六位大臣、印刷所在地的位阶高于教区执事长的教会法官或一位大学校长和一位当地教会法官的同意。第二，小册子、剧本和民谣歌本可呈送至伦敦的三位教区专员以获取印刷许可。这类印刷品数量增速显著，因此，从实际需要出发而将颁发许可证的权力授予低级官员。同时，这份禁令也表明要将这类印刷品的生产销售范围控制在伦敦以内。第三，在未受到伦敦的三位教会专员禁止的情况下，可以重印已经出版的谈论宗教和政府的作品。第四，拥有许可证者的名字需要加印在每部作品的结尾处。①

---

① Fredrick S. Siebert, *The Freedom of the Press in England 1476-1776*, Urbana: University of Illinois Press, 1965, pp. 56-57.

从现有的记录来看，法令的实际效果不尽如人意，既未得到严格执行，也没有被完全忽视。① 在枢密院的会议记录和星室法庭的文件中并没有针对印刷商违反禁令而采取惩罚措施的记录。然而，在有关书商公会的材料中却可以看到一些执行许可证法令的相关记录。例如，在 1559 年，13 位印刷商由于未获许可擅自印刷作品而被罚款，另有一位印刷商遭到书商公会监禁。②

　　伊丽莎白一世在统治初期将其主要精力放在了促使教会完成从罗马天主教会向英格兰国教会的转变上，因而其控制印刷出版的法令也主要在于压制罗马天主教的思想传播，但是情况很快就发生了变化，英格兰国教会开始不断受到来自清教小册子作者的攻击。1566 年 6 月，一系列批评国教会未完成宗教改革使命的小册子在英格兰境内广为传播。③ 政府立刻于 1566 年 6 月 29 日颁布了一项枢密院法令。④ 这项法令完整保留了 1559 年的许可证制度，并对违反禁令者予以更严厉的制裁。任何人如若违反禁令，擅自印制任何法令、禁令等，将受到没收所有非法出版物、永远禁止从事印刷行业和三个月监禁的惩罚。违法书籍的装订者也将被处以每本 20 先令的罚款。法令中最重要的条款是要求每一位

① R. B. McKerrow ed., *A Dictionary of Printers and Booksellers in England, Scotland and Ireland, and of Foreign Printers of English Books, 1557-1640*, London: Bibliographical Society, 1910, p. xii.

② Fredrick S. Siebert, *The Freedom of the Press in England 1476-1776*, Urbana: University of Illinois Press, 1965, p. 58.

③ R. B. McKerrow ed., *A Dictionary of Printers and Booksellers in England, Scotland and Ireland, and of Foreign Printers of English Books, 1557-1640*, London: Bibliographical Society, 1910, p. xii.

④ J. R. Tanner ed., *Tudor Constitutional Documents, A. D. 1485-1603*, 2nd ed., Cambridge: Cambridge University Press, 1930, pp. 245-247.

文具商、印刷商、书商等缴纳一定的保证金，用以帮助书商公会的审查人员执行法令。枢密院法令使书商公会官员有权对所有进口货物和所有商店、仓库进行检查。①

需要指出的是，即使书商公会的权力变大，但始终未从伊丽莎白一世那里获得颁发许可证的权力。同时，在具体执行过程中，也并未使尽全力。他们中的很多人或者对此漠不关心，或者私底下认同某些新教派别的主张，而可能性更大的则是其内部对专利权的争夺异常激烈，吸引了公会成员的主要注意力。另外，教会人士在执行法令过程中的低效也无法让枢密院感到满意。伊丽莎白一世随即决定发布一系列文告以加强法令的执行力度。1568年3月的文告宣布召回所有含有贬低伊丽莎白一世和国教内容的书籍。而1570年7月1日的另一个文告则对检举告发散布煽动性言论者和诽谤伊丽莎白一世及贵族者的行为给予奖励。②

尽管有如此多的法令条例，但清教徒作家继续通过各种渠道和方式传播其小册子。首先问世的是一本名为《给议会的忠告》（Admonition to Parliament）的小册子，这本共60页的小册子没有封面、作者名字或出版商的签名，曾在1572年会期呈递给议会，但没有任何结果，于是便通过出版诉诸英格兰民众。在该小册子中，作者指出了教会既有体制的问题，要求教会组织方式回到《圣经》中所描述的使徒时代，并着重向国教会留存的主教制度

---

① David M. Loades, *Politics, Censorship and the English Reformation*, London: Bloomsburg Publishing, 1991, p. 119; Fredrick S. Siebert, *The Freedom of the Press in England 1476-1776*, Urbana: University of Illinois Press, 1965, p. 59.

② Fredrick S. Siebert, *The Freedom of the Press in England 1476-1776*, Urbana: University of Illinois Press, 1965, p. 60.

和其他罗马天主教残余发起攻击。审查机关在 1572 年 6 月逮捕
了幕后的两位清教徒赞助商，伦敦主教托马斯·库珀于 6 月 27
日在圣保罗教堂做了反对小册子思想的布道。两位作者随后被
捕，他们虽然对撰写该文供认不讳，但坚称自己无罪，理由是他
们是在议会会期撰写的，理应具有言论和书写的自由。在这里，
英格兰人久已有之的向议会提出申诉的权利被转化为对言论自由
的要求。①《给议会的忠告》的出版活动并没有因为赞助商的被
捕入狱而停止，其他清教徒在随后几年又以大开本的形式在极为
隐秘的地点出版了该书的多个版本。《给议会的再次忠告》
（*Second Admonition to Parliament*）在 1572 年底出现于伦敦街头。
这次的作者比较明确，是一位名叫托马斯·卡特莱特的清教改革
者。该书对公共祈祷书、圣事和国教会法令提出了批评，一时读
者甚众。坎特伯雷大主教惠特吉福特立即撰写文章予以驳斥，但
卡特莱特的回应文章在 1573 年 4 月 30 日再次由秘密印刷所印制
出版，在 6 月 11 日的再版中加上了印刷商的签名和地址。同日，
政府发布了没收该书的公告。②

天主教印刷商的活动也未停歇。威廉·卡特原是官方装订
商，后来由于贩卖"淫秽小册子"而惹上麻烦，纹章院官员于
1579 年搜查其住所时，发现了一个秘密印刷所，查获了大批已经
印制好的天主教祈祷书及其他天主教神学作品。卡特受到高等委

---

① Fredrick S. Siebert, *The Freedom of the Press in England 1476 - 1776*, Urbana： University of
Illinois Press, 1965, p. 96.
② 在该命令发布二十天后，尽管有成千上万的清教小册子在伦敦流通，但没有没收到一本
《给议会的再次忠告》。Fredrick S. Siebert, *The Freedom of the Press in England 1476 - 1776*,
Urbana：University of Illinois Press, 1965, p. 96.

员会的审讯，在服刑期满出狱后又继续印制反国教的作品，最终被关进伦敦塔，于1583年1月被处死。与卡特不同，另有不少天主教印刷商逃过了官方的追查，在英格兰本土成功印制了大量天主教作品。当然，更多的天主教书籍则是在欧洲大陆（如巴黎、鲁汶等地）印制后偷运回英格兰的。① 为了应对这种复杂状况，政府于1573年9月28日、1576年3月26日、1579年9月27日、1580年10月3日和1583年6月30日先后颁布了针对某类书籍的禁令。②

鉴于政府官员、教会人士和书商公会检查者组成的审查体系并不十分奏效，法学家、大主教、清教徒、书商公会等不同社会力量纷纷提出了改革方案，而伊丽莎白一世对此问题的回答则集中体现在1586年6月23日颁布的星室法庭法令中，该项法令被认为是整个都铎时期政府在印刷出版方面出台的最为完备的一项法规。③ 法令对印刷商、学徒和印刷所的人数进行了限额规定，确认了书商公会的搜查和没收权力，并采纳惠特吉福特的建议，建立起一套新的许可证体系。在这一体系中，所有书籍（除法律书和由女王印刷商印制的书籍外）都需获得坎特伯雷大主教和伦敦主教的许可。④ 各项法规的具体执行交由书商公会和教会人士

---

① David M. Loades, *Politics, Censorship and the English Reformation*, London: Bloomsburg Publishing, 1991, pp. 120-121.

② Fredrick S. Siebert, *The Freedom of the Press in England 1476-1776*, Urbana: University of Illinois Press, 1965, p. 60.

③ Fredrick S. Siebert, *The Freedom of the Press in England 1476-1776*, Urbana: University of Illinois Press, 1965, p. 61.

④ Fredrick S. Siebert, *The Freedom of the Press in England 1476-1776*, Urbana: University of Illinois Press, 1965, p. 62.

负责。惠特吉福特与前几任主教不同，对于法令的执行颇为严格。但几年后，大主教和伦敦主教为了既减轻其个人责任，又能尽量将此权力留在自己手中，便将颁发许可的权力下放给下级官员。

　　从书商公会的登记簿中可以看到，从 1588 年开始，记录的内容便越来越规范，列入其中的每一册书籍都带有一名或多名责任人及书商公会检查者的名字，后者的姓名可能仅仅用来作为版权保护的证明。但是，也就是在这一时期，发生了伊丽莎白时代最著名的小册子论战——"马普利雷特论战"。马丁·马普利雷特是小册子出版商的化名，背后则由清教组织出资赞助。这些出版于 1588 年至 1589 年的小册子旨在答复由约翰·布里奇斯博士所写的为既有教会组织形式辩护的书，作者们运用讽刺、奚落、幽默俏皮话以及神学论辩的方式批驳对方。这些小册子的风格和形式都旨在最大限度地迎合公众的诉求，第一部小册子名为《使徒书信》（*The Epistles*），由清教徒印刷商罗伯特·瓦尔德格雷夫秘密印制。由于搜查随即而至，印刷商辗转将印刷品转至北安普敦郡，并在那里印制了第二部"马普利雷特小册子"《概要》（*The Epitome*），其间有小贩来回奔走于米德兰和伦敦之间进行兜售。随后又转至考文垂，并在那里印制了第三部和第四部小册子。在瓦尔德格雷夫无法摆脱追踪而逃往欧洲大陆后，小册子赞助者将印刷所藏在了沃斯顿小修道院内，约翰·霍奇金斯在两位助手的协助下出版了斯洛克莫顿的《正义的谴责》（*The Iust Censure and Reproofe*）等两部书。但印刷设备最终在途经沃灵顿时被人发现，三名印刷商随即被押往伦敦受审。霍奇金斯始终否认所印之书具有煽动性或诽谤性，官方并未获得满意的忏悔。政府虽然取得了表面的胜利，但清教徒通过这些"马普利雷特小册子"而扩大了在民众中的影响。这场论战使双方都切实感受到了印刷出版的力量，从而导致政府加强了对印刷品的监管力度，而不从国教者也未束手就擒，其冲破审查限制的行为还在继续。

综上所述，伊丽莎白一世在位时期通常被认为是都铎王朝审查制度发展的高峰，有着最为严厉和完善的制度体系。处在天主教和清教思想的双重夹击中，伊丽莎白一世通过颁布法令和公告的方式巩固并更新了已有的许可证制度，在执行中调动更多教会和行政部门加入其中，力图以强力压制不从国教者的声音。另外，伊丽莎白一世成功地在民众中激发出一种新教民族主义情绪，[①] 保证了英国在作为欧洲大国的崛起过程中，能够在很大程度上按照女王的意志行事。但由于经济、宗教或政治因素的驱动，印刷商和小册子作者的反抗从未停歇，在一次次论战中逐渐获得了越来越多民众的理解和支持。值得注意的是，伊丽莎白一世在位时期已经出现了希望挣脱束缚、获取宗教和言论自由的思想，代表人物彼得·温特沃思在1576年议会上发表了著名演说《论言论自由》，为一种新理念的出现奠定了基础，是弥尔顿《论出版自由》的雏形。当然，这样的诉求在伊丽莎白一世在位

---

① David M. Loades, *Politics*, *Censorship and the English Reformation*, London: Bloomsburg Publishing, 1991, p. 121.

时期是无法产生实际效果的，需等到 17 世纪绝对君主权力瓦解后才能出现真正的转机。

第五节　盗印行为频繁发生

愈趋严密的书报审查制度，在实际操作中已经涉及专利授权制度，而这类授权往往是不甚公平的，很容易引起那些没有获得授权的印刷商的反抗。而他们反抗的方式之一便是擅自印制那些经过授权的印刷品，这便构成了 16 世纪英格兰印刷业中出现盗印活动的主要原因。

上文已述，从 16 世纪 40 年代开始，英格兰在政府层面便授予一些印刷商印制某种书籍（如《圣经》）的专利权。① 此后，虽然授权形式有所变化，但结果都是将印刷商分为享有专利权的合法印刷商和没有专利权的非法印刷商。而且，在合法印刷商内部，又有一些印刷商分得了回报丰厚的图书专利权，而有些印刷商的专利权则没有多少市场利润。那些非法印刷商以及没有获得优势专利权的合法印刷商便会反对这种他们认为有失公平的制度。1582 年，一位名为约翰·沃尔夫（John Wolf）的英格兰印刷商，就因对专利权的分配不满，转而联合罗杰·沃德（Roger Ward）、弗朗西斯·亚当斯（Francis Adams）等人，开始盗印当时阅读范围最广泛的书籍，并使用专利所有者的名字和商标在全国销售。譬如沃德就侵犯了印刷商约翰·戴最赚钱的专利权，在

---

① J. F. Mozley, *Coverdale and His Bibles*, London: Lutterworth Press, 1953, pp. 270-271.

未经允许的情况下翻印了其《识字与小教义问答书》（*ABC with the Little Catechism*），印数上万。[1] 当沃尔夫和亚当斯在1584年分配到戴家族的两项专利权后，便放弃了此种敌对做法，转而成为授权制度的支持者。[2] 这也便显示出了盗印行为最核心的诉求，即经济利益。而金属活字印刷术的广泛运用，为人们利用盗印手段追求经济利益提供了技术性条件。

　　盗印，即在未经书籍原先的印刷商或著作者允许的情况下，擅自剽窃印制其书。[3] 早在欧洲中世纪，誊抄书籍并不存在一个清晰可辨的"剽窃"问题。这首先受制于中世纪手抄本的低复制率。同时，中世纪手抄本的著作权利是非常模糊的。当时，修道院是制作手抄本的主要场所，而从事这项劳动的修道士被认为是舍弃了个人财产权的人群。因此，由修道院制作的编年史和各类宗教虔敬作品，不仅可以在作者本人所在的修道院，而且可以在任何一个借到该手抄本的地方被任意复制。[4] 13世纪兴起的大学，使人们对书籍作品的需求猛增。手抄本的制作逐渐走出修道院的高墙，开始拥有一个新兴的市场。因为涉及物品的购买和销售，所以这一时期修道院外有关手抄本的财产权利会更加复杂一些。尽管如此，当时由抄书人抄写的希腊文、拉丁文作品，因内

---

[1] Marjorie Plant, *The English Book Trade: An Economic History of the Making and Sale of Books*, London: George Allen & Unwin Ltd., 1939, p. 105.

[2] Marjorie Plant, *The English Book Trade: An Economic History of the Making and Sale of Books*, London: George Allen & Unwin Ltd., 1939, p. 108.

[3] 笔者在此使用"盗印"而非现今常说的"盗版"，主要在于当时版权（copyright）观念尚处于酝酿和逐渐形成的过程中，在法律上并没有清晰明确的界定。

[4] Marjorie Plant, *The English Book Trade: An Economic History of the Making and Sale of Books*, London: George Allen & Unwin Ltd., 1939, p. 98.

容多出自古人之手，很难确定其原初的版本。而且，即便某一手抄本是某一作者的原创作品，但一旦允许被复制，作者也几乎无法探知该作品实际流通的版本数量。① 因此，在手抄本时代，由于书籍著作权本身难以分辨，所以"剽窃"问题并没有受到多少关注。

当欧洲从 15 世纪中叶开始迈入印刷时代后，盗印问题就逐渐进入人们的视野。这首先是由于金属活字印刷术使书籍制作效率大大提高，印刷书籍数量显著增加。据不完全统计，欧洲各地在 1450 年至 1500 年间印制的各种书籍，残存迄今的就有 30000~35000 版之多，各自代表 10000~15000 种不同的著作；若把亡逸的书本与作品也计入，数目必然更为可观。② 再加上欧洲民众识字率的稳步提升，印刷书市场遂在这一时期呈现出蓬勃发展势头。而作为萌芽时期的欧洲资本主义市场经济的重要组成部分，印刷业自然会吸引众多谋利者的目光。其从业方式亦与资本主义市场经济如出一辙。印刷商必须在其产品进入市场前，先期投入巨资，用于购买印刷设备、纸张等相关物品，同时还要花钱雇用劳动者进行规模较大的生产活动。③ 所以，印刷行业的风险性和牟利性决定了印刷商对产品财产权有着更加急迫的诉求。

当然，在印刷书出现的最早期，印刷商根本无法节制其他同

① Marjorie Plant, *The English Book Trade: An Economic History of the Making and Sale of Books*, London: George Allen & Unwin Ltd., 1939, p. 99.
② 〔法〕费夫贺、马尔坦：《印刷书的诞生》，李鸿志译，广西师范大学出版社，2006，第 248 页。
③ Marjorie Plant, *The English Book Trade: An Economic History of the Making and Sale of Books*, London: George Allen & Unwin Ltd., 1939, p. 99.

样看好某书的同行印制同样的作品。当时，古代典籍和中世纪作品的手抄本是市场的基础。由于足堪出版的文本甚多，选择非常丰富，再加上书本的需求甚是迫切，即便令一部作品的不同印刷版本同时出现，也不至于对哪位印刷商不公平，反正市场都能照单全收。等到书籍的销售发展成有组织的系统，情况便随之改变。那些最寻常的作品开始大量被付印，配销各地；当时的作家委托印刷所印制的著述也逐渐增加。印刷商之间竞争转趋激烈，书本售价是否低过竞争对手变得日益重要。这也使得翻印他人刚刚制成的书籍的诱惑愈来愈强烈。① 就这样，愈来愈多的人妄图以非正当手段攫取其间的利益，盗印活动自此开始日益猖獗，从而在印刷商之间产生激烈的矛盾冲突。

这一时期的一些印刷商，一旦看到别家的某种产品销路甚广，便会在激烈的竞争环境中，也开始印刷内容与之相同的书籍，并声称自己的版本较为准确，而且有较新的素材，即便根本不是这么回事。② 这种方式可归结为对原书内容不作改动，并冠以自己的姓名。另有一些印刷商，则会对原书内容稍作改动，并冠以自己的姓名。例如，在1526年，即廷代尔翻译并印制英语《新约圣经》的同一年，便出现了该书的盗印本，印刷商署名为"克里斯托弗·范·埃德霍温的寡妇"（她的丈夫由于出售廷代尔版《圣经》而被关押在伦敦的监狱中），而且还请来了廷代尔

---

① 〔法〕费夫贺、马尔坦：《印刷书的诞生》，李鸿志译，广西师范大学出版社，2006，第237页。

② 〔英〕阿萨·布里格斯、彼得·伯克：《大众传播史：从古腾堡到网际网路的时代》，李明颖等译，韦伯文化国际出版有限公司，2004，第68页。

以前的助手乔治·乔伊（George Joye）担任审读员，并悄悄地改动了廷代尔的译文。① 而更多的盗印商则是通过盗印市面上已经出现的制作完整的书籍内容，并冒用原印刷商或原作者的姓名，以更低的编辑排版水平和更粗劣的纸张完成制作，最后以较低的价格销往市场，这属于"真正的盗印"（Real Piracy）类型。②

　　大量盗印的书籍，并非产自英格兰本土。前文提到，玛丽一世当政后，英格兰政府采取一系列措施打压新教印刷商，像约翰·贝尔、约翰·胡珀、迈尔斯·科弗代尔等曾经受惠于克伦威尔的赞助、保护或赦免的人，这时又纷纷返回欧洲大陆，海外的印刷出版业随之又有所发展。③ 其中很多海外印刷所的工作也不仅仅局限于制作宗教印刷品，而且印制了大量宽幅书和歌谣集，伦敦人对此种消遣娱乐的需求量极大，这是令那些受到专利权压制的年轻印刷商无法抵御的诱惑。于是，这些人在低地国家以及瑞士等地大量制作在英格兰国内或许已经被"授权"的出版物，然后再将其偷运回国内销售，以牟取利益。

　　继威尼斯之后，阿姆斯特丹在 16 世纪晚期至 17 世纪成为欧洲印刷业的中心。④ 1678 年，一名英国观光客到该市发现，荷兰

---

① David Daniell, "William Tyndale, the English Bible, and the English Language", in Orlaith O'Sullivan ed., *The Bible as Book: the Reformation*, London: The British Library & Oak Knoll Press, 2000, p. 47.

② John Feather, *Publishing, Piracy and Politics: A Historical Study of Copyright in Britain*, London: Mansell Publishing Limited, 1994, p. 21.

③ Tim Thornton, "Propaganda, Political Communication and the Problem of English Responses to the Introduction of Printing", in Bertrand Taithe and Tim Thornton, eds., *Propaganda: Political Rhetoric and Identity, 1300-2000*, Thrupp: Sutton Publishing Limited, 1999, p. 51.

④ 〔法〕费夫贺、马尔坦：《印刷书的诞生》，李鸿志译，广西师范大学出版社，2006，第240 页。

的印刷所正在生产英文《圣经》，遂评论道："你可以在阿姆斯特丹买到各种语言的书籍，而且价格比在该书首次印制的地方还便宜。"德国读者通过荷兰企业的中介而取得法文书，信奉新教的印刷商也生产拉丁文的天主教祈祷书，而且为了要在天主教世界贩卖，在封面印上"来自科隆"的字样，印刷商倒是不太担心侵犯了竞争对手的权利。①

　　反对不公平的专利授权制度或书籍审查制度而从事盗印活动，一方面冲击了让他们感到不公平的相关政治经济制度安排，显示出了盗印目的的复杂性；另一方面，那些以单纯追求经济利益为指引的盗印行为，则的的确确损害了很多为树立自身品牌而付出巨大努力的印刷商的利益。盗印行为或多或少抑制了制作新书的意愿，因为优秀的印刷商总担心自己印制的高品质书籍会被人粗劣地翻印，并以半价抛售，反而害自己的高价"正版"产品滞销。②更糟糕的是，遭人盗印的苦主也可能以其人之道还治其人之身，伪造起盗印者自己的印记来。这种"用伪书打伪书"的战争，最后会沦为损人不利己的消耗战，业界人士尤为忌惮。③

　　此外，盗印书籍也严重影响了阅读者接收知识的准确性。由于盗印书的编辑水平普遍较低，习惯于对原书内容随意篡改增删，因此大大降低了当时的知识传播水平，使错误的知识信息广

　　①　〔英〕阿萨·布里格斯、彼得·伯克：《大众传播史：从古腾堡到网际网路的时代》，李明颖等译，韦伯文化国际出版有限公司，2004，第71页。
　　②　〔法〕费夫贺、马尔坦：《印刷书的诞生》，李鸿志译，广西师范大学出版社，2006，第237页。
　　③　〔法〕费夫贺、马尔坦：《印刷书的诞生》，李鸿志译，广西师范大学出版社，2006，第239页。

为流传。例如，前文提到，16 世纪早期英格兰印刷商印制的学校
教材《语法入门长编》和《语法入门短编》存在多种版本，在
内容上各不相同。这迫使教师在开始讲授一部新作品时，先要在
全班大声通读整部作品，在此过程中，他需要提醒学生"注意随
时修正他们自己的文本，添加或删去老师的文本中所没有的内
容"。① 当时学生用书内容混乱程度可见一斑。

　　面对盗印威胁，从 15 世纪后半叶开始，很多印刷商在准备
印制某一书籍时，往往要向政府部门求助，申请特权或专利权，
以保护自己的利益免受侵犯。在此方面，意大利各地走在了前
列。至 16 世纪初，包括英格兰在内的很多欧洲国家也采取了授
予专利权的制度（有时又会引起新的盗印问题）。② 同时，印刷
业者也开始在书籍上印制自身标记和版权声明，③ 组成联盟，分
享开销和获利，并以此方式集结资源，让大型及耗资巨大的作
品，例如地图集和百科全书可以获得充分的资金，④ 借以让盗印
者望而却步。

　　总体来说，在这一时期，包括英格兰在内的欧洲各国颁布的

① Nicholas Orme, "Schools and School-Books", in Lotte Hellinga and J. B. Trapp, eds., *The Cambridge History of the Book in Britain*, Vol. 3, 1400 – 1557, Cambridge: Cambridge University Press, 1999, pp. 466-467.

② 〔法〕费夫贺、马尔坦：《印刷书的诞生》，李鸿志译，广西师范大学出版社，2006，第 237~238 页；〔英〕戴维·芬克尔斯坦、阿利斯泰尔·麦克利里：《书史导论》，何朝晖译，商务印书馆，2012，第 124~133 页；〔法〕弗雷德里克·巴比耶：《书籍的历史》，刘阳等译，广西师范大学出版社，2005，第 138 页。

③ Sigfrid H. Steinberg, *Five Hundred Years of Printing*, Harmondsworth: Penguin Books, 1974, p. 63; Colin Clair, *A History of European Printing*, London: Academic Press, 1976, pp. 145-147.

④ 〔英〕阿萨·布里格斯、彼得·伯克：《大众传播史：从古腾堡到网际网路的时代》，李明颖等译，韦伯文化国际出版有限公司，2004，第 71 页。

相关专利权或特权法令主要保护的是印刷商的利益，而极少关注作者的权利。直至1709年英国出台的《安妮法案》（*Statute of Anne*），才对作者及其代理人拥有某部印刷作品的所有权予以正式承认，现代意义上的版权概念就此诞生，该法案亦被称为《版权法案》。到18世纪，英国相继出现了多起法律诉讼案件，其判决结果也都强化了作者对自己作品拥有版权的基本原则。紧接着法国在1778年实施了自己的版权保护法，奥地利在1832年，德国在1835年如法炮制。① 面对这些法令或判例只对本国作者提供保护的窘境，从19世纪开始逐渐有了国家间的双边协议，为其作者提供相互的保护。而两大国际版权公约——1886年《伯尔尼公约》和1952年《世界版权公约》最终为所有相关国家的作者设定了最低保护标准。②

小　结

鉴于印刷媒介在宗教和政治议题上表现出的强大舆论导向作用，统治阶层不得不在利用之余对其保持高度的警觉，并时刻准备对不利于己方的印刷品予以打压和禁绝。虽然要面对各种审查措施，但出于政治、经济或宗教等不同诉求，大批印刷业者不断冲破重重障碍，生产和传播与官方意志相悖的读物，遂在出版与审查之间形成了一对极尖锐的矛盾。我们可以说，争取出版自由

---

① 〔英〕戴维·芬克尔斯坦、阿利斯泰尔·麦克利里：《书史导论》，何朝晖译，商务印书馆，2012，第132~133页。

② 〔英〕保罗·理查森：《英国出版业》，袁方译，世界图书出版公司，2006，第110页。

的力量与官方书报审查制度的斗争从未停息过。

有鉴于印刷品比手抄本在空间传递方面更加便捷，在制作频率上更加快速，在保存时间上至少不逊色于手抄本，所以，从 16 世纪 20 年代开始，起先是教会，后来由王权主导，各种权力机关先后通过法令、文告等不同形式，制定了出版前审查、颁发专利权和许可证等制度，使整个书报审查制度不断趋于完善，这实际上也是印刷术对社会制度发生影响的另一种表现。从现有材料来看，查禁行为主要指向宗教和政治类书籍，但判断标准并不统一。此外，很少有对淫秽书籍的查禁法令。因此，我们可以说其最终目的是竭力维护整个国家在信仰及政治思想方面的统一，保证统治者的最高统治权威。

总体来说，都铎王朝已经具备了较为完备的审查手段，执行的力度也较大，但是正如很多学者所指出的，即使在都铎王朝审查制度最严厉的伊丽莎白一世时期，政府对印刷出版的控制措施也并不是一以贯之、连续不断的，而更多的是一种带有应激性的匆忙应对。① 由于很难精确衡量审查制度的效果，我们认为，其重要作用不在于具体的查禁成果，而在于对民众心理施加的威慑力，这在一定时期满足了国家崛起过程中所需的精神和思想相对统一的要求。当然，从更大的历史环境来看，这种制度在根本上与正在迅速发展的资本主义经济背道而驰，在社会经济条件更加成熟时便要发生更符合资本主义经济逻辑的变化，查禁方式也将

---

① Cyndia Susan Clegg, *Press Censorship in Elizabethan England*, Cambridge: Cambridge University Press, 1997, pp. 218-224.

变得更加柔和与富有弹性。

　　书报审查制度的完善，开始涉及书籍出版专利权等问题。由于权利与利益分配的不均衡，英格兰出现了盗印现象。这是盗印书籍的一种主要动机。在本质上，近代早期欧洲印刷书盗印现象是伴随金属活字印刷术的广泛应用以及资本主义市场经济的萌生等因素而出现的。16 世纪英格兰盗印书籍现象呈现出方式的多样性、地点的跨国性和目的的复杂性等特点，对这一时期英格兰印刷业的发展乃至知识传播水平造成重要影响。包括英格兰在内的欧洲各国对盗印行为的法律性制约经历了一个复杂而漫长的过程，到 18 世纪初期出现了现代意义上的版权观念。在数字媒介迅猛发展的今天，随着市场经济的深入发展，我们面对的盗版现象更加复杂多样，相关行政和立法机构只有更加全面深刻地把握盗版行为的诸多复杂特性，从顶层设计到具体实施方面制定出富有针对性的系统应对措施，方能更有效地维护版权所有者的切身利益。

第七章 语言、印刷媒介与 16 世纪英语民族国家的形成

　　16 世纪是英格兰民族国家形成的重要阶段。在从封闭型的自然经济社会向开放型的商品经济社会转型过程中，英国的国家机构与职能开始由中世纪型向近代型转变。① 正是由于英格兰抓住了这一历史机遇期，初步具备了近代意义上的民族国家形态，能够更有力地促进和保证本国资本主义的发展，从而为其成为世界近代史上头等强国奠定了坚实的基础。

　　这种民族国家的形态不仅包括传统意义上的经济、政治、社会等内容，而且也应观照到思想意识的层面。根据本尼迪克特·安德森（Benedict Anderson）的论断，"民族国家"在很大程度上是一个"想象的共同体"，而这个"共同体"最初而且最主要是通过文字（阅读）来想象的。想象的共同体如同想象出来的其他东西一样，有真实效应；而且，通过强制性地实施一种特定的语言或语言的变体来创造共同体的努力会产生重要的后果，即使

---

　　① 郭方：《英国近代国家的形成》，商务印书馆，2006，第 1 页。

这些后果并不总是它的计划者想要达到的。① 近代语言学家洪堡也认为，"语言好比是民族精神的外部体现，民族的语言是民族的精神，民族的精神也就是民族的语言，我们想不出比这两者更雷同的东西了"。② 因此，我们在考察语言的作用时，应该不仅把它看作表达或反映共同体凝聚的意识，而且还是建构或重构共同体的手段。研究近代早期西方崛起的历史学家也越来越多地将注意力集中到了语言方面。

达尼埃尔·巴焦尼（Daniel Baggioni）在其出版的一本有关语言和民族的著作中，论述了欧洲历史上"生态语言"的三次革命，划分这三个时期的年代分别为 1500 年、1800 年和 2000 年前后。③ 英国学者彼得·伯克也主张以 15 世纪中叶印刷机的出现为开端。他认为由于印刷术对书面语言产生了重大的影响，如果从长远的观点来看，甚至对口头语言也产生了重大的影响。④ 一如印刷推动了宗教改革的发展，对于英国现代语言的定型，它的出力也不少。本章便拟从上述角度出发，简要勾勒英格兰 16 世纪印刷业对英语发展乃至英格兰民族国家形成的影响。

第一节　英语宗教出版物的涌现

有学者认为，传教和印刷业其实有着相似的逻辑。从传教角

① 〔英〕彼得·伯克：《语言的文化史——近代早期欧洲的语言和共同体》，李霄翔等译，北京大学出版社，2007，第 8 页。
② 李宏图：《西欧近代民族主义思潮研究》，上海社会科学院出版社，1997，第 59 页。
③ Daniel Baggioni, *Langues et nations en Europe*, Paris: Payot &Rivages, 1997, pp. 47–50.
④ 〔英〕彼得·伯克：《语言的文化史——近代早期欧洲的语言和共同体》，李霄翔等译，北京大学出版社，2007，第 14 页。

度而言，为了影响尽可能多的民众，必须使用一种让大多数听众
和读者能够理解的语言来写作和演讲。在包括英语在内的诸多语
言中，《圣经》对地方语言的书写乃至说话方式的标准化产生了
明显的影响。当然，这个过程并不是从宗教改革开始的，例如英
格兰作家约翰·威克里夫就比较早地对英语的发展做出了重要贡
献，一如胡斯对捷克语做出的贡献一样。①

从印刷业本身来说，由于1500~1550年欧洲正好经历了一段
特别繁荣的时期，印刷出版业的景气指数也跟着水涨船高。这段
时期的印刷出版业"远较任何其他时代"更像是"在富有的资
本家控制下的伟大产业"。自然而然地，书商主要关心的是获利
和卖出他们的产品，所以他们最想提供的无疑是那些能够引起多
数人兴趣的作品。就这一方面而言，引进印刷术是"通往我们现
在的大众消费和标准化社会之路的一个阶段"。印刷书最初的市
场是欧洲的识字圈，这是一个涵盖面广阔但纵深单薄的拉丁文读
者阶层。16世纪时，大部分人只懂一种语言，有双语能力的人只
占全欧洲总人口的一小部分。因此，资本主义的逻辑意味着精英
的拉丁文市场一旦饱和，由只懂单一语言的大众所代表的广大潜
在的市场就在招手了。② 卡克斯顿正是在这样的经营策略下占据
了出版英语读物的优势地位。

到了宗教改革这场巨大的"争夺人心战"中，新教正因其深

---

① 〔英〕彼得·伯克：《语言的文化史——近代早期欧洲的语言和共同体》，李霄翔等译，
北京大学出版社，2007，第144~146页。

② 〔美〕本尼迪克特·安德森：《想象的共同体》，吴叡人译，世纪出版集团，2005，第
39页。

谙运用资本主义所创造的日益扩张的方言出版市场之道，基本上始终采取攻势，而反宗教改革一方则立于守势，捍卫拉丁文的堡垒。新教和印刷资本主义的结盟，通过廉价的普及版书籍，迅速地创造出为数众多的新读者。就英格兰而言，英语《圣经》的大量印行便凸显了语言在民族国家形成过程中的重要性。

事实上，在 1500～1530 年英语还是一种贫乏的语言。相比而言，拉丁语具有明显优势，特别是新式的人文主义拉丁语。但是英格兰人在生活中也开始使用英语，如当时的契约、遗嘱或宗教会议记录大都是用英语完成的。在 16 世纪二三十年代以后，英语的表达方式开始大量增加，英语逐渐成为表达严肃事物的工具。就语言发展水平来说，有人甚至将 16 世纪的最后二十年称为"鸟儿啼鸣的巢穴"，1590 年以后，英语表达方式似乎已经不再受到任何限制，进而超过了拉丁语。到了 1611 年，《圣经》的修订者便可以充分享用英语语言的所有成就。①

英文《圣经》的翻译和印刷，从廷代尔的《新约》（1525～1526 年）到钦定本英文《圣经》（*Authorized Version*）（1611 年）是其中的主线。先有廷代尔的《新约全书》和《旧约全书》的首五卷译本，继之有科弗代尔的《圣经》全译本首次印行。此后，又有各种译本承袭他们首开先例的志业，并在 1611 年国王詹姆斯一世钦定本英文《圣经》问世时达到高峰，成就了英语散

① David Daniell, "William Tyndale, the English Bible, and the English Language", in Orlaith O'Sullivan ed., *The Bible as Book: the Reformation*, London: The British Library & Oak Knoll Press, 2000, p. 49.

文发展史上傲人的一页。①

　　通过翻译《圣经》对英语语言影响最大的当属廷代尔的《新约圣经》译本。在 16 世纪最初的数十年里，尽管本国人已经开始普遍使用，但英语在整个欧洲语言大家庭中还处于无足轻重的地位，没有明显的特点。廷代尔在翻译英文《圣经》过程中，对其中的词汇、语法和韵律节奏做了多达数千处的小规模改变。他在书中使用的"过世"（passover）和"替罪羊"（scapegoat）等词汇以及"心碎"（brokenhearted）、"调解人"（peace-maker）和"绊脚石"（stumbling-block）等词组则极大地丰富了现代英语的表达方式。此外，廷代尔通过自己的努力，赋予英语散文一种清晰的文体风格，在 1525 年还没有人将英语的文体风格扩展至如此宽广的范围，影响力长达两个半世纪之久。② 总之，我们看待廷代尔对英语的影响正可以用他在《路加福音》第 15 章结尾的这句话来总结：

　　他（父亲）对他说："儿啊，你常和我同在，我所有的便都是你的；你的这个兄弟是死而复活，失而复得的，所以我们理当欢喜快乐。"③

---

① 〔法〕费夫贺、马尔坦：《印刷书的诞生》，李鸿志译，广西师范大学出版社，2006，第329 页。

② David Daniell, "William Tyndale, the English Bible, and the English Language", in Orlaith O'Sullivan ed., *The Bible as Book: the Reformation*, London: The British Library & Oak Knoll Press, 2000, p. 48.

③ David Daniell, "William Tyndale, the English Bible, and the English Language", in Orlaith O'Sullivan ed., *The Bible as Book: the Reformation*, London: The British Library & Oak Knoll Press, 2000, p. 49.

　　科弗代尔对廷代尔的工作予以补充完成，于 1535 年出版了首部完整的英文《圣经》。他的《圣经》有时候被称为"糖饴圣经"（*Treacle Bible*），因为他将《耶利米书》（*Jeremiah*）第 8 章第 22 节译成"在基列（Gilead）岂没有糖饴呢"，而非"香膏"（balm）（汉译《圣经》此处为"乳香"）。此外，他的这个版本还被称为"鬼怪圣经"（*Bugs Bible*），因为《诗篇》第 91 篇第 5 行变成"你必不害怕黑夜里的任何鬼怪"，而不是"黑夜的惊骇"（the terror by night）。这表明他在翻译语言的运用上自成特点，独树一帜。另外，后来的译者也要感谢科弗代尔译出"死荫的幽谷"（the valley of the shadow of death）这句话（《诗篇》第 23 篇）。① 由于科弗代尔《圣经》对此后的《马太圣经》《大圣经》等具有直接而强烈的影响，因此，他的很多译笔风格自然也就传递到了往后的很多《圣经》版本中。

　　到了翻译钦定本《圣经》时，詹姆斯一世的译者大量复制了原来版本的语言。② 詹姆斯一世将译者分成 6 个工作小组：两组在威斯敏斯特，两组在剑桥，另外两组在牛津，共 49 人。他们以各自的解释为基础，再加上团队的合作，使译文既具备了极高的准确性，也体现出对传统语法的尊重，使整体风格趋于平衡，使人读起来不像是新作，而更像是存在已久的作品。他们的成就非凡，几个世纪以来，詹姆斯一世钦定的《圣经》一直被认为是英文散文的精心杰作之一。确实，钦定本《圣经》让《圣经》

---

① 〔加〕阿尔维托·曼古埃尔：《阅读史》，吴昌杰译，商务印书馆，2004，第 335 页。
② 〔加〕阿尔维托·曼古埃尔：《阅读史》，吴昌杰译，商务印书馆，2004，第 335 页。

文本中的诗歌更具深度，早已超越了单纯意义的译述。正确但枯燥的阅读与精确而余韵无穷的阅读之间的差异，可以借由比较来判断，譬如说，著名的第 23 首赞美诗在 1568 年的《主教圣经》（《大圣经》的一个修订版）与钦定本《圣经》之间，就存在明显不同。《主教圣经》里是：

God is my shepherd, therefore I can lose nothing;

he will cause me to repose myself in pastures full of grass,

and he will lead me unto calm waters.

上帝是我的牧羊人，因此我无所损失；

他会使我安歇在长满草的牧原，

他也会引我向平静的海域。

钦定本《圣经》的译者则将之转化为：

The Lord is my shepherd; I shall not want.

He maketh me to lie down in green pastures:

he leadeth me beside the still waters.

主是我的牧羊人；我将无缺。

他令我躺卧在绿色的牧原：

他引导我到静水边。①

---

① 〔加〕阿尔维托·曼古埃尔：《阅读史》，吴昌杰译，商务印书馆，2004，第 336 页。

此外，钦定本英文《圣经》还为英语贡献了"水晶般的透明"（clear as crystal）、"肥沃的土地"（fat of the land）、"万恶之源"（root of all evil）、"良心的呼声"（still small voice）等词组以及"罪的报应是死亡"（The wages of sin is death）、"一天的难处一天当，何必为明天添烦恼"（Sufficient to the day is the evil thereof）等谚语。通常认为钦定本《圣经》中的语言是非常华丽的，因为它成书的时期已经是英语从较为贫乏的 16 世纪二三十年代发展为莎士比亚的辉煌时期，而莎翁的最后一部剧作便与《圣经》有关联。英格兰以外的孩童有时也被教授这部《圣经》，因为"詹姆斯国王将莎士比亚的诗歌加入译本当中"。① 从这一时期《圣经》的翻译出版历史来看，由于《圣经》在普通民众中具有相当高的普及度，我们可以说这项工作是有力推动语言标准化的主要手段之一，也是英格兰人对于共同体认同感的重要来源。

当然，除了英语《圣经》外，从 16 世纪上半叶开始，已经有很多英语作品能够激发出英格兰人对本民族语言的自豪感。例如，从 16 世纪 30 年代以后，宗教改革议题就一直是英格兰人以英语讨论的一项重大国内事务，印刷品也多用本国语印行，像费舍尔的讲道文，以及拉蒂默尔、克兰麦和廷代尔的文章；在爱德华六世在位期间，格拉夫顿和维彻奇的印刷所生产的相关作品全部致力于用英语传播上帝的话语，就连玛丽一世的皇家印刷商卡伍

① David Daniell, "William Tyndale, the English Bible, and the English Language", in Orlaith O'Sullivan ed., *The Bible as Book: the Reformation*, London: The British Library & Oak Knoll Press, 2000, p. 49.

德生产的小册子和布道书，也有很多是用英语印制的；再以后还有小册子之战，即"马普利雷特论战"；最后则是理查德·胡克（Richard Hooker）的鸿篇巨制《论教会体制的法则》（*Of the Laws of Ecclesiastical Polity*）。而其中功劳最大的，是前面提到的1549 年《公祷书》，它是最能使英格兰广大群众，不管是普通老百姓还是受过教育的人，都感觉到其语言的庄严宏伟的文本。此书在 1567 年（一说 1562 年）复行增补，并添上斯登霍德与哈普金斯以韵文译成的《诗篇全书》（*The Whole Book of Psalms*）。它们之所以易懂易读，实是因为其中援用的字汇非常有限，只有6500 多个不同单字（莎士比亚用过的单字多达 21000 个）。[①] 正是因为书中使用的词汇量不大，使其中的很多词汇很快通行开来。

第二节　英语印刷品进入政权运作体系

正如钦定版《圣经》所展现的那样，居于有利地位的统治者（主要是君主）运用英语作为施行政令的工具，使其缓慢而不均匀地四处扩散，并且直接介入了国家政权的运行体系。

事实上早在 1450 年前后，古腾堡在美因茨开设印刷所之前，欧洲语言史上的主要趋势已经形成。当时在英格兰内部，各地英语已经开始了各自的标准化进程。这一进程有人认为是从国王阿

---

① 〔法〕费夫贺、马尔坦：《印刷书的诞生》，李鸿志译，广西师范大学出版社，2006，第330 页。

尔弗雷德（Alfred）开始的，还有人则指出温切斯特主教艾特尔沃尔德（Aethelword）是真正最早的倡导者，这在学者当中一直存在争论。从更普遍的意义上来讲，自 15 世纪以后，英格兰的中书法庭在英语标准化的进程中起到了重要作用。从 1417 年起，中书法庭的英语语言标准传播开来，而议会也早就认识到了在本国广泛传播各种法案的重要性。他们将议会及各类会议新近制定的法案法令手抄本副本送至各郡治安官那里，并配有一封官方文书，指令其在城镇、地方法庭、集市等人群密集的公众场合予以宣布。目前发现的这类指令性文书发布时间截止到 1449 年。那么从 1449 年直至 15 世纪末是否还发布过类似文书呢？尽管法律法语是当时的官方语言，但是否存在一些英语的节略本用以向大众宣读呢？由于没有现成材料佐证，目前还无法得出确定的答案，但有一条线索非常重要，即英格兰皇家文告与法案不同，从 1450 年开始便只使用英语，[①] 说明英语作为官方语言的地位已经牢固确立，得到了正式应用。因此，上述这种推测还是有一定缘由的。而当金属活字印刷术出现之后，文件的大范围传播便是极为重要的一项结果，各种英文法令此后可以借助印刷技术传诸四方，促进了全国政令的进一步统一，这便营造出了更有力的共同体意识。

从 15 世纪 80 年代开始，英格兰议会利用印刷机复制各种会议文件。这些印刷文件可以分为两大类：一为影响遍及整个国家

---

① Robert Steele, *A Bibliography of Royal Proclamations*, Vol. 1, Oxford: Clarendon Press, 1910, pp. xi, clxxv-clxxxii.

的全国性法案；二为涉及某些地区、集团或个人的法案。第一份法案印刷品出自理查三世统治时期的议会，会期为 1484 年 1 月 23 日至 2 月 22 日。这次会议制定的法案由主营法律印刷品的德·马赫林尼亚在不久之后印制。由于法律法语在英语成为大众语言之前一直是法案用语，所以当时的印刷语言也仍然为法律法语。但值得注意的是，议会从这时起，在提交法案、辩论等环节上已经开始使用英语。① 因此，英国著名的法律史学者 W. S. 豪斯沃斯认为，理查三世统治时期出现了首个英语法案。②

　　当都铎王朝建立后，统治者很可能更加倾向使用英语发布法案，因为这样便可以影响更多识字人群，而法律法语只能局限在受到法律训练的少数人中。有证据表明，到了亨利七世时，真正使用法语印刷的情况已经不多，通常还是要用英语对法律法语的手抄本副本予以一定的修改和重新编排，交由印刷商印行，如卡克斯顿便在 1490 年印制了亨利七世时期的三部议会法案。③ 亨利七世不仅将英语作为法律用语，并且还专门创设了王家印刷商的官方职位，用于更好地利用印刷媒介传布法令，从国家的同一性角度来看，他的举措无疑具有开创性。

　　到亨利八世时期，议会公共法案已经能够定期印制。根据现

---

① Katharine F. Pantzer, "Printing the English Statutes, *1484-1640*: Some Historical Implications", in Kenneth E. Carpenter ed., *Books and Society in History*, New York and London: Rr Bowker, 1983, p. 71.

② W. S. Holdsworth, *A History of English Law*, Vol. 2, 3rd ed. London: Methuen & Co., Ltd., 1923, p. 480.

③ Katharine F. Pantzer, "Printing the English Statutes, *1484-1640*: Some Historical Implications", in Kenneth E. Carpenter ed., *Books and Society in History*, New York and London: Rr Bowker, 1983, p. 71.

存资料，从 1512 年开始，"宣布法令"的方式便从听觉形式转变为视觉形式，即法案以单张形式印制，并可贴在柱子和布告板上。至迟到 1529 年，法案的完整版本便已不再被大声朗读，[1] 表明印刷品已经足以满足传播的需要。其后，法案的印刷数量不断增加，例如，身为当时王家印刷商的伯瑟莱特曾在 1542 年 4 月 20 日出品了 14362 张全幅印张，在 1543 年 5 月 31 日则有 9792 张印张。据估计，单张法案已经可以送达英格兰所有通邮地区。[2]

印刷术对语言的影响在英格兰体现的多为同一性，而在欧洲大陆，情况则很不相同，甚至起到了相反的作用。各国的掌权者可以借此推行相互对立的语言标准，譬如在说德语或意大利语的地区，同时有多个印刷业中心，这就导致了那种既有"大致上的统一"，又呈现"一片混乱"的状况。之所以在英格兰情况不同，是因为在近代早期的绝大部分时间里，印刷业实际上集中于伦敦一地。这种准垄断所产生的后果是把英格兰东南部的话语霸权不仅扩展到英格兰的北部和西部，而且延伸到了苏格兰的低地地区，导致了 1500 年前后的"苏格兰语作为文字语言突然和完全的衰落"。英国印刷业的这种集中局面一直延续到 18 世纪，当时的印刷中心仍然仅限于伦敦、牛津和剑桥等少数几个城市，因而有助于推动语言的高度统一。

---

① Katharine F. Pantzer, "Printing the English Statutes, *1484-1640*: Some Historical Implications", in Kenneth E. Carpenter ed., *Books and Society in History*, New York and London: Rr Bowker, 1983, p. 97.

② Katharine F. Pantzer, "Printing the English Statutes, *1484-1640*: Some Historical Implications", in Kenneth E. Carpenter ed., *Books and Society in History*, New York and London: Rr Bowker, 1983, p. 89.

随着英语印刷品的广泛传播，语言标准化程度愈益增强，城镇与农村居民的用语出现分化，那些使用"标准英语"的城镇居民不仅蔑视农村方言，同样也看不起讲方言的"乡巴佬"。规范化的语言在当时受到了称赞，被誉为精练、文雅或"礼貌"的语言。毫无疑问，标准语言的出现应当看作诺贝特·埃利亚斯（Norbert Elias）所描述的"文明化进程"中的一个组成部分。①在英格兰，我们还可以把它同国家的建设联系在一起。当军事贵族逐渐被驯服，转变为廷臣，他们不再说自己的地方口音，与此同时也失去了对本地的忠诚。因此，英语的胜利似乎是城市化和政治的中央集权化相混合的结果，而它又反作用于上述两种主要趋势，形成相互影响和促进的局面。

英语跃升到权力语言的地位，成为拉丁语的竞争者，这确实对促成基督教世界中想象的共同体的衰落起了作用，取而代之的则是国家权力的强化和对民族国家的进一步认同。从另一角度而言，集中化和标准化的力量在政治和技术双重原因（集权国家的兴起和印刷品）的推动下正在赢取胜利。②

第三节　英语文化类印刷品的教育普及作用

文化教育类印刷品的广泛印行无疑也是推广普及标准英语的重要途径，而且由于这类书籍中包含专门讲授语法的书籍，因而

---

① Norbert Elias, *The Civilizing Process: State Formation and Civilization*, Oxford: Basil Blackwell, 1982, pp. 11, 108-113.

② 〔英〕彼得·伯克:《语言的文化史——近代早期欧洲的语言和共同体》，李霄翔等译，北京大学出版社，2007，第 19 页。

值得我们重视，以下对其具体影响予以讨论。

首先，学者开始使用英语进行严肃的学术创作。前文已述，文艺复兴运动在英格兰的兴起是相当晚近的。伊拉斯谟在 1499 年第一次来到英格兰，并在那里遇到了人文主义的开路先锋格罗辛、林纳克、莫尔、利利和科利特。他在学习希腊语的同时，又积极地促进了人们学习"真正的拉丁语"——西塞罗的拉丁语——的热情。与此同时，却是那些提倡研习古典语文的人，那些一肚子柏拉图、维吉尔的学者成了第一批使用本国语的人。例如，从 1513 年起，莫尔就用英语完成了他的《理查三世本纪》（*History of King Richard the Third*）以及其他许多独创著作。在此方面，埃利奥特爵士是值得特别提及的，他以提倡并使用英文散文来取代当时习惯使用的拉丁文而闻名。作为一位哲学家和字典编纂家，他尽力"发展我们的英语"，使之成为阐释思想的工具。1531 年，埃利奥特爵士出版了《统治者之书》，题献给国王。此书受到极大欢迎，是第一部用英语写就的重要教育论著，对后来英国绅士理想的形成影响很大。[1] 1534 年，他又以同样方式出版了《君道》（*The Doctrinal of Princes*）。同时，埃利奥特爵士还在他的《健康堡垒》（*The Castle of Health*，1534）中宣称，如果希腊人用希腊语写作、罗马人用拉丁语写作，那么英格兰人当然有权用他们自己的语言来讨论学术问题。该书是一部通俗读物，完全用英语口语写成，尽管引起内行人的非难，但流传却颇为广泛。此外，他的《字典》（用英文解释拉丁文）出版于 1538 年，

---

① 参见夏继果《论埃利奥特的绅士教育思想》，《齐鲁学刊》2005 年第 3 期。

其篇幅在当时是空前的，为英语增加了很多新的词汇。

站在英语自身发展的角度来说，这些倡导人文主义的学者使用英语来表达抽象概念的努力非常值得称赞。由于这些人大都接受过良好的教育，实际上他们使用拉丁语要比使用英语方便得多，著述中所需要的术语，拉丁语也完全可以提供，阿夏姆（Roger Ascham）在其《射箭者》（*Toxophilus*，1545）一书的献词里即表达了类似的意思，但他们却积极使用了本国语。①

这些使用英语的学者在拉丁语之下、口语方言之上创造了统一的交流与传播的领域。那些口操种类繁多的各式英语、原本可能难以或根本无法彼此交流的人，通过印刷字体和纸张的中介，逐渐变得能够相互理解了。在这个过程中，他们感觉到了那些在其特定语言领域里数以百万计的人的存在。这些被印刷品所联结的"读者同胞们"，在其世俗的、特殊的和"可见之不可见"当中，形成了民族的想象的共同体的胚胎。②

其次，为使更多的人也能了解重新发现的古代文明珍宝，古典学者甚至包括个别印刷商都纷纷投身这些著作的译介工作中。文艺复兴时期也是翻译工作的黄金时代。卡克斯顿可算是先驱，但他所译的奥维德、加图、伊索和维吉尔的作品都是从法语转译的；③而埃利奥特、尼古拉斯·尤德尔（Nicholas Udall）、约翰·拉斯特尔（John Rastell，莫尔的姻兄弟）则更进一步，直接从原

---

① Gillian E. Brennan, *Patriotism*, *Power and Print*: *National Consciousness in Tudor England*, Pittsburgh: Duquesne University Press, 2003, pp. 53-68.

② 〔美〕本尼迪克特·安德森:《想象的共同体》，吴叡人译，世纪出版集团，2005，第43~45页。

③ Norman F. Blake, *Caxton and His World*, London: Andre Deutsch Limited, 1969, pp. 224-239.

文翻译了普鲁塔克、色诺芬、伊索克拉底、卢西安、西塞罗、泰伦斯及其他作家的著作。总体来说，16世纪上半叶，其他书籍的翻译（无论是从拉丁语和希腊语翻译成英语，还是从一种地方语言翻译成另一种地方语言），都是一个正在加速的进程，到16世纪中叶以后，这类译作大为增多。

正如当时有些人已经清楚看到的，这种翻译活动对英语产生了重要影响。由于在英语的表达方法中找不到相对应的词汇，只好创造一些新词。多亏了这一段翻译与出版的历程，即将定型的英文才得以吸收许许多多西班牙文、法文、拉丁文措辞，变得更加丰富。因此，在这一时期，一个更为广泛的现象是，人们开始对某种特定语言的丰富性或贫乏性给予关注。正如中世纪晚期那样，有些评论涉及英语较之拉丁语而言的贫乏，语言学家把这称作"语言缺失"（Linguistic Deficit），有人甚至会说成"缺失焦虑"（Anxiety of Deficit）；而在另一方面，有关英语语言丰富性的提法也越来越频繁了。[①]

英格兰的人文主义者托马斯·莫尔在反驳宗教改革家威廉·廷代尔的论著中早就说过英语并不"单调"，而是本身就"够丰富"。但富有讽刺意味的是，英格兰翻译家理查德·伊登（Richard Eden）在1562年指出，英语不再是一种"贫乏"的语言，其依据的正是莫尔所反对的做法，即英语通过翻译而得到了"丰富和增强"，英语词汇也已经"丰富和扩大"了。此外，那

---

① 〔美〕彼得·伯克：《语言的文化史——近代早期欧洲的语言和共同体》，李霄翔等译，北京大学出版社，2007，第26页。

位著名的中学校长理查德·马尔卡斯特也曾说："我认为没有哪一种语言比英语更善于表达各种论点，而且，英语一点也不比微妙的希腊语或庄严的拉丁语差。"他进而将"我们英语现在所处的时期"描述为"顶峰时期"（写于 1582 年）。[①]

就是因为英语印刷品在这一时期接受的异国语汇甚多，所以16 世纪末还出现了激烈反对外来语的声浪，这反映出这种民族语言发展的实质危机。[②] 也就是说，自 1500 年以后，由于英语印刷书籍上市数量不断增加，语言污染的危险变得前所未有的严峻起来，因为这种污染可以很容易地传播开来。有鉴于此，英格兰此时也出现了一些语言净化论者。

剑桥大学圣约翰学院的约翰·切克力倡他所说的那种"干净而纯正"的英语，"切勿同其他语言混合和混淆"。例如，在他翻译的《福音书》中，描述（耶稣）被钉在十字架上，切克使用的是"crossed"，而不是"crucified"一词，并用"hundreder"（百人队长）取代传统的名称"centurion"。托马斯·霍比（Thomas Hoby）是切克的学生，曾就读于圣约翰学院。他翻译的卡斯蒂廖内（Castiglione）的《廷臣》（*Courtier*，1566）即反映了切克对他的影响，其中最著名的一个例子是，他在翻译"sprezzatura"（轻视）这个关键词汇时，并没有像人们可能期望的那样使用拉丁语中的"疏忽"一词。[③] 他的译文在英格兰影响巨大，不但及于宫

① Richard F. Jones, *Triumph of the English Language*, Stanford: Stanford University Press, 1953, p. 92.

② 〔法〕费夫贺、马尔坦著《印刷书的诞生》，李鸿志译，广西师范大学出版社，2006，第330 页。

③ Peter Burke, *The Fortunes of the Courtier*, Cambridge: Polity Press, 1995, pp. 70-71.

廷社交方式，也及于莎士比亚和菲利普·锡德尼爵士等作家。

　　《修辞学的艺术》（*Art of Rhetoric*，1553）一书的作者托马斯·威尔逊（Thomas Wilson）曾就读于剑桥大学国王学院，也有可能受到过切克的影响。这里有一个突出的例子：威尔逊抨击有人使用"文绉绉的词语"（inkhorn terms），包括"to fatigate your intelligence"（绞尽脑汁）、"obtestate your confidence"（恳请信任）等拉丁语式的英语。威尔逊还批评了他所说的那种"外国味道的英语"或"意大利化的英语"。此外，《理性艺术》（*Art of Reason*，1573）的作者拉尔夫·利弗（Ralph Lever）是英格兰圣公会的一名牧师，同切克和霍比一样，也曾经是圣约翰学院的人。他按照荷兰语或德语的方式，创造了他所说的"复合用语"，从而可以避免直接从外国借用词汇。在他创造的新词中，用"forespeech"来表示"序言"，用"witcraft"来表示"逻辑"。① 值得一提的是，英格兰的语言净化论者偶尔也会对乔叟作品表示异议。诗人和辩论家理查德·维斯特根（Richard Verstegan）在 1605 年写道，乔叟是"一个大搅和者，把法语同英语搅和在一起"。② 这一切都说明，英语在当时日趋成熟，在表达方式上与拉丁语等其他语言相比已经毫无劣势。但需要指出的是，英语的发展本身就是一个不断借鉴外来语言的过程，净化论者这种刻意强调纯正的做法，也正是借由英语激发的民族情绪高涨的表现。

---

① Richard F. Jones, *Triumph of the English Language*, Cambridge：Stanford University Press, 1953, p. 124.

② Derek Brewer ed., *Chaucer：the Critical Heritage*, Vol. 1, London：Routledge & Kegan Paul, 1978, pp. 98, 99, 145.

再次，英语文法书的大量印行，有力推动了此种语言的不断完善和规范，而且当时很多英语语言学著作的出版鼓励了某种变化意识。

威廉·布洛卡（William Bullokar）的《拼写法遗补》（*Amendment of Orthography*）出版于 1580 年。到了 17 世纪初期，有两位学者论述了英语的发展历史，一位是威廉·卡姆登（William Camden），另一位则是上面提到的对乔叟发难的维斯特根。到 17 世纪中叶，又出版了约翰·哈特（John Hart）的《拼写法》（*Orthographie*，1659）。此外，还值得注意的是，这一时期出现了许多自称为英语拼写法改革家的人，其中包括加布里埃尔·哈维（Gabriel Harvey）、詹姆斯·豪厄尔（James Howell）以及约翰·伊夫林（John Evelyn）。当然，这些人的作品的大量出版并不意味着说英语的人会在实际中遵守其规则。尽管如此，语法的传播是一个明显可见的过程，在某些地方语言当中，这些规则显然得到了精英阶层的认真对待。正如安德森所言，印刷资本主义赋予了语言一种新的固定性（fixity），这种固定性在经过长时间之后，为语言塑造出对"主观的民族理念"而言极为关键的古老形象。印刷的书籍保有一种相对稳定的形态，几乎可以不拘时空地被无限复制。它不再受制于经院手抄本那种个人化和"不自觉地（把典籍）现代化"的习惯了。①

最后，印刷商在书籍出版过程中也推动了语言标准化进程。

---

① 〔美〕本尼迪克特·安德森：《想象的共同体》，吴叡人译，上海世纪出版集团，2005，第43~45 页。

这主要体现在：作者即将付印的手稿，有时会由印刷商主动校订，有系统地去除文中累赘而罕见的拼写。那些幸运保留下来的手稿，加上根据手稿印刷出来的文本，让我们得以如临其境地进入印刷工场，观察那里的决定是如何做出的。只消把留存至今的手稿与其付梓之后的成品相互对照，就能清楚看出，印刷商为了求取拼写的规律与统一，付出了多少努力。下面的例子出自哈林顿翻译阿里欧斯托（Ariosto）的原稿与印刷本（1591年出版）：①

原稿	印本
hee	he
on	one
greef	grief
thease	these
swoord	sword
noorse	nurse
skolding	scolding
servaunt	servant

　　这个例子生动说明了印刷商在拼写现代化过程中的作用。印刷版本所做的那些修改，无疑更接近现代英语。一旦印刷术将民族语言提升至国民文学表述媒介的地位，并同时建立起拼写、文

---

① 〔法〕费尔南德·莫塞：《英语简史》，水天同等译，外语教学与研究出版社，1990，第115页。

法、字汇运用的标准化通则，基本规律即告确立，印刷商也就随之退守本分。他们固然可以试着更进一步，大刀阔斧地创造新语，条理分明地自定语法，却都没有逾矩，唯恐做得太过火。[①]

总而言之，这一时期英格兰出现了一种与印刷出版相关的集体和合作事业，目的在于提高英语的地位，使其逐步规范化，并将其转变成适合文学的语言，而这项事业的成功离不开印刷术这种新传播媒介的大力支持。在这以前，那些手抄本既贵且少，而且从来没有两个完全相同的本子。但从这时候起，书籍印行的数量先是以百计，后来就是以千计，而且一版书的内容基本是相同的。此外，印书的成本降低之后，印刷本就普及越来越广大的读者阶层了。1500~1640年，英格兰印行的书籍已经超过两万种，足见其巨大的影响力。

当然，我们认为，若从长时段来看，上述看法是完全正确的。这种标准语言符合印刷业的节约逻辑，它需要将相同的文本出售给尽可能多的读者，在这一过程当中，语言的规范性有了进一步提升。有人认为印刷书籍的传播影响了书写习惯，然后又影响了说话的习惯。这种观点从其内在的合理性而言似乎也是正确的。[②]不过，我们也要说，同一个词汇在中世纪晚期往往有多种拼写方式，此后转变为标准拼写其实是一个渐进的过程。从上文勾勒的情形来看，这一过程至少经历了两个世纪。所以，印刷术

① 〔法〕费夫贺、马尔坦：《印刷书的诞生》，李鸿志译，广西师范大学出版社，2006，第330~331页。

② 〔英〕彼得·伯克：《语言的文化史——近代早期欧洲的语言和共同体》，李霄翔等译，北京大学出版社，2007，第128~129页。

绝不是推动这一进程的唯一因素，但我们可以说其是推动这场转变的主要因素。

第四节　拉丁语的逐渐式微

我们对这一时期英语在印刷术作用下的发展程度不应评价过高，还有一个因素需要考虑，即地方语言的兴起过程往往是从胜利者的角度来叙述的，尤其是有关法语和英语的兴起。这些叙述要么强调它们对拉丁语的胜利，要么强调它们在文艺复兴和宗教改革过程中获得的"解放"。这类叙述通常被看作"辉格派"语言史的典型写法。大体而言，"辉格派"的论点并没有错误，但它还需要相当大的修正。例如，英语究竟取得了什么样的"胜利"或"解放"，还需要有一个评判的标准。这提醒人们，对任何一种地方语言的胜利都不应夸大。

无可否认，在印刷术的推动下，英语的地位不断提升，而拉丁语的式微已成定局。但拉丁语并没有像人们预料的那样迅速消失，而是在此后继续存在了不短的时日。

拉丁语的优势在于不同国籍的文人皆解其意，它拥有一套固定的词汇，且只要参照知名的权威文本，每个单词的定义皆易厘清，与当时的其他地方语言相比，指涉精确、表意清晰。因此，拉丁语作为国际语文的地位，也得以长期延续，尤其在学术圈里，甚至几度回光返照，似欲收复失土。[①] 从本尼迪克特·安德

---

① 〔法〕费夫贺、马尔坦：《印刷书的诞生》，李鸿志译，广西师范大学出版社，2006，第335页。

森的理论来说，我们也可以把拉丁语称为一种寻找共同体的语言。在这种情况下，被聚集起来的人们构成了一个"观念的共同体"或一个国际范围的"想象的共同体"。具体地说，拉丁语在近代早期不仅表达了而且推动了"文人共和国"的凝聚。在这点上，英格兰的情况较为典型，我们不可忘记，莫尔最出名的著作《乌托邦》（1516 年）就是用拉丁语写就的。在时人看来，文人不用拉丁语而用别的语言写作是有些奇怪的。莎士比亚也好，都铎王朝时期的其他剧作家也罢，因以英文创作而在欧陆鲜有人知；反而是卡姆登、霍布斯、巴克莱与讽刺诗人欧文，作品多为拉丁文，畅销程度便不亚于欧陆文人著述。① 可见，用拉丁语写作有助于创立人们所说的"文本共同体"（Texual Communities）。仅仅是近代早期的欧洲（包括英国）用拉丁语出版书籍的数量就大为可观。直到 17 世纪末，每年一度在法兰克福举行的交易会上，出售的书籍大部分还是用拉丁语写的（如 1650 年时拉丁语书籍仍可占到出售书籍总量的 67%）。② 这可以证明拉丁语在当时欧洲的知识生活中仍然非常重要。

此外，拉丁语也是当时主要的外交语言。伊丽莎白一世曾用拉丁语谴责波兰大使"insolentem audaciam"（大胆的无礼），这一做法让人们立即联想起说拉丁语仍是当时的外交传统，也说明女王能说一口流利的拉丁语，甚至可以用拉丁语发脾气。在这方

---

① 〔法〕费夫贺、马尔坦：《印刷书的诞生》，李鸿志译，广西师范大学出版社，2006，第336 页。

② Timothy Blanning, *The Culture of Power and the Power of Culture: Old Regime Europe 1660-1789*, Oxford: Oxford University Press, 2002, p. 145.

面，即便伊丽莎白一世接受的是倾向使用英语创作的罗杰·阿夏姆的教育，但是，她和其王室家族成员也需学习并能熟练掌握拉丁语，更不要说原本就对天主教充满感情的亨利八世、玛丽一世及其丈夫西班牙的菲利普了。

由此可见，拉丁语在16世纪及之后的外交、科学、哲学等领域继续扮演重要角色，其式微绝不是一蹴而就的事情，而是经历数个世纪方才逐渐退出历史舞台。在这一过程中，书籍产业为谋取经济利益而鼓励书刊以民族语言出版，最后则助长了这些语言的茁壮，同时造成拉丁语的衰微。英语受惠于印刷机的力量而勃兴，终究在英国瓦解了欧洲拉丁语文化。

小　结

本章讨论的关键问题是语言在印刷术的促进下，如何推动了民族共同体的形成。就广义而言，我们可以这样说，语言借助新型传播媒介的力量在这个时期被"民族化"了，或者说，语言正在成为"民族崇拜"的工具。

正如研究印刷术对欧洲文化影响的历史学家们所指出的，印刷术"为更缜密地提炼和规范所有主要欧洲语言铺平了道路"。①因此，印刷文化为创造一种安德森所说的国家意识的"想象的共同体"提供了条件。就英格兰而言，在这个共同体中，印刷文化

---

① 杰里·布罗托恩：《世界地图印刷》，见〔英〕玛丽娜·弗拉斯卡-斯帕达、尼克·贾丁主编《历史上的书籍与科学》，苏贤贵等译，上海科技教育出版社，2006，第51~52页。

的广泛传播使使用英语的人们产生了一种"属于"英吉利民族的自我认同感。手抄本的生产不能提供这种政治和文化的"归属感",根本原因不但在于它较低的可复制性以及可传播水平,而且在于它与政权以及赞助人之间的关系。手抄文化倾向从一个拥有特权的生产中心向外传播,随着与这个特权中心距离的逐渐增加,它们的权威和影响力也逐渐减弱。这种情况不但影响了手抄本的地位,而且也影响了政治权威的形式。而以英语为传播语言的印刷媒介扬弃了上述不足,以资本主义运作的印刷业在英格兰的宗教、行政、教育等各个领域表现出了十足的影响力,对英语的不断丰富做出了贡献。我们在这里要强调的是,政府和印刷品的政治经济联系,亦即君主特权的扩大和政府的发展在很大程度上是随着堆积如山的行政文件的增多而实现的,而这也构成了现代化的一大特征。

安德森认为,实现对共同体的想象,需要一个社会结构上的先决条件,也就是"资本主义、印刷科技与人类语言宿命的多样性这三者的重合"。这三个因素之间"半偶然的,但却富有爆炸性的相互作用"促成了拉丁文的没落与方言性的"印刷语言"的兴起,而以个别的印刷方言为基础形成的特殊主义的方言——世俗语言共同体,就是后来"民族"的原型。① 但这里需要指出的是,安德森似乎缺少对政治因素的足够重视。例如,在 16 世纪上半叶,亨利八世统治时期是英格兰绝对君主色彩最为显著的

---

① 〔美〕本尼迪克特·安德森:《想象的共同体》,吴叡人译,世纪出版集团,2005,第9页。

时期，君主和权臣的意旨几乎对印刷业的发展具有决定性的作用。因此，我们在判断这一时期印刷业与语言的结合方面，不能忽视对政治因素的观照。

另外，印刷科技与其他因素的这种相互作用在 16 世纪的英格兰只是一个开端，还远未达到水乳交融的成熟阶段，因为上文所描述的这场变化是渐进的而不是突如其来的，它是一个过程而不是一个时刻。我们需要时刻谨记刻意强调印刷术对 16 世纪英语的兴起或"出现"的作用所带有的危险性。它可能会让人忘记英语在更早一些时候已经兴起以及所具有的重要性。换句话说，早在 16 世纪以前，英语便已经在写作领域中使用了，其中包括我们现在所说的"文学"领域。而语言和民族国家之间的密切关系到 18 世纪末才普遍地变得明朗起来，在近代早期的英国，语言多元的现象仍然存在。由于 16 世纪英格兰仍然是一个传统意义上的等级社会，[①] 因此，特定社会群体所使用的独特的语言，即"社会方言"（socialects）仍被广泛使用。在 16 世纪和 17 世纪，通行于不同社会等级的行话词汇表被印刷出版，语言的等级制反映并维系着社会的等级制。

但我们可以肯定的是，印刷本给英语带来了三种显著的变化：一是使英语具有了更强的表达能力；二是使英语具备了更大的稳定性；三是使英语印刷媒介具有了以前从未想到的传播发行的可能性。它与宗教改革、政治集权和文化转型有机结合，提高了英语的地位，凸显了民族语言的重要性，从而成为促进英格兰民族国家形成的重要因素。

[①]　郭方：《英国近代国家的形成》，商务印书馆，2006，第 253 页。

第八章　余论

除了前文论述的印刷媒介对宫廷文化、教育改革、宗教改革乃至民族语言及民族国家的形成等几大方面的影响外，印刷媒介对英格兰社会变迁其他领域的影响也是极为显见的，下文将择要予以勾勒。

印刷媒介与法律

自 12 世纪英格兰普通法创立以来，法律不论是在英格兰王权政治抑或平民百姓的日常生活中，都扮演着重要角色。至 16 世纪，庄园法庭和教会法庭仍然存在，即使在与罗马决裂后也是如此。而普通法则面临着新的特权机构的挑战，如星室法庭、监护法庭，以及地区性的北方法院和威尔士边区法院等。律师的力量也在不断壮大。如律师学院（Inns of Court）这一英格兰特有的法律机构，在 16 世纪的录取人数增加了 5 倍，达到 200 人。[1]面对法律界的不同需求，印刷书也出现了新的变化。

就这一时期的法律印刷书而言，可以大致分为教会法、民法和普通法用书三类。以普通法印刷书为例，尽管当时英格兰普通

---

① 〔英〕阿萨·布里格斯：《英国社会史》，陈叔平等译，商务印书馆，2015，第 134 页。

法被一些学院派律师看作"未成文的法律"，但这一领域的相关法律文献（譬如审判案例）还是纷纷被送上印刷机，因为人们需要利用书籍学习这类法律。托马斯·利特尔顿爵士（Sir Thomas Littleton）的《新土地法》（*New Tenures*）便在印刷机时代取得了巨大成功，它是现存的15世纪法律文献中最重要的一种，在16世纪先后出现过至少六种版本。① 当时，它是律师学院学生的一种初级读本，对于其重要性，有人形象地概括道：一名即将前往伦敦的学生，需要携带的最基本物品便是一床被褥和一本利特尔顿作品。与其在16世纪取得同样成功的作品还有克里斯托弗·圣日尔曼（Christopher St German）的《博士与学生》（*Doctor and Student*）（1528~1530年）。这部书并不是一部通常意义上的法律书籍，原本并非针对律师而写，而是圣日尔曼发起的思想运动的组成部分。在该书中，他力图证明英格兰教会法脱离教皇权威的正确性，但是，其中讨论的法律原则等基本问题对学生非常有用，② 因此而受到学习法律的学生们的追捧。

这一时期印制的关于法律条文的解释性文本少之又少，还基本保持着手抄本传统，但出现了不少内容较为古老的产权转让案例类印刷书。这些书的原版成书年代基本在14世纪前后，内容已经过时，但在普通法以判例为基本遵循的背景下，想必这类书籍在法律实践方面尚有其一定的参考价值。

---

① J. H. Baker, "The Books of the Common Law", in Lotte Hellinga and J. B. Trapp, eds., *The Cambridge History of the Book in Britain*, Vol. 3, 1400 - 1557, Cambridge: Cambridge University Press, 1999, p. 412.

② N. Barker, *The Oxford University Press and the Spread of Learning*, *1478-1978*: *An Illustrated History*, Oxford: Clarendon Press, 1978, p. 52.

就法律印刷书的影响力而言，当时英格兰的高等级法庭受其影响较大，而低等级法庭则相对较小。不过总体来说，从 15 世纪末期开始，各级法庭都更多地求助于印刷文字。譬如，13 世纪编写的一部法律指导手册，由印刷商平逊在 1501 年印制，而且在此后一再重印。另外，印刷版的治安法官审判案例也从 15 世纪末开始出现，如 1505 年，平逊曾印刷出版过一部简要的汇编版本《治安法官之书》（*The Boke of Justices of Peas*）。到了 1538 年，篇幅更大、论述更加精深的《治安法官新书》（*The New Boke of Justices of the Peas*）由雷德曼印制。

法令的印刷史较之法律书籍的印刷史来说颇为不同。上文几章论及亨利七世时代便已出现印刷品代替手抄本的趋势。1500 年后甚至不再制作任何法令的手抄本，法令的印刷文本已经唾手可得，而且因为王家印刷商的出现而基本消除了个人擅自生产的可能性，因而使法令变得更加可靠。在这个意义上，我们可以说当时的王家法律印刷品应该具有可观的市场需求。总之，就印刷文本对当时法律界的影响而言，从积极的方面看，主要是制造了具有权威性的法律学习用书以及法令版本；而其消极作用在于，印制了大量过时的法律文献，稀释了教会法或可供引用的权威法律文本的知名度，并在一定程度上阻碍了人们利用手抄本对印刷本中的讹误进行校正的活动。

印刷媒介与日常"科学"实践活动

起源于两河流域的占星术，在 16 世纪的英格兰依然是隐现于人们日常生活中的一种神秘现象。对于民间占星的行当，印刷商也没有袖手旁观。古腾堡可能是在 1458 年制作了第一本印刷版历书。到了 15 世纪 90 年代，这类历书在德意志产量很大。由于早期德语历书与采用默冬（古代雅典天文学家）周期的英格兰日历非常接近，因此，这类历书可以非常容易地被译成英语销售。这些海外翻译的版本通常是在安特卫普印制的，随后被运到英格兰。印刷商将日历的、医学的和占星术的信息择要选录在一个单张里，被称为宽页历书。另外，像月亮预言书和其他占卦的材料——专门预测一些耸人听闻和敏感的事件，如来年的洪水、流行病和灾祸等，也开始出现了最简单的印刷形式。① 尽管我们目前见到的这种出口到英格兰的材料非常粗略，然而，可以确定的是，这种出口确实发生过，而且规模庞大，足以令 15 世纪后半叶的英格兰本土印刷商退出竞争。

在此之后力图开拓这一市场的首位英格兰印刷商是平逊，他组织翻译了安特卫普的拉埃（Laet de Borchloen）家族的预言书。此书一出，其他印刷商纷纷效仿，印刷本的形制从宽页到四开本、八开本（后来成为历书与预言书组合书的标准形式），到更小的便携式十六开本一应俱全。然而，英格兰的作者和印刷商对权力部门的要求非常敏感，英语预言书非常慎重地涉及了来年的天气和疾病情况，避开了对和平、战争、统治者和整个王国命运的预测，因为这些行为可能由于宣扬巫术或通敌叛国而受到起诉，而这种内容在欧洲大陆的版本中却俯拾皆是。第一份完全的

---

① Peter Murray Jones, "Medicine and Science", in Lotte Hellinga and J. B. Trapp, eds., *The Cambridge History of the Book in Britain*, Vol. 3, 1400-1557, Cambridge: Cambridge University Press, 1999, p. 442.

本国制成品似乎直到 1539 年才以匿名形式出版。那种由历书与预言书组合在一起的八开本印刷品，有单独的标题页和压印标记，于 1541 年由约翰·雷德曼在伦敦首次印制，并成为接下来一个半世纪中市场上的主导形式。当然，这些本土产品远远满足不了实际需求。例如，16 世纪 50 年代，英格兰政治家和政治理论家托马斯·史密斯（Thomas Smith）一时心血来潮，忽然对占星术发生了浓厚兴趣，他花费了好几个月时间以提高自己占星术的技巧和水平。他选择了意大利人卡尔达诺 1547 年出版的占星术著作作为自己的基本学习材料之一。书页的空白处被他写满了读书笔记，显示出他多么认真地研读了这些作品。[①]

　　印刷版的生辰星相图集是这一时期诸多图书馆的核心收藏种类，尽管除了研究占星术的历史学家，以及少数为了编纂传记而使用它们的学者之外，大部分人已经遗忘了这些书籍，但它们还是构成了 16~17 世纪科学实践日常活动中一个重要的组成部分。[②] 英格兰人文主义者加布里埃尔·哈维（Gabriel Harvey）算得上是一位天文学和占星术文献的鉴赏家，他在自己拥有的高利科（Luca Gaurico，著有《论占星术》等）抄本中加入了关于 16 世纪末伦敦数学从业人员颇有见识的长篇讨论。同样具有启迪作用的是，他还将高利科和另一位著名星相学家卡尔达诺作了系统

----

① 安东尼·格拉夫顿："生辰星相图集，一种文体的起源和使用"，见〔英〕玛丽娜·弗拉斯卡-斯帕达、尼克·贾丁主编《历史上的书籍与科学》，苏贤贵等译，上海科技教育出版社，2006，第 67 页。
② 安东尼·格拉夫顿："生辰星相图集，一种文体的起源和使用"，见〔英〕玛丽娜·弗拉斯卡-斯帕达、尼克·贾丁主编《历史上的书籍与科学》，苏贤贵等译，上海科技教育出版社，2006，第 75 页。

的比较。哈维注意到并理解了高利科提及的卡尔达诺技术上的缺憾。与此同时，他也在高利科抄本的空白边缘上加入注解，提及卡尔达诺后期努力为自己所作的辩护。这些都说明，他在高利科和卡尔达诺的书中感受到了那种美妙而又无法捉摸的睿智。[1] 可见，对于当时的读者来说，这些书在其精神生活上起到了多么重要的作用，它们以多种方式提供了知识，还刺激了读者的求知欲。当然，在16世纪中叶之前，具有某些"科学"元素的天文学知识在历书中的地位是无足轻重的，因为准确的天文学数据并不是人们购买历书的理由。直至1557年的一本历书中，我们方能找到由约翰·菲尔德（伦敦的一位数学教师）绘制的一份表格，试图对哥白尼的理论有所叙述，[2] 而真正开始大规模印制天文学著作则是17世纪初的事情了。

从手抄本时代到印刷本时代保存下来的与医学有关的英语历书和预言书，其大多数作者在标题页上宣称自己是"费兹克医生"。最早在英格兰流通的预言书的欧洲大陆作者，如拉埃家族成员和威廉·帕龙（William Parron），也声称自己是医生。在很多宽页历书中，放血的规则和十二宫人物都是非常核心的内容。在牛津书商多恩的销售记录中频繁出现历书和预言书的身影，这是其流行的最好证明。我们发现了三十多个不同内容历书的条

---

[1]　安东尼·格拉夫顿："生辰星相图集，一种文体的起源和使用"，见〔英〕玛丽娜·弗拉斯卡-斯帕达、尼克·贾丁主编《历史上的书籍与科学》，苏贤贵等译，上海科技教育出版社，2006，第71页。

[2]　亚当·莫斯利："天文学著作与宫廷传播"，见〔英〕玛丽娜·弗拉斯卡-斯帕达、尼克·贾丁主编《历史上的书籍与科学》，苏贤贵等译，上海科技教育出版社，2006，第129页。

目，而预言书的售卖情况更佳，在其记录里共有六十一条单独出售的记录。① 这一情形一方面表明印刷书如何影响着英格兰民众的医学与科学知识，另一方面也真实反映了他们对待医学与科学的态度。一位研究这一专题的学者曾指出，"只有当有识之士和受过教育的人不再把预言当作一回事的时候，中世纪才算是真正地结束了"。② 从这个意义上说，16 世纪前半期的英格兰虽然已经处于剧烈的社会转型时期，但传统观点与思维还没有发生根本改变。

印刷书与饲养、种植以及饮食休闲生活

1486 年，也就是卡克斯顿将印刷术引入英格兰十年后，圣阿尔班的印刷师傅就生产了《鹰猎、打猎和放射武器之书》(*The Book of Hawking, Hunting, and Blasing of Arms*)。德·沃德在 1496 年以对开本重印了打猎、鹰猎和纹章学的汇编书，并且增加了有关钓鱼术的文章，1518 年又出现了该书的四开本。同时，他还印制过关于饲养马匹的书籍，以及亨莱的沃尔特 (Walter of Henley) 的《农书》(*Book of Husbandry*) 等一系列作品。此外，诸如讨论农业中的种植与嫁接等内容的书籍也不断被重印，说明当时对这种实践类作品确有非常可观的受众群体。

当然，这些书籍的出现并不是完全由印刷术所导致的。实际上早在 15 世纪，上述诸多书籍便已有了手抄本形式，其目标读

---

① Peter Murray Jones, "Medicine and Science", in Lotte Hellinga and J. B. Trapp, eds., *The Cambridge History of the Book in Britain*, Vol. 3, 1400-1557, Cambridge: Cambridge University Press, 1999, p. 443.

② 〔英〕彼得·伯克：《欧洲近代早期的大众文化》，杨豫等译，上海人民出版社，2005，第331 页。

者群则对准了英格兰庄园主及其仆从。他们在这一时期已经具有了识字与藏书传统，而且必须学会保存文件，具备基本的读写能力，只有这样才能适应管理财产的需要。随后出现的很多印刷本中甚至还包含13世纪末14世纪初为贵族识字提供的抄本内容，这也可以证明，在此领域中，手抄本与印刷书具有更强的连续性。

文艺复兴是对古典时代世界的重新发现，伴随着使古典世界重现的强烈欲望。而模仿古代宴席的欲望也随之在宫廷点燃，这主要是由于重新发现并翻印了关于古代烹饪技艺或有插图描绘餐饮的书籍文章。例如，迄今所知最早的一版阿比修斯（Apicius）所著的《论烹饪》，使过去只有人文学者才可得到的手抄本现在得以广泛传阅。丰富的古典作品改变了烹饪，或更确切地说，使烹饪方法有了更多的选择。①

早在1508年，印刷商德·沃德便在英格兰印制出版了古老的中世纪烹饪作品《切肉记》（*The Boke of Kervynge*），直到1613年，该书一直被反复重印。据统计，在1500年至1620年间的英格兰，大约有二十本烹饪书出版。这类印制行为的结果，是使当时正处在上升阶段的资产阶级对中世纪晚期宫廷里的烹饪艺术唾手可得，自1530年后此类书籍真正在欧洲范围内的兴隆，显然也是对急于了解贵族生活而迅速扩大的市场作出的反应。②

从广泛的文化趋势到狭义的技术趋向，书籍史家一直在不同

---

① 〔英〕罗伊·斯特朗：《欧洲宴会史》，陈法春等译，百花文艺出版社，2006，第111页。
② 〔英〕罗伊·斯特朗：《欧洲宴会史》，陈法春等译，百花文艺出版社，2006，第117页。

层面讨论印刷术的影响。学者安·布莱尔曾指出，与中国不同，西欧印刷术的出现是伴随着对公认的思想观念的多种挑战而产生的，这些挑战是由新的古代权威典籍的重新发现、旅行和新大陆的发现，以及宗教分裂等其他原因引起的，它们还培育了以实证和理性判断为基础的新的批判习惯和哲学体系。如果没有印刷术的出现，这种种运动会有不同的发展，同样，如果印刷术不与这些运动同时产生，那么印刷技术的影响也将截然不同。[1]

　　事实上，要将印刷术的社会影响与特定历史时期的社会变迁分离开来几乎是不可能的。15世纪后半叶和整个16世纪是英格兰社会变迁甚为剧烈的时期。同时，这一时期也为更加快捷、更富效率的传播工具的发展准备了成熟的条件。因此，印刷媒介便在这一环境中应运而生，而英格兰的思想生活也由此逐渐进入一个新的阶段。活字印刷术从根本上改变了图书生产的条件，其最基本的影响在于书籍生产能力的提高、书价的降低和书的相对平凡化。16世纪上半叶，英格兰图书生产的增长率是400%。[2] 这些在客观上具有的优势，使印刷媒介有条件在15~16世纪英格兰诸多社会变迁领域里扮演重要角色，从而开启了本雅明所言及的机械复制时代的帷幕。[3]

　　书籍是知识生产与传播最重要的载体。印刷书籍的到来极大地改变了英格兰社会知识存储和传播的总体基础。首先，对英格

① 〔美〕安·布莱尔：《工具书的诞生：近代以前的学术信息管理》，徐波译，商务印书馆，2014，第73~74页。
② 〔英〕凯文·威廉姆斯：《一天给我一桩谋杀案——英国大众传播史》，刘琛译，上海人民出版社，2008，第21页。
③ 〔德〕汉娜·阿伦特编《启迪：本雅明文选》，张旭东等译，三联书店，2008，第233页。

兰印刷业起推动作用的是诸如卡克斯顿这样的商人阶层，这说明知识素养的提高在很大程度上取决于这一阶层的壮大。出于商业性的考虑，他需要加强阅读和写作的能力。在具备了这样的能力后，他受到资本主义萌芽时期商业生产经营模式的驱使，充分利用各种有利条件，努力拓宽印刷书籍的销售市场，为机械化生产提供了保证，奠定了英格兰印刷业得以不断深入发展的基本前提。在此基础上，近代早期英格兰的印刷业乃与各类知识结成了非常密切的关系。这种情形有助于冲破知识园圄，打破天主教会长期以来依靠手抄本而形成的知识垄断，从而为形成较为开放的知识系统提供了坚实基础。

进而言之，印刷术的推广普及有效地创造了一个新的社会群体，这个群体希望将知识向大众公开。这一时期人文主义者私人收藏印刷书的情况充分表明，学者们已经将注意力转向了语言和古典文学作家作品。各级各类教育机构的授课方式和授课内容发生了显著变化，而印刷文本的大量出现恰恰为这种结构性的变化提供了便利条件，也更加有益于采用新的教学方式以适应新的需要，以人文主义为主要特点的教育变革在印刷术的推动下得以不断深化和发展。

而英格兰国王和宗教改革家也在此时充分意识到了印刷媒介的伟力，开始大力使用印刷品为本方思想主张造势。不论是出于完全的经济目的还是怀抱宗教或政治理想，印刷商都亲历了宗教改革——这一时期最重要的政治思想运动，而他们在宗教改革期间的作为，更使其第一次真正获得了上至国王、下至普通民众的重视，也让时人以及后世历史学者真切感受到了印刷媒介在舆论宣传上的巨大能量。历史学家劳伦斯·斯通曾指出："基督教是关于《圣经》这本书的宗教，一旦这本书不再是一个只能够由教士阅读的被严守的秘密，它就给建设一个有知识的社会带来了力量。"[①] 有学者进而总结道：宗教改革本身就是文字与书本的女儿。[②] 许多明确的例证可以表明，改革者如何通过运用新媒介而使其摆脱了手抄本施予的束缚和限制，并向传统的政治和宗教体制发起了新挑战。从另一角度来说，宗教、行政管理和教育文化三大方面的英语印刷品的广泛运用，使英语进一步普及并更加规范化，这无疑大大推动了英语民族国家形成的进程，而英语印刷媒介也成为形成和维护英格兰人集体认同的重要手段。

　　毋庸赘言，这一时期英格兰社会中那些谋求变革者对印刷媒介的运用，充分发挥了印刷媒介在时效性上的优势，有力冲击了教会长期的知识垄断，并且有利于人文主义、新教思想以及民族主义思潮的兴起和国家对空间的垄断。这应该被看作这一时期英格兰知识传播的时空特征，凸显了"快"和"狭"（相对于罗马教廷原先在空间上的影响范围）的因素。从这一时期社会变革者对印刷媒介的积极运用来看，我们可以得出这样的认识，即为了打破原有的知识垄断格局，谋求社会变革者与新兴媒介之间存在某种天然的联系。

---

① 〔英〕凯文·威廉姆斯：《一天给我一桩谋杀案——英国大众传播史》，刘琛译，上海人民出版社，2008，第22页。

② 〔法〕弗雷德里克·巴比耶：《书籍的历史》，刘阳等译，广西师范大学出版社，2005，第185页。

作为从 15 世纪中叶出现并在 16 世纪得到广泛应用的传播媒介，印刷媒介触及并渗透到了英格兰社会变迁的各个领域。从另一方面来说，这也成为界定英格兰大众传播发展的重要标准，也就是说，它的到来着实是英格兰传播史上的一场革新，已经为现代意义上的大众传播积蓄了力量。进而言之，我们可以认为，印刷媒介在英格兰的出现与广泛运用是整个英格兰文明进程中的标志性事件，而与之相关的印刷史则是英格兰文明史中不可或缺的重要组成部分。

但是，我们也不应夸大印刷媒介对这一时期英格兰历史发展的作用。因为到 16 世纪中期为止，印刷书还远不是人们日常生活中唯一的传播媒介，手抄本、口头传播仍然是这一时期英格兰民众用于信息传播和思想交流的重要手段。① 此外，16 世纪英格兰印刷业的发展基本是渐进式的，印刷商数量也是在缓慢地增加。16 世纪初，真正以印刷为主业的印刷商只有两到三人；到了 1558 年，这个数字增加到 13 个，② 增幅并不显著。因此，单从从业人数来看，将这种变化冠之以"革命"一词恐有夸大之嫌。

另外，从印刷书的物理形态来说，这一时期的印刷书还与手抄本保持着极大的相似性；而从印制的内容而言，也有不少是属于手抄本中的传统主题。进而言之，在本书所讨论的历史时段，印刷术的出现并未马上带来新的价值观念和新型的个性，而这些

---

① 参见 Arthur F. Marotti and Michael D. Bristol, eds., *Print, Manuscript, & Performance: The Change Relations of the Media in Early Modern England*, Columbus: Ohio State University Press, 2000, passim。

② Raymond Williams, *The Long Revolution*, Harmondsworth: Pelican, 1980, p. 181.

都被看作现代性的典型特征。如果我们坐下来仔细阅读一下 16世纪出版的一系列小册子，就有可能得到这样的印象，即传统依然占据着绝对的统治地位，它们的类别依然如故，风格也未曾改变。

这当然是与受众的接受方式和接受习惯密不可分的。当时，整个英格兰社会依然处于传统的等级制社会阶段，而印刷文本的出现不会突然打断这一社会发展的惯性，其产业发展必然要受到整个社会发展水平的制约。

因此，与其说印刷媒介是"替代性的"，还不如说是"递增性的"，亦即，它的出现丰富了已有的媒介系统。在手抄本时期向印刷本时期过渡的时候，比起中断的过程，我们更愿意强调二者的连续性。另外，印刷媒介推动了社会变迁的进程，但它毕竟不是社会变迁的原动力，而只是一种载体，为诸种新兴社会文化的产生提供了积极的条件。印刷媒介只是社会大系统中的一个子系统，而运用印刷技术的是具有主观意识的人，所以它必定要随着整个社会变动的节奏而变化，脱离不开当时当下社会制度的根本性质。归根结底，变化的源头还在于人类社会经济的发展与思想文化变革的潮流。

总之，我们认为，印刷媒介的影响力只有放在社会变迁的维度下才能做出较为全面合理的判断。印刷媒介的出现是社会变迁的前提，同时也是这种变迁的结果。就像加拿大媒介理论家哈罗德·伊尼斯（Harold Innis）所说的：应当把印刷术看成推动变化的催化剂，它并没有启动这场变化，如果要获得成功还需要一些文化或社会的前提条件。[①] 那些试图把文艺复兴、宗教改革等社会变迁出现背后的复杂因果关系归结于一项技术或任何一套特定思想观念的看法，都是值得重新反思与检视的。

　　我们在对不同历史时空下媒介与社会变迁关系问题有了更加清晰全面的认识后，须回到当下，冷静思考一个影响我们每日生活的重要问题，即身处不同社会中的人，在今日"媒介化生存"的时代，到底应该如何善用媒介技术，让不同形态的媒介更多地造福于人类的智识生活，而不至于使新型媒介成为我们日常生活的桎梏与枷锁。

---

① 〔加〕哈罗德·伊尼斯：《传播的偏向》，何道宽译，中国人民大学出版社，2003，第1～5页。

附篇 西方书籍史理论与 21 世纪
以来中国的书籍史研究

一 西方书籍史经典著述的引介及对中国学者的启示

在中国大陆，自 20 世纪 80 年代起就有学者关注到了欧美学术界有关书籍史研究的动向，① 到 90 年代又有彭俊玲②、夏李南和张明辉③、项翔④等多位学者先后撰文予以介绍。21 世纪以来，随着孙卫国的《西方书籍史研究漫谈》⑤、王余光和许欢的《西方阅读史研究述评与中国阅读史研究的新进展》⑥、张仲民的《从书籍史到阅读史——关于晚清书籍史/阅读史研究的若干思考》⑦、于文的

① 安占华：《法国书籍史研究简介》，《世界史研究动态》1986 年第 1 期。
② 彭俊玲：《国外对印刷文字与书籍史的研究新动向》，《大学图书馆学报》1995 年第 5 期。
③ 夏李南、张明辉：《欧美学术界兴起书籍史研究热潮的背景、方向及最新进展》，《大学图书情报学刊》1997 年第 2 期。
④ 项翔：《多元学科视野中的印刷媒介史研究》，《华东师范大学学报》（哲学社会科学版）1999 年第 6 期。
⑤ 孙卫国：《西方书籍史研究漫谈》，《中国典籍与文化》2003 年第 3 期。
⑥ 王余光、许欢：《西方阅读史研究述评与中国阅读史研究的新进展》，《高校图书馆工作》2005 年第 2 期。
⑦ 张仲民：《从书籍史到阅读史——关于晚清书籍史/阅读史研究的若干思考》，《史林》2007 年第 5 期。

《西方书籍史研究中的社会史转向》①、张炜的《印刷媒介史研究新趋势：新材料、新视角、新观点》②、洪庆明的《从社会史到文化史：十八世纪法国书籍与社会研究》③ 等文章的发表，学术界开始愈趋关注西方书籍史研究的动向及其特点。而台湾学术界也因潘光哲等学者的大力引介④，对此学术动向有了较为深入的理解。

以上述论著为先导，21 世纪以来，学术界与出版界联手推动了相关经典著作的译介工作，进一步扩大了西方书籍史理论方法在中文学术界的影响力。这些译著既涵盖了西方书籍史研究从初兴、发展到最新进展等不同时期的代表人物的著述，如费夫贺与马尔坦的《印刷书的诞生》⑤，罗杰·夏蒂埃的《书籍的秩序》⑥和《法国大革命的文化起源》⑦，罗伯特·达恩顿的《启蒙运动的生意》⑧、《拉莫莱特之吻》⑨、《法国大革命前的畅销禁书》⑩ 以及《屠猫狂欢：法国文化史钩沉》⑪，伊丽莎白·爱森斯坦的

①　于文：《西方书籍史研究中的社会史转向》，《国外社会科学》2008 年第 4 期。
②　张炜：《印刷媒介史研究新趋势：新材料、新视角、新观点》，《编辑之友》2009 年第 4 期。
③　洪庆明：《从社会史到文化史：十八世纪法国书籍与社会研究》，《历史研究》2011 年第 1 期。
④　最具代表性的文章为潘光哲《追索晚清阅读史的一些想法》，《新史学》2005 年第 9 期。关于台湾学术界在 21 世纪以来的相关学术动向，参见张仲民《出版与文化政治：晚清的"卫生"书籍研究》，上海书店出版社，2009，第 29~32 页。
⑤　〔法〕费夫贺、马尔坦：《印刷书的诞生》，李鸿志译，广西师范大学出版社，2006。
⑥　〔法〕罗杰·夏蒂埃：《书籍的秩序》，吴泓缈等译，商务印书馆，2013。
⑦　〔法〕罗杰·夏蒂埃：《法国大革命的文化起源》，洪庆明译，译林出版社，2015。
⑧　〔美〕罗伯特·达恩顿：《启蒙运动的生意》，叶桐等译，三联书店，2005。
⑨　〔美〕罗伯特·达恩顿：《拉莫莱特之吻》，萧知纬译，华东师范大学出版社，2011。
⑩　〔美〕罗伯特·达恩顿：《法国大革命前的畅销禁书》，郑国强译，华东师范大学出版社，2012。
⑪　〔美〕罗伯特·达恩顿：《屠猫狂欢：法国文化史钩沉》，吕健忠译，商务印书馆，2014。

《作为变革动因的印刷机：早期近代欧洲的传播与文化变革》①，安·布莱尔的《工具书的诞生：近代以前的学术信息管理》②；也包括了研究西欧和以中国为代表的东方书籍史（包括古代和近代）的重要著述，如戴维·斯科特·卡斯顿的《莎士比亚与书》③，周绍明的《书籍的社会史：中华帝国晚期的书籍与士人文化》④ 和芮哲非的《古腾堡在上海——中国印刷资本业的发展》⑤；而且亦对书籍史研究中不同分支领域（如阅读史）的成果有所涉猎，如阿尔维托·曼古埃尔的《阅读史》⑥、史蒂文·罗杰·费希尔的《阅读的历史》⑦；不仅有对书籍史学术发展脉络的系统梳理，也有对书籍与某一社会文化面向的关系的探讨，如戴维·芬克尔斯坦和阿利斯泰尔·麦克利里合著的《书史导论》⑧ 和弗雷德里克·巴比耶的《书籍的历史》⑨，玛丽娜·弗拉斯卡-斯帕达、尼克·贾丁主编的《历史上的书籍与科学》⑩；同时也不缺乏对一些西方传播学理论著作，特别是对西方书籍史研

① 〔美〕伊丽莎白·爱森斯坦：《作为变革动因的印刷机：早期近代欧洲的传播与文化变革》，何道宽译，北京大学出版社，2010。
② 〔美〕安·布莱尔：《工具书的诞生：近代以前的学术信息管理》，徐波译，商务印书馆，2014。
③ 〔美〕戴维·斯科特·卡斯顿：《莎士比亚与书》，郝田虎等译，商务印书馆，2012。
④ 〔美〕周绍明：《书籍的社会史：中华帝国晚期的书籍与士人文化》，何朝晖译，北京大学出版社，2009。
⑤ 〔美〕芮哲非：《古腾堡在上海——中国印刷资本业的发展》，张志强等译，商务印书馆，2014。
⑥ 〔加〕阿尔维托·曼古埃尔：《阅读史》，吴昌杰译，商务印书馆，2004。
⑦ 〔新西兰〕史蒂文·罗杰·费希尔：《阅读的历史》，李瑞林等译，商务印书馆，2009。
⑧ 〔英〕戴维·芬克尔斯坦、阿利斯泰尔·麦克利里：《书史导论》，何朝晖译，商务印书馆，2012。
⑨ 〔法〕弗雷德里克·巴比耶：《书籍的历史》，刘阳等译，广西师范大学出版社，2005。
⑩ 〔英〕玛丽娜·弗拉斯卡-斯帕达、尼克·贾丁主编《历史上的书籍与科学》，苏贤贵等译，上海科技教育出版社，2006。

究产生过巨大影响的学派（如媒介环境学派）的经典著述的关
注，如哈罗德·伊尼斯的《传播的偏向》和《帝国与传播》①、
马歇尔·麦克卢汉的《理解媒介：论人的延伸》② 等。应该说上
述这些代表性译著为中国学术界呈现出了一幅较为全面、大致准
确的西方书籍史的研究图景。

　　除了译著之外，21世纪以来中国学术界与国外学术界通力合
作，举办了数次质量较高、影响较大的国际学术会议。其中，笔
者认为重要的有如下几次。（一）2005年10月，由法国远东学
院、中国科学院自然科学史研究所等单位共同主办的"中国和欧
洲：印刷术与书籍史"国际研讨会。这次会议汇聚了来自中国、
法国和意大利等国的多位书籍史研究者，他们分别从印刷术的传
播、书籍贸易、书籍与大众文化的关系等多种角度，展现了这一
主题的多样性。③ （二）2009年7月，由浙江大学儒商与东亚文
明研究中心主办的"印刷与市场"国际学术研讨会。与会学者从
文化史、经济史、社会史的视角出发，从"版刻与印数、销售市
场、成本价格、从业群体"等论题入手，从宏观到微观对中国宋
元明清以至民国时期印刷业的发展进行了深入的探讨和交流。④
（三）2010年10月在日本关西大学召开的主题为"印刷出版与
知识环流——16世纪以后的东亚"的国际研讨会，重点讨论印

　　① 〔加〕哈罗德·伊尼斯：《传播的偏向》，何道宽译，中国人民大学出版社，2003；〔加〕
　　　　哈罗德·伊尼斯：《帝国与传播》，何道宽译，中国人民大学出版社，2003。
　　② 〔加〕马歇尔·麦克卢汉：《理解媒介：论人的延伸》，何道宽译，译林出版社，2011。
　　③ 韩琦、〔意〕米盖拉编《中国和欧洲：印刷术与书籍史》，商务印书馆，2008。
　　④ 〔美〕周启荣：《明清印刷书籍成本、价格及其商品价值》，《浙江大学学报》（人文社会
　　　　科学版）2010年第1期。

刷出版事业在西学东渐这一知识大移动过程中所发挥的作用及其
相关个案。① 这些会议从论题上大都受到西方书籍史研究旨趣的
影响，而中国学者广泛参与其间，在交流中大大强化了对这一理
论方法的体认。

随着中国学者对这一学术领域逐渐有了具体而深入的感性和
理性认识，一些多年从事中国书籍史相关研究的学者开始对传统
治史方法进行反思，并力图从西方书籍史理论方法中萃取出可资
借鉴的学术养分。

首先，有学者指出，西方书籍史对我们一个很大的启示就是
他们在研究中大量引入了"人"的因素。以《书史导论》这样
一部比较典型地反映西方书籍史构架体系的论著为例，在其仅仅
七章的篇幅中，关于"人"的论述就占了整整三章。从作者、出
版商到读者，人的因素几乎贯穿了该书对书籍生产和传播过程研
究的始终。而该书的最后一句话更是精辟地指出了书籍史的社会
意义："研究书籍史，就是研究我们的人性，研究支撑整个社会
的知识搜集与传播的社会交流过程。"基于这样一种理念构建起
来的书籍史理论框架和研究方法，在中国学者看来"真是别开生
面"。②

其次，不少学者注意到，西方书籍史研究者着力通过书籍来
观察社会整体的历史，不仅研究书籍的印刷、出版、流传，而且

---

① 〔日〕关西大学文化交涉学教育研究中心、出版博物馆编《印刷出版与知识环流——十六
世纪以后的东亚》，上海人民出版社，2011。该系列学术会议还曾于 2008 年、2009 年先
后在复旦大学和香港城市大学举办。

② 姚伯岳：《全球视野下的中国书史研究——由何朝晖译〈书史导论〉说开去》，《山东图
书馆学刊》2013 年第 4 期。

研究书籍的阅读与收藏，并以政治史、经济史与社会史的研究路径，去揭示历史深层的一面。这一方式能够为历史研究提供一种新思路，而使研究者不再仅仅满足于对书籍本身内容和形制的研究，克服了原有研究视野相对狭窄、研究方法较为单一的局限。譬如，有学者认为可以借鉴对西方书籍史研究产生巨大影响的媒介环境学派的研究视角，综合考察书籍的媒介特征及其文化价值，来探讨中国印刷书籍对知识结构和文化模式的影响。①

最后，如果说上述第二点是通过扩展研究视野而增强了该项研究的共时性特性的话，那么借鉴西方书籍史研究方法亦可从新的角度凸显出传统历时性研究中蕴含的以史为鉴的作用。有学者认为，我们要了解电子媒介、网络媒介所带来的变化，就需要以印刷媒介为对比。只有与非印刷书籍比较，才能显现出原有书籍与印刷术结合后所产生的变化。而像《书籍的历史》等著述就采用了这种比较的方法。该书认为古腾堡改革只有与冲击了13～14世纪以来的手抄传播方式的深刻变化相比较才能被后人所理解。在这个意义上，西方书籍史方法是值得我们在研究中充分借鉴的。②

此外，很多学者也对传统的文献学、印刷史、出版史著述中长期存在的模式化和均值化的平面写作风格提出批评，希望借鉴

---

① 于翠玲：《从媒介历史看书籍的文化价值——兼论媒介环境学派对中国书籍史的启示》，《济南大学学报》（社会科学版）2010年第1期；田建平、田彬蔚：《中国书籍史研究批评——基于西方书籍史研究之比较视野》，《济南大学学报》（社会科学版）2011年第5期；张升：《新书籍史对古文献学研究的启示》，《廊坊师范学院学报》（社会科学版）2013年第2期。

② 于翠玲：《从媒介历史看书籍的文化价值——兼论媒介环境学派对中国书籍史的启示》，《济南大学学报》（社会科学版）2010年第1期。

西方书籍史研究者讲究叙事性的优长，注重对文献的综合分析利用，力图将计量和深描等多种方法融入自身的叙事体系中。①

二　西方书籍史理论方法在具体研究中的运用

总体而言，西方书籍史的理论方法对中国学术界最大的冲击在于其颇具社会整体性的研究视角及融合经济学、传播学、人类学等多学科的研究方法。实际上，早在 21 世纪伊始，缪咏禾的《明代出版史稿》就曾专辟一章，从政治、社会思潮和世俗生活的角度，简要论述了明代出版与社会的关系。② 王建的《明代出版思想史》则分别阐述了明代科举、实学思潮、史学发展等社会因素与出版的有机联系。③ 在近代史领域，中国台湾学者苏精在《马礼逊与中文印刷出版》的一个章节中，通过大量第一手资料，描绘了印刷出版在阿美士德号事件中的角色。④ 邹振环关于西学书籍在近代中国被翻译出版的系列研究⑤，遵循了作者提出的从译家、译著、译局等具体个案入手，研究某一时期翻译出版与文化的复杂关系，梳理和整合中国近代翻译出版的流变脉络，并进而提出翻译史上相关问题的思考的研究方法。⑥ 这些著述已经显

①　田建平、田彬蔚：《中国书籍史研究批评——基于西方书籍史研究之比较视野》，《济南大学学报》（社会科学版）2011 年第 5 期；郭平兴：《不一样的书籍观：论中西方书籍史的差异》，《出版科学》2015 年第 4 期。
②　缪咏禾：《明代出版史稿》，江苏人民出版社，2000，第 424～469 页。
③　王建：《明代出版思想史》，博士学位论文，苏州大学，2001，第 27～75 页。
④　苏精：《马礼逊与中文印刷出版》，台湾学生书局，2000，第 113～130 页。
⑤　邹振环：《20 世纪上海翻译出版与文化变迁》，广西教育出版社，2000；邹振环：《晚清西方地理学在中国——以 1815 年至 1911 年西方地理学译著的传播与影响为为中心》，上海古籍出版社，2000。
⑥　邹振环：《疏通知译史》，上海人民出版社，2012，"自序"第Ⅷ～Ⅸ页。

现出欲将书籍与特定历史时期社会变迁相联系的研究取向，但论著中并没有明显征引西方书籍史的相关著述，暂可被视为具有一定自发性的研究。

真正在研究中明确提及西方书籍史成果则最先出现在中国世界史学者的论著中。这些学者利用自身研究领域的有利条件，最先将欧美书籍史研究的问题意识、研究资料与方法引入中文学术界。例如，项翔在《近代西欧印刷媒介研究——从古腾堡到启蒙运动》中着重梳理了文艺复兴、宗教改革及启蒙运动时期西欧印刷书籍的发展及与社会互动的过程，并系统引用了费夫贺、马尔坦、爱森斯坦、夏蒂埃、达恩顿等西方主流学者的著述。[①] 而多年专攻外国出版史的于文在其专著《出版商的诞生：不确定性与18世纪英国图书生产》中明确指出，该书在分析出版业所处的基本产业环境——社会图书传播中的互动关系时，采用了达恩顿教授的书籍史"传播循环模式"，并借助该模式分析了图书传播中作者、读者的构成，写作、阅读动机以及图书内容在时代性上的变化等及其对出版业的商业模式产生的影响。[②]

受欧美中国书籍史研究者的影响，以及前期研究成果相对丰厚、研究资料相对易得等因素的推动，中国学术界对西方书籍史研究方法的运用较多体现在对明清以来中国书籍发展演进的研究中。在中国，雕版印刷术的发明改变了过去以抄书为主的图书生产模式，大大加速了文化的传播，也为出版的商业化奠定了技术

---

① 项翔：《近代西欧印刷媒介研究——从古腾堡到启蒙运动》，华东师范大学出版社，2001。

② 于文：《出版商的诞生：不确定性与18世纪英国图书生产》，上海人民出版社，2014，第29页。

基础。至明中后期，商业出版更是空前发达，书坊成为最主要的
出版力量。张献忠关于明代商业出版的研究，借鉴了传播学、经
济学和社会学的相关理论知识，对商业出版在明代社会和文化变
迁中的作用予以探讨，明确提出了明代商业出版打破了两千多年
来精英文化独断的局面，实现了传统的主流文化、启蒙思潮和大
众文化共存的多元文化格局的观点。[①] 此外，涉及明代商业出版
的著作还有程国斌的《明代书坊与小说研究》[②] 和路善全的《在
盛衰的背后——明代建阳书坊传播生态研究》[③]。前者考察了通俗
小说读物作为商品生产、流通的全过程，探讨了坊刻小说兴盛的
原因、发展阶段及其特征面，详细阐述了明代书坊与小说之间的
密切关系；后者则运用传播生态学理论探讨了明代传播生态背景
下建阳书坊盛衰的演变过程和原因，分析了建阳书坊传播外生
态、传播内生态、传播新生态、产业生态的变化，指出建阳书坊
盛衰演变是由传播生态作用造成的。

　　时至清代，"西学东渐"对晚清中国的影响既深且广，但其
历史图景却难说清晰。章清认为，对于晚清书籍的考察，除需考
虑版本的情况外，还有必要基于本土的知识生产以及新型传播媒
介的涌现加以审视。作者认为这也是"新文化史"开展书籍史与
阅读史研究最关切的问题。他以《万国公法》及"公法"的
"知识复制"为例，指出书籍在多大程度上流通及被士人阅读，
往往与当时的价值取向密切相关，在晚清即受科举改制的影响。

①　张献忠：《从精英文化到大众传播——明代商业出版研究》，广西师范大学出版社，2015。
②　程国斌：《明代书坊与小说研究》，中华书局，2008。
③　路善全：《在盛衰的背后——明代建阳书坊传播生态研究》，中国传媒大学出版社，2009。

此外，作为新兴媒介的报章也对当时多样化的"知识复制"形态产生了影响。① 另外，有不少学者紧抓近代以来西学书籍的中译出版与传播现象，如张登德的《求富与近代经济学中国解读的最初视角：〈富国策〉的译刊与传播》② 便旨在研究《富国策》的出版、发行、版本、译者情况，挖掘时人对《富国策》的阅读感受，进而分析时人对经济学观念的看法和使用。③ 肖超的《翻译出版与学术传播：商务印书馆地理学译著出版史》④ 同样运用、借鉴了西方书籍史的有关研究思路，将"副文本"和"共同体"等其他学科理论运用到研究之中，同时借鉴了图书情报学的理论和方法，从著作出版年份、作者国别等方面对地理学译著进行计量分析，阐释了地理学译著出版与地理学学术发展之间的关系，评价了地理学译著的影响力。⑤ 在当时大量被翻译出版的书籍中，以"日用百科全书"名目出版的书籍也是中西知识交汇与普及的一种样本。于翠玲在研究此问题时提到，其研究是从书籍史的角度，分析民国初期日用百科全书的知识资源、其所建构的国民日用知识体系的特征及其史料价值，并通过从类书到日用百科全书的演变过程，探寻中国与日本之间"知识环流"的痕迹。⑥

① 章清：《晚清中国西学书籍的流通——略论〈万国公法〉及"公法"的"知识复制"》，《中华文史论丛》2013 年第 3 期。
② 张登德：《求富与近代经济学中国解读的最初视角：〈富国策〉的译刊与传播》，黄山书社，2009。
③ 王海鹏：《晚清书籍史、阅读史研究的成功尝试——〈求富与近代经济学中国解读的最初视角：富国策的译刊与传播〉评介》，《鲁东大学学报》（哲学社会科学版）2011 年第 1 期。
④ 肖超：《翻译出版与学术传播：商务印书馆地理学译著出版史》，商务印书馆，2016。
⑤ 肖超：《翻译出版与学术传播：商务印书馆地理学译著出版史》，商务印书馆，2016，"序"第 ii 页。
⑥ 于翠玲：《印刷文化的传播轨迹》，中国传媒大学出版社，2015，第 205 页。

张仲民有关晚清民众阅读史的研究，是 21 世纪以来中国学术界运用西方书籍史理论方法开展研究的一个典型例证。他在《出版与文化政治：晚清的"卫生"书籍研究》中指出，在研究方法上，他主要吸收中国书籍史研究及西方阅读史研究中的一些方法，借鉴西方新文化史的研究典范，特别是从文化的意义上着眼，并结合西方心态史的做法，分析晚清"卫生"书籍对于不同读者的文化意义及被读者如何表达，还考察了由此呈现的社会影响与集体心态的变化。[1] 他尤其提到新文化史家彼得·伯克关于近代早期欧洲大众文化的研究，认为从 16 世纪到法国大革命时期欧洲出现的"大众文化的政治化"现象在晚清时代的中国也同样出现过，所以欧美学者对此种现象的关注值得我们在研究晚清书籍史、阅读史时借鉴。[2] 在其新近出版的《种瓜得豆：清末民初的阅读文化与接受政治》一书[3]中，他在关注清末民初中国的阅读文化建构及与之相关的"接受政治"问题时，特别侧重读者的反应，并且利用相应的史料进行社会史层面的解释，具体展现出了其间的复杂和纠结。[4]

　　如果说海外中国书籍史研究者大多将"书"预设为印本，着重关注晚明和近代阶段书籍发展历程的话，[5] 那么，21 世纪以来

---

① 张仲民：《出版与文化政治：晚清的"卫生"书籍研究》，世纪出版集团，2009，第 84～85 页。

② 张仲民：《出版与文化政治：晚清的"卫生"书籍研究》，世纪出版集团，2009，第 290～291 页。

③ 张仲民：《种瓜得豆：清末民初的阅读文化与接受政治》，社会科学文献出版社，2016。

④ 张仲民：《种瓜得豆：清末民初的阅读文化与接受政治》，社会科学文献出版社，2016，"序"第 II 页。

⑤ 赵益：《从文献史、书籍史到文献文化史》，《南京大学学报》（哲学·人文科学·社会科学版）2013 年第 3 期。

很多中国学者在开展明代以前书籍史的研究时，同样积极运用了西方书籍史的理论方法，体现了中国古代书籍史研究的求新与开放气象。耿相新在《中国简帛书籍史》[①] 中就明确指出："我所理解的书籍史，它的研究对象及范围应当是用不同文字复制于不同载体上的供阅读、传播之用的信息、知识、思想文本的——也就是关于书的——全部活动。"基于以上对中国书籍史概念的把握，他在书中系统揭示了书籍本身的内在形式与外在表现方式、作者群体与读者群体、书籍的传播手段与传播方式等贯穿于书籍史中的几个主要问题，并以此形成了全书的框架。[②] 陈静对比了中国现有的抄本研究成果与西方学者的相关研究，认为研究书籍，首先应该考察其传播特征。而从传播的角度研究书籍史，有三个问题十分重要，即书籍生产、书籍流通和传播效果。[③]

在中国古代书籍史领域，将富有动感的传播观念贯彻研究始终而集大成者，首推曹之的《中国古代图书史》。作者认为，图书是一个动态的概念，是一环紧接一环的锁链式运动过程，而每个环节的发展又与社会生态文化密切相关。古代图书发展的历史就是从图书编撰出发，经由图书出版、图书传播、图书收藏、图书阅读、图书变异、图书整理，进入新一轮的图书编撰。[④] 而该书的谋篇布局，也基本是按照上述门类分而叙之的，为我们呈现

---

① 耿相新：《中国简帛书籍史》，三联书店，2011。
② 仇倩倩、吴培华：《从"书于竹帛"滥觞的中国书籍史》，《中国图书评论》2012 年第 3 期。
③ 陈静：《书籍史研究中的传播视角——以抄本研究为例》，《济南大学学报》（社会科学版）2011 年第 5 期。
④ 曹之：《中国古代图书史》，武汉大学出版社，2015，"总序"第 5 页。

了一幅关于中国古代图书传播的动态图景。与该书同一年出版的
《金代图书出版研究》，也力图打破传统出版史研究的苑囿，不仅
比之前的研究更加关注金代图书的流通与收藏等问题，而且从金
代图书出版的视角，探讨了作为中国历史上少数民族政权之一的
金政权对中华民族的历史文化认同问题。作者指出，金代统治者
对汉文书籍的搜求与刻印，表面上看是缘于中原汉文化对金朝统
治者的吸引，是金统治者加强统治的需要，但实质上金统治者对
图书出版的认识与态度，更深层面体现的是作为统治民族的女真
族对中华民族历史文化的认同。① 这就使得金代图书出版问题的
研究，上升到了一定的理论高度，也暗合了西方书籍史研究的一
大旨趣，即由书籍这一点触及更加宏大的整体性历史问题。另
外，探讨书籍与明代之前的文学发展演变关系的作品也屡出新
意。如中国台湾学者张高评致力于从印刷传媒的视角检视雕版印
刷对"诗分唐宋"的影响，并指出，印刷传媒之效应是促成
"宋代近世""唐宋变革"之关键因素。②

　　尤其值得一提的是，上述一些著述除了在视角和方法方面采
用了西方书籍史的研究路径外，还借用了与西方书籍史研究相关
的概念、理论，以对相关史实进行更深层次的分析阐释，从而加
深了此种理论方法在中国学术土壤中的厚植程度。譬如，张高评
在《印刷传媒与宋诗特色》中，为了说明宋型文化不同于唐型文
化之关键在印刷传媒的影响，便运用了"异场域碰撞"形成

---

①　李西亚:《金代图书出版研究》，中国社会科学出版社，2015，"序"第2页。
②　张高评:《印刷传媒与宋诗特色》，里仁书局，2008，第19页。

"美第奇效应"之概念，旨在强调不同文类、殊异学科间之会通整合有赖于雕版印刷流行促成的知识传播的快速与多元。① 张献忠在《从精英文化到大众传播——明代商业出版研究》一书的落脚点，即第七章"明代商业出版与思想文化及社会变迁"中，引入了哈贝马斯的"公共空间"概念，以阐明明代商业出版的重要社会功用。② 又如，肖超在其著作中引入"副文本"概念，深入挖掘了地理学译著的"出版说明""内容提要""序言""译后记"等副文本信息，对地理学译著的政治色彩、译著所反映的社会形势等方面进行了分析。同时，他还利用社会学中的"共同体"理论，对体制化和非体制化的地理学共同体做了解释，论述了商务印书馆地理学译著出版与地理学共同体形成之间的关系。③

三　中国的书籍史研究需要探索本土化之路

如果我们承认"书籍史"研究是一个源自欧美学术界的舶来品，那么21世纪以来中国书籍史研究大致走过了从撰文引介该学术动向，翻译出版代表性学术著作，借鉴其视角与方法展开相关领域的研究，运用相关概念、理论对特定历史时期书籍史实进行分析阐释的过程，最终将西方理论概念引入中国史学研究的场域之中。这一吸收、接受与运用的过程，极大地拓宽了研究者的视野，看到了原先未能注意到的很多学术问题，突破了传统文献

---

① 张高评：《印刷传媒与宋诗特色》，里仁书局，2008，第568页。
② 张献忠：《从精英文化到大众传播——明代商业出版研究》，广西师范大学出版社，2015，第七章。
③ 肖超：《翻译出版与学术传播：商务印书馆地理学译著出版史》，商务印书馆，2016，"序"第iii页，第208~217页。

学、目录学、印刷出版史的研究领域和著述体系，加快了书籍史与社会文化史相互融合的趋势，这有助于从新的角度对一些重要史学问题提出解释。可以说，书籍史研究已然成为当今中国史学实践中的一种不可或缺的重要形式。①

我们在肯定这种学术成绩的同时，也应该清醒地认识到其中包含的缺陷与不足，最主要者就是书籍史研究在借重西方理论方法而开拓了研究领域和研究主题后，多数研究成果还不具备十足的原创性。实际上，这是无法提出真正具有本土特色的学术问题使然。笔者认为这是 21 世纪中国的书籍史研究发展到今天必须面对的一个重要问题。

中国台湾传播学者关绍箕在 20 世纪 90 年代有感于当时传播理论研究西化严重的倾向，曾与部分学者发起了"传播研究的中国化"运动，并具体表述了"传播研究中国化"的三个研究方向："第一个方向，运用西方现代传播理论及其方法，分析中国古代社会中的传播活动。第二个方向，运用西方现代传播理论及其方法，分析中国近、现代社会中的传播问题。第三个方向，传播理论中国化，包括：①整理并分析中国古代的传播思想，②建构概念清晰、体系井然的中国传播理论，③西方传播理论在中国社会的验证或适用性。"②

---

① 需要说明的是，并不是所有从事与书籍史相关研究的学者都认同这一路径。如有学者就对在"文化视野"下的出版史研究提出异议，仍然坚持专业出版史或行业史的视角，认为出版史研究应紧紧围绕"出版物的印刷、发行"这一主题而展开。参见胡国祥《近代传教士出版研究》，华中师范大学出版社，2013，第 1~23 页。实际上，21 世纪以来，很多从事相关研究的学者依然将目光聚焦在传统的印刷出版史领域，并做出了富有创见的研究，如辛德勇的《中国印刷史研究》（三联书店，2016）。

② 关绍箕：《中国传播理论》，转引自翠玲：《印刷文化的传播轨迹》，第 65 页。

　　若以上述方向来看，经过十数年的努力，目前，中国的书籍史研究已开始了第一和第二方向的探索，亦即，中国研究者已经基本跨过了对西方书籍史研究信息进行介绍和经典文本的引介阶段，进入了西方理论与中国史实相结合的阶段。将外来的理论直接应用在本土社会，是理论方法本土化的必经阶段，也是初级阶段。① 同时，问题也随之出现。首先，我们所借鉴的西方诸种理论方法，各自有其形成的社会语境和谱系渊源。而且，正如有学者指出的，其一般包含有独特的问题意识。② 所以，我们若对其相关背景所知有限，只知其然而不知其所以然，不做辨析地将其运用在中国书籍史实中，就很容易发生误用或错用，出现生搬硬套某些理论、概念的现象，从而造成理论与史实相脱节的局面。而由此得出的一些似是而非的结论，也会造成知识生产和传播中的误解和曲解。其次，我们对于书籍史的研究对象——特定历史时期的书籍——的客观属性还认识得不够完整、准确。中国书籍具有悠久的发展历史，在数千年的演进过程中，具有诸多复杂性和独特性。我们的很多研究只满足于对既有资料的反复运用，而没有下大力气开拓第一手资料，并结合中国文化特性作符合中国书籍特点的研究，这样就失去了深入了解中国书籍史发展的独特性与复杂性并提出真问题的机会。

　　有鉴于此，我们认为，在目前的研究条件下，中国的书籍史研究者确实需要尝试向上述第三个方向进发，以探索出一条具有

---

① 胡翼青：《传播研究本土化路径的迷失》，《现代传播》2011 年第 4 期。
② 赵益：《从文献史、书籍史到文献文化史》，《南京大学学报》（哲学·人文科学·社会科学版）2013 年第 3 期。

中国本土化特点的书籍史研究之路。这里所强调的"本土化特点",并不是排斥一切西方理论方法,关起门来搞研究,而是要立足于中国书籍发展的具体史实,在与西方理论方法的对话中,做出真正具有独创性而又能为国际学术界普遍认可的成果。

笔者认为,要实现上述目标,就须将问题意识摆在突出重要的位置。"理论创新只能从问题开始",而"问题"不是凭空想出来的。就书籍史研究而言,它需要中国世界史研究者与中国史研究者的通力协作。具体来说,世界史研究者在引介西方书籍史理论方法时,不能仅满足于对其著述内容原封不动的搬运和就事论事的描述,而是要深入著述的背后,从社会语境和学术谱系的角度,深入挖掘某些理论方法的特性,并要在西方学术史的脉络中对其学术价值和局限进行较为准确的定位。这样一方面可以提高西方理论方法被引入中国学术界后的准确性,另一方面或可从西方学术界自身的研究历程中寻找出我们所需要的问题意识。与此同时,中国史研究者在研究过程中必须从搜集原始文献资料着手,挖掘蕴含其中的历史复杂性与独特性,找准具有中国特质的研究问题,并在与西方理论方法的对话中总结提炼出符合中国书籍与社会实际演变情形的概念,在此基础上逐步建立起具有解释力的理论体系,从而将中国的书籍史研究推向一条真正具有理论原创性的发展道路。当然,这必将是一个十分艰巨繁难的事业,对学者从事学术研究工作的创新性是一个巨大的考验,只有不懈努力方可企及。

参考文献

一 西文文献

Adam Fox, *Oral and Literate Culture in England 1500 – 1700*, Oxford: Clarendon Press, 2000.

Alfred W. Pollard, *Early Illustrated Books: A History of the Decoration and Illustration of Books in the 15th and 16th Centuries*, 3th ed., London: Kegan Paul, Trench, Trubner & Co., Ltd., 1926.

Amy Golahny, *Rembrandt's Reading: The Artist's Bookshelf of Ancient Poetry and History*, Amsterdam: Amsterdam University Press, 2003.

Andrew Pettegree, *The Book in the Renaissance*, New Haven and London: Yale University Press, 2010.

Anne Hudson, *Lollards and Their Books*, London: Hambledon, 1985.

Arthur F. Marotti and Michael D. Bristol, eds., *Print, Manuscript & Performance: The Change Relations of the Media in Early*

Modern England, Columbus: Ohio State University Press, 2000.

Bernard Capp, *English Almanacs 1500 - 1800: Astrology and the Popular Press*, Ithaca: Cornell University Press, 1979.

Bertrand Taithe and Tim Thornton, eds., *Propaganda: Political Rhetoric and Identity, 1300-2000*, Thrupp: Sutton Publishing Limited, 1999.

Bradin Cormack and Carla Mazzio, *Book Use, Book Theory: 1500-1700*, Chicago: University of Chicago Library, 2005.

British Museum ed., *Catalogue of Books Printed in the XVth Century Now in the British Museum*, London: BMGS, 1963.

Carole Rawcliffe, *The Staffords Earls of Stafford and Dukes of Buckingham, 1394 - 1521*, Cambridge: Cambridge University Press, 1978.

Charles Knight, *William Caxton: The First English Printer*, London: Charles Knight and Co., 1844.

Christopher Wordsworth, *The Ancient Kalendar of the University of Oxford*, Oxford: Oxfordshire Historical Society, 1904.

Clive Griffin, *Journey-Printer, Heresy, and the Inquisition in Sixteenth-Century Spain*, Oxford: Oxford University Press, 2005.

Colin Clair, *A History of European Printing*, London: Academic Press, 1976.

Cyndia Susan Clegg, *Press Censorship in Elizabethan England*, Cambridge: Cambridge University Press, 1997.

Daniel Baggioni, *Langues et Nations en Europe*, Paris: Payot & Rivages, 1997.

Darcy Kern, "Parliament in Print: William Caxton and the History of Political Government in the Fifteenth Century", *Journal of Medieval History*, Vol. 40, No. 2, 2014.

David Cressy, "Book Burning in Tudor and Stuart England", *The Sixteenth Century Journal*, Volume XXXVI, No. 2, Summer 2005.

David Cressy, *Society and Culture in Early Modern England*, Aldershot: Ashgate, 2003.

David Crowley and Paul Heyer, eds., *Communication in History: Technology, Culture, Society*, New York: Longman Group Ltd., 1995.

David Daniell, *William Tyndale: A Biography*, London: Yale University Press, 1994.

David M. Loades, *Politics, Censorship and the English Reformation*, London: Bloomsburg Publishing, 1991.

David McKitterick, *A History of Cambridge University Press*, Cambridge: Cambridge University Press, 1992.

David Mckitterick, *Four Hundred Years of University Printing and Publishing in Cambridge 1584-1984*, Cambridge: Cambridge University Press, 1984.

David McKitterick, *Print, Manuscript and the Search for Order 1450-1830*, Cambridge: Cambridge University Press, 2003.

Dennis Griffiths, *Fleet Street: Five Hundred Years of the Press*,

London: The British Library, 2006.

Derek Brewer ed., *Chaucer: The Critical Heritage*, Vol. 1, London: Routledge & Kegan Paul, 1978.

Delloyd. J. Guth and John. W. Mckenna, eds., *Tudor Rule and Revolution*, Cambridge: Cambridge University Press, 1982.

David N. Bell, *What Nuns Read: Books and Libraries in Medieval English Nunneries*, Kalamazoo: Cistercian Publications, 1995.

David R. Carlson, *English Humanist Books: Writers and Patrons, Manuscript and Print, 1475 – 1525*, Toronto: University of Toronto Press, 1993.

Early English Books Online 数据库

Edward Gordon Duff, *A Century of English Book Trade, 1457 – 1557*, London: The Bibliographical Society, 1948.

Elizabeth L. Eisenstein, *The Printing Revolution in Early Modern Europe*, Cambridge: Cambridge University Press, 1983.

Elizabeth L. Eisenstein, *The Printing Revolution in Early Modern Europe* 2nd, ed., Cambridge: Cambridge University Press, 2005.

Elizabeth Lane Furdell, *Publishing and Medicine in Early England*, Rochester, New York and Woodbridge, Suffolk: The Folger Shakespeare Library, 2002.

Elisabeth S. Leedham-Green, *Books in Cambridge Inventories: Book Lists from Vice-Chancellor's Court Probate Inventories in the Tudor and Stuart Periods*, Cambridge: Cambridge University Press, 1986.

Ernst Goldsmith, *Medieval Texts and Their First Appearance in Print*, London: Bibliographical Society, 1943.

F. J. Harvey Darton, *Children's Books in England: Five Centuries of Social Life*, Cambridge: Cambridge University Press, 1958.

Falconer Madan, *Oxford Books: A Bibliography of Printed Works Relating to the University and City of Oxford, or Printed or Published There*, Oxford: Clarendon Press, 1895.

Fredrick S. Siebert, *The Freedom of the Press in England 1476 - 1776*, Urbana: University of Illinois Press, 1965.

George Cranfield, *The Press and Society*, London: Longman, 1978.

George M. Trevelyan, *English Social History*, London: Longman, Green and Co., 1942.

Gerald P. Tyson and Sylvia S. Wagonheim, eds., *Printing and Culture in the Renaissance*, London and Toronto: Associated University Presses, 1986.

Gillian Brennan, *Patriotism, Power and Print: National Consciousness in Tudor England*, Pittsburgh: Duquesne University Press, 2003.

Geoffrey R. Elton, *Policy and Police: The Enforcement of the Reformation in the Age of Thomas Cromwell*, Cambridge: Cambridge University Press, 2008.

Haig Bosmajian, *Burning Books*, London: McFarland & Company, Inc., 2006.

Harry Carter, *A History of the Oxford University Press*, Oxford: Clarendon Press, 1975.

Heidi Brayman Hackel, *Reading Material in Early Modern England: Print, Gender, and Literacy*, Cambridge University Press, 2005.

Henri-Jean Martin, *The History and Power of Writing*, trans. by Lydia G. Cochrane, Chicago and London: The University of Chigago Press, 1994.

James A. Knapp, *Illustrating the Past in Early England: The Representation of History in Printed Books*, Aldershot: Ashgate, 2003.

James F. Mozley, *Coverdale and His Bibles*, London: Lutterworth Press, 1953.

James P. Carley, *The Books of King Henry VIII and His Wives*, London: British Library, 2004.

Jan Simko, *Word-Order in the Winchester Manuscript and in William Caxton's Edition of Thomas Malory's Morte Darthur* (1485): *A Comparison*, Halle: Niemeyer, 1957.

Jane Donawerth, "Women's Reading Practices in Seventeenth-Century England: Margaret Fell's Women's Speaking Justified", *The Sixteenth Century Journal*, Volume XXXVII, No. 4, Winter 2006.

Jason Peacey, *Politicians and Pamphleteers: Propaganda During the English Civil Wars and Interregnum*, Aldershot: Ashgate, 2004.

Jean-Francois Gilmont, *John Calvin and the Printed Book*, trans. by Karin Maag. Kirksville: Truman State University Press, 2005.

Jean-François Gilmont and William Kemp, eds., *Le Livre Evangelique en Francais avant Calvin*, Turnhout: Brepols, 2004.

Jean-François Gilmont ed., *The Reformation and the Books*, Aldershot: Ashgate Publishing Limited, 1998.

Jerold C. Frakes, *Early Yiddish Texts 1100 - 1750*, Oxford: Oxford University Press, 2004.

Joad Raymond, *Pamphlets and Pamphleteering in Early Modern Britain*, Cambridge: Cambridge University Press, 2003.

Joan Simon, *Education and Society in Tudor England*, Cambridge: Cambridge University Press, 1966.

John Barnard and D. F. McKenzie, eds., *The Cambridge History of the Book in Britain*, Vol. 4, 1557 - 1695, Cambridge: Cambridge University Press, 2002.

John Foxe, *Acts and monuments*, edited by George Townsend, London: Seeleys, 1885.

John N. King, *English Reformation Literature: The Tudor Origins of the Protestant Tradition*, Princeton: Princeton University Press, 1976.

Joop W. Koopmans ed., *News and Politics in Early Modern Europe (1500-1800)*, Leuven: Peeters, 2005.

Julia Crick and Alexandra Walsham, *The Uses of Script and Print, 1300-1700*, Cambridge: Cambridge University Press, 2003.

Karl Schottenloher, *Books and the Western World: A Cultural History*, Trans. by William D. Boyd and Irmgard H. Wolfe, Jefferson,

North Carolina and London: McFarland & Company, Inc., 1989.

Kate Peters, *Print Culture and the Early Quakers*, Cambridge: Cambridge University Press, 2005.

Kate Van Orden ed., *Music and the Cultures of Print*, New York: Garland Publishing, Inc., 2000.

Kenneth E. Carpenter ed., *Books and Society in History*, New York and London: Rr Bowker, 1983.

Kevin Sharpe, *Reading Revolutions: The Politics of Reading in Early Modern England*, New Haven: Yale University Press, 2000.

Kevin Sharpe and Steven N. Zwicker, eds., *Reading, Society and Politics in Early Modern England*, Cambridge: Cambridge University Press, 2003.

Kristian Jensen ed., *Incunabula and Their Readers: Printing, Selling and Using Books in the Fifteenth Century*, London: The British Library, 2003.

Lætitia Lyell and Frank D. Watney, *Acts of Court of the Mercers' Company*, Cambridge: Cambridge University Press, 1936.

Lotte Hellinga and J. B. Trapp, eds., *The Cambridge History of the Book in Britain*, Vol. 3, 1400–1557, Cambridge: Cambridge University Press, 1999.

Lyse Schwarzfuchs, *Le livre Hebreu a Paris au XVI Siecle: Inventaire Chronologique*, Paris: Biblitheque Nationale de France, 2004.

Margaret Aston, *Lollards and Reformers: Images and Literacy in Late*

Medieval Religion, London: The Hambledon Press, 1984.

Margriet Hoogvliet ed., *Multi-Media Compositions from the Middle Ages to the Early Modern Period*, Leuven: Peeters, 2004.

Marjorie Plant, *The English Book Trade: An Economic History of the Making and Sale of Books*, London: George Allen & Unwin Ltd., 1939.

Mark P. McDonald, *The Print Collection of Ferdinand Columbus (1488 - 1539): A Renaissance Collector in Seville*, London: British Museum Press, 2004.

Marvin J. Heller, *The Sixteenth Century Hebrew Book: An Abridged Thesaurus*, 2 Vols, Leiden and Boston: Brill Academic Publishers, 2004.

Michael Black, *A Short History of Cambridge University Press*, Cambridge: Cambridge University Press, 1992.

Nicolas Barker, *The Oxford University Press and the Spread of Learning*, 1478-1978: An Illustrated History, Oxford: Clarendon Press, 1978.

Nicolas Barker, *Form and Meaning in the History of the Book*, London: The British Library, 2003.

Nicolas Orme, *English Schools in the Middle Ages*, London: Methuen & Co Ltd., 1973.

Nicole Howard, *The Book: The Life Story of a Technology*, London: Greenwood Press, 2005.

Niels Brugger and Soren Kolstrup, eds., *Media History: Theories, Methods, Analysis*, Aarhus: Asrhus University Press, 2002.

Norbert Elias, *The Civilizing Process: State Formation and Civilization*, Oxford: Basil Blackwell, 1982.

Norman F. Blake, *Caxton and His World*, London: Andre Deutsch Limited, 1969.

Orlaith O'Sullivan ed., *The Bible as Book: The Reformation*, London: The British Library & Oak Knoll Press, 2000.

Paul A. Wincler, *History of Books and Printing: A Guide to Information Sources*, Detroit: Gale Research Company, 1979.

Paul L. Hughes and James F. Larkin, eds., *Tudor Royal Proclamations*, Vol. 1, New Haven and London: Yale University Press, 1964.

Peter Burke, *The Fortunes of the Courtier*, Cambridge: Polity Press, 1995.

Peter Isaac and Barry Mckay, eds., *The Mighty Engine: The Printing Press & its Impact*, Winchester: Oak Knoll Press, 2000.

P. Took, "Government and the Printing Trade", PhD, University of London, 1978.

Raymond Williams, *The Long Revolution*, Harmondsworth: Pelican, 1980.

Richard D. Altick, *The English Common Reader: A Social History of the Mass Reading Public, 1800 – 1900*, Columbus: Ohio State University Press, 1957.

Richard F. Jones, *Triumph of the English Language*, Cambridge: Stanford University Press, 1953.

Robert Steele, *A Bibliography of Royal Proclamations*, Vol. 1, Oxford: Clarendon Press, 1910.

Roberto Weiss, *Humanism in England During the Fifteenth Century*, 2nd edition, Oxford: Blackwell, 1957.

Robin Myers, Michael Harrisand and Giles Mandelbrote, eds., *Lives in Print: Biography and the Book Trade from the Middle Ages to the 21st Century*, New Castle and London: Oak Knoll Press and The British Library, 2002.

Rosemary O'Day, *Education and Society 1500-1800: The Social Foundation of Education in Early Modern Britain*, London and New York: Longman Group Ltd., 1982.

Rudolph W. Heinze, *Proclamations of the Tudor Kings*, Cambridge: Cambridge University Press, 2008.

Seàn Jennett, *Pioneers in Printing*, London: Routldge & Kegan Paul Limited, 1958.

Sigfrid H. Steinberg, *Five Hundred Years of Printing*, Harmondsworth: Penguin Books, 1974.

Steven J. Gunn, *Early Tudor Government*, Basingstroke: Macmillan Press, 1995.

Suellen Mutchow Towers, *Control of Religious Printing in Early Stuart England*, Woodbridge: Boydell, 2003.

Edith Snook, *Women, Reading, and the Cultural Politics of Early Modern England*. Aldershot: Ashgate, 2005.

Triantaphyllos E. Sklavenitis and Konstaninos Sp. Staikos, *The Printed Greek Book 15th–19th Century*, Athens: Oak Knoll Press, 2004.

The First and Second Prayer Books of Edward Ⅵ, Introduction by the Right Reverend E. C. S. Gibson, London: J. M. Dent & Sons, New York: E. P. Dutton, 1964.

Thomas M. C. Lawler ed., *The Complete Works of St Thomas More*, New Haven & London: Yale University Press, 1981.

Tim O'Sullivan ed., *Key Concepts in Communication and Cultural Studies*, 2nd edition, London: Routledge, 1994.

Timothy Blanning, *The Culture of Power and the Power of Culture: Old Regime Europe 1660 – 1789*, Oxford: Oxford University Press, 2002.

Walter J. B. Crotch, *The Prologues and Epilogues of William Caxton*, Oxford: Oxford University Press, 1928.

William Blades, *The Biography and Typography of William Caxton*, 2nd ed., London: Trübner, 1882.

William Kuskin ed., *Caxton's Trace: Studies in the History of English Printing*, Notre Dame: University of Notre Dame Press, 2006.

William Pettas, *A History & Bibliography of the Giunti (Junta) Printing Family in Spain 1526 – 1628*, New Castle: Oak Knoll Press, 2005.

William Robert, *The Earlier History of English Bookselling*, London: Spampson Low, Marston, Searle & Rivington Limited,

1889.

William Tyndale, *Old Testament*, edited by David Daniell, New Haven and London: Yale University Press, 1992.

W. S. Holdsworth, *A History of English Law*, vol. 2, 3rd ed., London: Methuen & Co., Ltd., 1923.

Wytze and Lotte Hellinga, *The Fifteenth-Century Printing Types of the Low Countries*, Amsterdam: Hertzberger, 1966.

二　中文文献

〔加〕阿尔维托·曼古埃尔：《阅读史》，吴昌杰译，商务印书馆，2004。

〔英〕阿雷恩·鲍尔德温、布莱恩·朗赫斯特等：《文化研究导论》，陶东风等译，高等教育出版社，2005。

〔英〕阿萨·布里格斯、彼得·伯克：《大众传播史：从古腾堡到网际网路的时代》，李明颖等译，韦伯文化国际出版有限公司，2004。

〔英〕阿萨·布里格斯：《英国社会史》，陈叔平等译，商务印书馆，2015。

〔英〕阿萨·布里格斯：《英国社会史》，陈叔平等译，中国人民大学出版社，1991。

〔美〕安·布莱尔：《工具书的诞生：近代以前的学术信息管理》，徐波译，商务印书馆，2014。

〔英〕安德鲁·桑德斯：《牛津简明英国文学史》，谷启楠等译，人民文学出版社，2000。

〔英〕奥尔德里奇：《简明英国教育史》，褚惠芳、李洪绪等译，人民教育出版社，1987。

〔美〕包筠雅：《文化贸易：清代至民国时期四堡的书籍交易》，刘永华、饶佳荣等译，北京大学出版社，2015。

〔美〕本尼迪克特·安德森：《想象的共同体》，吴叡人译，世纪出版集团，2005。

〔英〕彼得·伯克：《欧洲近代早期的大众文化》，杨豫等译，上海人民出版社，2005。

〔英〕彼得·伯克：《语言的文化史——近代早期欧洲的语言和共同体》，李霄翔等译，北京大学出版社，2007。

〔英〕彼得·伯克：《知识社会史：从古腾堡到狄德罗》，贾士蘅译，麦田出版社，2003。

〔法〕布鲁诺·布拉萨勒：《满满的书页：书的历史》，余中先译，上海书店出版社，2002。

陈昌凤：《中国新闻传播史：媒介社会学的视角》，北京大学出版社，2007。

陈金锋：《都铎王朝图书审查制度探微》，《宁夏大学学报》（社会科学版）2006年第6期。

〔英〕戴维·巴勒特：《媒介社会学》，赵伯英、孟春译，社会科学文献出版社，1989。

〔美〕丹尼尔·J.布尔斯廷：《发现者》，戴子钦等译，上海译文出版社，1995。

〔美〕E.M.罗杰斯：《传播学史——一种传记式的方法》，殷晓蓉译，上海译文出版社，2005。

〔法〕费尔南德·莫塞：《英语简史》，水天同等译，王易仓校，外语教学与研究出版社，1990。

〔法〕费夫贺、马尔坦：《印刷书的诞生》，李鸿志译，广西师范大学出版社，2006。

〔法〕弗雷德里克·巴比耶：《书籍的历史》，刘阳等译，广西师范大学出版社，2005。

〔英〕G.R.埃尔顿编《新编剑桥世界近代史》（宗教改革卷），中国社会科学院世界历史研究所组译，中国社会科学出版社，2002。

〔英〕G.R.波特编《新编剑桥世界近代史》（文艺复兴卷），中国社会科学院世界历史研究所组译，中国社会科学出版社，1999。

〔英〕G.昂温、P.S.昂温：《外国出版史》，陈生铮译，中国书籍出版社，1988。

〔美〕格莱夫斯：《中世教育史》，吴康译，华东师范大学出版社，2005。

〔英〕格雷姆·伯顿：《媒体与社会：批判的视角》，史安斌主译，清华大学出版社，2007。

郭方：《英国近代国家的形成》，商务印书馆，2006。

〔加〕哈罗德·伊尼斯：《传播的偏向》，何道宽译，中国人民大学出版社，2003。

〔加〕哈罗德·伊尼斯：《帝国与传播》，何道宽译，中国人民大学出版社，2003。

韩琦、〔意〕米盖拉编《中国和欧洲——印刷术与书籍史》，商务印书馆，2008。

〔德〕汉娜·阿伦特编《启迪：本雅明文选》，张旭东、王斑译，三联书店，2008。

〔荷〕J.赫伊津哈：《伊拉斯谟传》，何道宽译，广西师范大学出版社，2008。

焦绪华：《英国早期报纸史研究》，博士学位论文，南京大学，2005。

〔英〕凯文·威廉姆斯：《一天给我一桩谋杀案：英国大众传播史》，刘琛译，上海人民出版社，2008。

〔美〕克莱顿·罗伯茨、戴维·罗伯茨、道格拉斯·R.比松：《英国史》，潘兴明等译，商务印书馆，2013。

〔英〕克里斯托弗·希伯特：《英国社会史》，贾士蘅译，"国立"编译馆，1995。

李彬：《全球新闻传播史》，清华大学出版社，2005。

李瑞良编《中国出版编年史》，福建人民出版社，2006。

李万健：《中国古代印刷术》，大象出版社，1997。

〔澳〕林恩·高曼、戴维·麦克林恩：《大众媒介社会史》，林怡馨译，韦伯文化国际出版有限公司，2007。

〔美〕刘易斯·科塞：《理念人——一项社会学的考察》，郭方等译，中央编译出版社，2001。

〔美〕罗伯特·达恩顿：《拉莫莱特之吻：有关文化史的思考》，萧知纬译，华东师范大学出版社，2011。

〔美〕罗伯特·达恩顿：《启蒙运动的生意：〈百科全书〉出版史（1775-1800）》，叶桐、顾杭译，三联书店，2005。

〔美〕罗杰·西尔文斯通：《媒介概念十六讲》，陈玉箴译，韦伯文化国际出版有限公司，2003。

〔英〕罗伊·斯特朗：《欧洲宴会史》，陈法春、李晓霞译，百花文艺出版社，2006。

〔德〕马克思、恩格斯：《马克思恩格斯全集》，中共中央编译局编译，人民出版社，1995。

〔英〕玛丽娜·弗拉斯卡-斯帕达、尼克·贾丁主编《历史上的书籍与科学》，苏贤贵等译，上海科技教育出版社，2006。

〔美〕迈克尔·V.C.亚历山大：《英国早期历史中的三次危机》，林达丰译，北京大学出版社，2008。

〔美〕梅尔文·迪弗罗尔、桑德拉·鲍尔-罗基奇：《媒介与社会》，《现代传播》1983年第4期。

缪咏禾：《明代出版史稿》，江苏人民出版社，2000。

〔美〕尼尔·波兹曼：《童年的消逝》，吴燕莛译，广西师范大学出版社，2005。

〔英〕尼克·史蒂文森：《认识媒介文化——社会理论与大众传播》，王文斌译，商务印书馆，2005。

沈固朝：《欧洲书报检查制度的兴衰》，南京大学出版社，1999。

师曾志:《现代出版学》,北京大学出版社,2006。

〔美〕史蒂文·瓦戈:《社会变迁》,王晓黎等译,北京大学出版社,2007。

孙宝国:《18世纪以前欧洲文字传媒与社会发展研究》,博士学位论文,东北师范大学,2005。

孙瑞祥:《传播社会学:发展与创新》,《天津师范大学学报》(社会科学版)2004年第2期。

孙卫国:《西方书籍史研究漫谈》,《中国典籍与文化》2003年第3期。

孙有中:《当代西方精神史研究探析》,《史学理论研究》2002年第2期。

〔美〕T.F.卡特:《中国印刷术的发明和它的西传》,吴泽炎译,商务印书馆,1957。

田晓文:《从精英文化到大众文化——西方新心智史学研究动向》,《史学理论研究》1992年第2期。

王建:《明代出版思想史》,博士学位论文,苏州大学,2001。

王晋新、姜德福:《现代早期英国社会变迁》,上海三联书店,2008。

吴赟:《欧美出版研究的发展路径与特色》,《国外社会科学》2006年第5期。

奚椿年:《中国书源流》,江苏古籍出版社,2002。

夏继果:《论埃利奥特的绅士教育思想》,《齐鲁学刊》2005年第3期。

夏李南、张明辉：《欧美学术界兴起书籍史研究热潮的背景、方向及最新进展》，《大学图书情报学刊》1997年第2期。

项翔：《多元学科视野中的印刷媒介史研究》，《华东师范大学学报》（哲学社会科学版）1999年第6期。

项翔：《近代西欧印刷媒介研究——从古腾堡到启蒙运动》，华东师范大学出版社，2001。

肖东发、仝冠军：《出版与社会：出版史研究的基本问题》，《中国出版》2003年第8期。

肖东发、杨虎：《插图本中国图书史》，广西师范大学出版社，2005。

肖东发等：《出版媒介的演变与社会文化的走向》，《编辑学刊》2006年第3期。

〔美〕伊丽莎白·爱森斯坦：《作为变革动因的印刷机：早期近代欧洲的传播与文化变革》，何道宽译，北京大学出版社，2010。

〔美〕约翰·巴克勒、贝内特·希尔、约翰·麦凯：《西方社会史》，霍文利等译，广西师范大学出版社，2005。

〔英〕约翰·费瑟：《英国出版业的创立 I》，张立、周宝华译，《编辑之友》1990年第1期。

张国良主编《20世纪传播学经典文本》，复旦大学出版社，2006。

张乃和：《论近代英国版权制度的形成》，《世界历史》2004年第4期。

张树栋、庞多益、郑如斯：《简明中华印刷通史》，广西师范大学出版社，2004。

张炜：《近代早期欧洲印刷书盗印现象论略》，《现代出版》2018年第5期。

张炜：《近代早期英格兰书报审查制度的形成与完善》，《世界史论坛》（第一辑），社会科学文献出版社，2015。

张炜：《论印刷媒介对近代早期英国教育变革的影响》，《杭州师范大学学报》（社会科学版）2011年第2期。

张炜：《书籍史研究：核心议题与关键概念》，《光明日报》（理论·世界史版）2016年11月19日。

张炜：《西方书籍史理论与21世纪以来中国的书籍史研究》，《晋阳学刊》2018年第1期。

张炜：《新文化史视阈中的印刷术——以彼得·伯克相关著述为中心》，《山西师大学报》（社会科学版）2011年第6期。

张炜：《印刷媒介史研究新趋势：新材料、新视角、新观点》，《编辑之友》2009年第4期。

张炜：《印刷书与英格兰人文主义思想的兴起》，《世界历史评论》（第五辑），上海人民出版社，2016。

张炜：《英格兰宗教改革时期的新教改革者与传播媒介》，《世界历史》2014年第5期。

张炜：《语言、印刷媒介与近代早期英国民族国家的形成》，《杭州师范大学学报》（社会科学版）2009年第5期。

张炜：《早期英语印刷书的诞生：资本主义萌芽的典型一

例》，《光明日报》（理论·世界史版）2014 年 12 月 24 日。

张秀民：《中国印刷史》，韩琦增订，浙江古籍出版社，2006。

张仲民：《出版与文化政治：晚清的"卫生"书籍研究》，世纪出版集团，2009。

张仲民：《从书籍史到阅读史——关于晚清书籍史/阅读史研究的若干思考》，《史林》2007 年第 5 期。

张仲民：《种瓜得豆：清末民初的阅读文化与接受政治》，社会科学文献出版社，2016。

图书在版编目（CIP）数据

社会变迁的催化剂：16世纪英格兰的印刷媒介 / 张
炜著. -- 北京：社会科学文献出版社，2021.5（2023.5重印）
　ISBN 978-7-5201-8390-1

　Ⅰ.①社…　Ⅱ.①张…　Ⅲ.①印刷史-研究-英国-
16世纪　Ⅳ.①TS8-095.61

　中国版本图书馆CIP数据核字（2021）第089804号

社会变迁的催化剂：16世纪英格兰的印刷媒介

著　　者 / 张　炜

出 版 人 / 王利民
责任编辑 / 赵怀英
责任印制 / 王京美

出　　版 / 社会科学文献出版社·联合出版中心（010）59366446
　　　　　地址：北京市北三环中路甲29号院华龙大厦　邮编：100029
　　　　　网址：www.ssap.com.cn
发　　行 / 社会科学文献出版社（010）59367028
印　　装 / 北京虎彩文化传播有限公司

规　　格 / 开　本：787mm×1092mm　1/16
　　　　　印　张：19　字　数：205千字
版　　次 / 2021年5月第1版　2023年5月第3次印刷
书　　号 / ISBN 978-7-5201-8390-1
定　　价 / 98.00元

读者服务电话：4008918866